U0887313

《2019 年浙江科技发展报告》编辑委员会

编委会主任　何杏仁　高鹰忠

编委会副主任　宋志恒　曹新安　章一文　孟小军　吴　卿
洪积庆　叶翠萍　厉　勇

编委会成员　严明潮　鲁文革　姚礼敏　陈龙根　夏昶祺
施冬材　钱玉红　曹华芬　齐　昕　奚灵平
曾肖芃　程　佳　陈　勇　周　扬　黄志明
张崇波　王志芳　陈新友　王　辉　王建国
郑志成　郭力泉　王先义　蔡　昉

主　　编　宋志恒

副 主 编　严明潮　俞锋华　段　姗

编　　辑　（按姓氏笔画排序）
王留军　孙晓莉　李博雅　杨艳娟　张洁音
赵长伟　徐琼霞　葛菁菁

2019年

ZHEJIANG KEJI FAZ

2019年

浙江科技發展報告

梁平波 题

HAN BAOGAO

浙江科学技术出版社

图书在版编目(CIP)数据

2019年浙江科技发展报告 / 宋志恒主编. —杭州：浙江科学技术出版社，2020.12
ISBN 978-7-5341-9385-9

Ⅰ. ①2… Ⅱ. ①宋… Ⅲ. ①科学研究事业—研究报告—浙江—2019 Ⅳ. ①G322.755

中国版本图书馆CIP数据核字(2020)第242957号

书　　名	**2019年浙江科技发展报告**
主　　编	宋志恒
出版发行	**浙江科学技术出版社** 杭州市体育场路347号　邮政编码：310006 办公室电话：0571-85176593 销售部电话：0571-85171220 网址：www.zkpress.com
排　　版	杭州大漠照排有限公司
印　　刷	杭州丰源印刷有限公司

开　　本	889×1194　1/16	**印　　张**	14.125
字　　数	350 000	**插　　页**	7
版　　次	2020年12月第1版		2020年12月第1次印刷
书　　号	ISBN 978-7-5341-9385-9	**定　　价**	150.00元

版权所有　翻印必究

(图书出现倒装、缺页等印装质量问题，本社销售部负责调换)

责任编辑　莫亚元　　**责任校对**　陈宇珊
责任美编　金　晖　　**责任印务**　崔文红

2019 年 2 月 28 日，浙江省人民政府与中国工程院共建中国工程科技发展战略浙江研究院合作协议签署仪式在杭州举行。中国工程院党组书记、院长李晓红，时任浙江省委副书记、省长袁家军为中国工程科技发展战略浙江研究院授牌。中国工程院副院长何华武、浙江省副省长高兴夫分别代表院省双方在协议上签字。中国工程院院士潘云鹤、陈建峰、张伯礼参加鉴签，李兰娟、郑树森、薛群基、李家彪、刘志红、谭建荣、杨华勇、陈纯等院士出席仪式。

2019 年 4 月 29 日，全省产业创新服务综合体建设现场推进会在台州召开。时任浙江省委书记车俊出席会议并讲话，时任省委副书记、省长袁家军主持。

2019 年 5 月 14 日，全省科学技术奖励大会在省人民大会堂举行。大会表彰了 2018 年度省科学技术奖获得者和市、县(市、区)党政领导科技进步目标责任制考核优秀单位。

2019 年 6 月 13 日，2019 科技创新创业高峰论坛在杭州未来科技城举行。国家科技部副部长徐南平，浙江省副省长高兴夫，杭州市委常委、余杭区委书记张振丰出席论坛并致辞。

2019 年 11 月 9 日，2019 中国（浙江）全球科技精准合作交流会暨“一带一路”国际科学组织联盟青年科学家研讨会在杭州召开。时任浙江省省长袁家军、中国科学院院长白春礼、“一带一路”国际科学组织联盟秘书处代表扎布塔·辛瓦利教授在开幕式上致辞，浙江省副省长高兴夫主持。

2019 年 7 月 8 日，长三角国际智能制造精准对接活动暨第 40 届 MATADOR 智能制造与设计国际会议在杭州举行。浙江省政协副主席蔡秀军、浙江省科技厅厅长高鹰忠、浙江工业大学党委书记蔡袁强、时任安徽省科技厅副厅长罗平等出席会议。

2019 年 11 月 8 日，第十届“科技新浙商”颁奖典礼在杭州举行。浙江省副省长高兴夫，省政协副主席蔡秀军，省政府副秘书长董贵波，省委宣传部副部长、省电影局局长葛学斌，省科技厅党组书记何杏仁，省科技厅厅长高鹰忠等出席。

2019 年 11 月 14 日，由浙江省科技厅、浙江省工商联、之江实验室共同主办的“引领未来·科技创新项目发布会”在杭州举行。浙江省副省长高兴夫，省科技厅厅长高鹰忠，省工商联主席王建沂，杭州市委常委、余杭区委书记张振丰，余杭区区长陈如根等参加。

2019 年 11 月 28 日，浙江省人民政府和国家自然科学基金委员会在杭州签署协议，浙江省正式加入国家自然科学基金区域创新发展联合基金。浙江省副省长高兴夫和国家自然科学基金委员会副主任高瑞平分别代表双方签署了协议书。

2019 年 11 月 28 日，以“科技潮涌长三角，创新浙江赢未来，不忘初心 70 载，砥砺前行再出发”为主题的 2019 中国浙江网上技术市场活动周在杭州正式拉开帷幕。浙江省副省长高兴夫、省政府副秘书长董贵波、省科技厅党组书记何杏仁、省科技厅厅长高鹰忠等参加开幕式。

由浙江大学完成的“稻飞虱翅型分化的分子机理”项目，揭示了长、短翅褐飞虱的飞行肌、生殖相关基因组成和表达差异，发现了稻飞虱系统性和母体 RNAi 机制，并已可在实验室条件下对稻飞虱长、短翅发育实现自由控制。该项目获得 2018 年度浙江省自然科学奖一等奖。

由温州医科大学完成的“视网膜色素变性的分子机理及干细胞研究”项目，研究了我国视网膜色素变性的现患特征及诊断和治疗途径，建立了临床筛查诊断技术体系；使用 iPS 细胞分化来源的视网膜色素上皮细胞移植片作为治疗手段，为视网膜色素变性的分子机理研究和干细胞研究做出贡献。该项目获得 2018 年度浙江省自然科学奖一等奖。

由阿里云计算有限公司完成的“EB级大数据计算平台-MaxCompute 2.0”项目，解决了超大规模集群稳定性、PaaS细粒度数据安全和服务高可用等工程难题。该技术已在全球17个区域推广应用，全球首次通过100TB TPC Bigbench测试，在2015年、2016年Sort Benchmark数据计算能力评测中刷新六项世界纪录，已实现大规模商用，经济效益显著，推动了大数据产业发展。该项目获得2018年度浙江省科学技术进步奖一等奖。

由杭州海康威视数字技术股份有限公司完成的“面向复杂场景的跨时空多模态感知技术及应用”项目，研发了系列高清智能网络摄像机产品和高端视频云结构化服务器，并广泛应用于智慧城市、平安城市等项目建设中，形成显著的经济效益和社会效益。该项目获得2018年度浙江省科学技术进步奖一等奖。

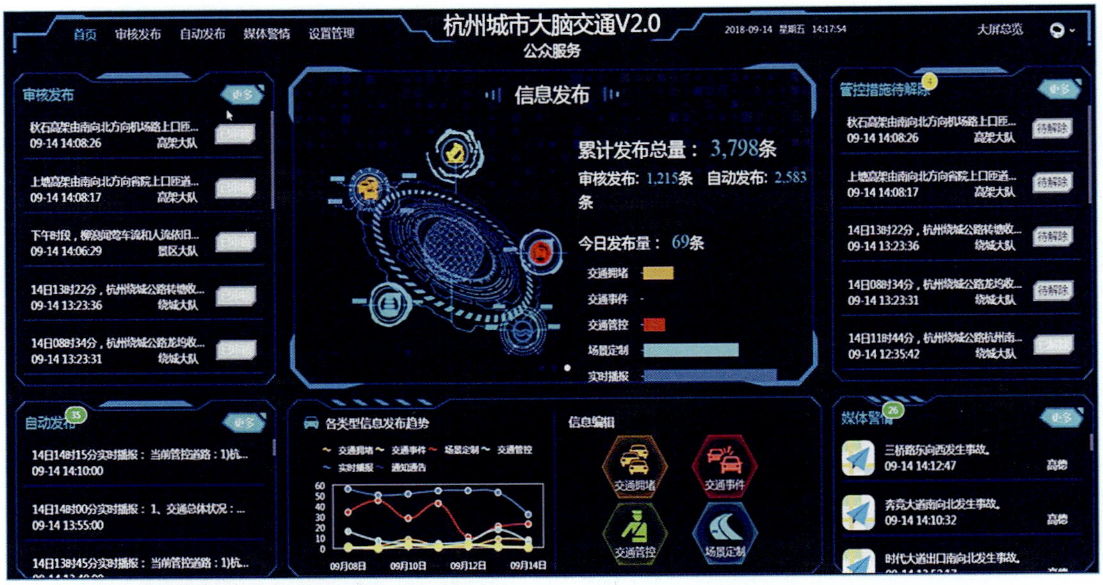

由阿里云计算有限公司完成的“面向城市大脑的大规模视觉并行异构计算平台及关键技术”项目，突破了城市大规模视觉异构计算引擎、城市复杂环境感知与理解、大规模超高维视觉检索系统三大核心技术。在全球权威视觉算法评测平台 KITTI 上，分别打破了车辆识别平均准确度和行人识别平均准确度的世界纪录。该项目获得 2018 年度浙江省科学技术进步奖一等奖。

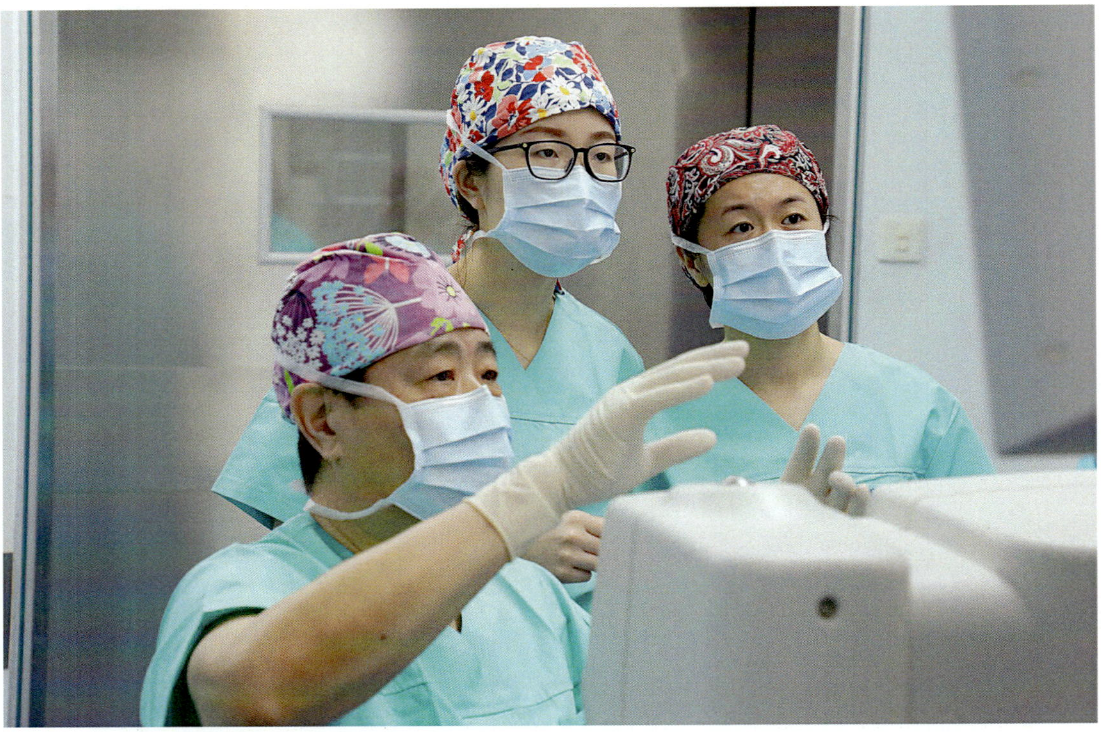

由浙江大学医学院附属第二医院完成的“白内障精准防治关键技术及策略的创新和推广”项目，在世界范围内首次将飞秒激光应用于高难度硬核白内障手术，率先发现先天性白内障新突变位点 22 个，占目前全球所有已知突变的 1/30，成为全球发现白内障致病基因突变最多的单位。该项目获得 2018 年度浙江省科学技术进步奖一等奖。

由中国计量大学完成的“岩土环境安全监测的电磁测量传感技术及应用”项目，研发了10余种岩土环境测量仪器，开发出岩土灾变的预测预报软件，在现场形成了完备的岩土环境监测系统。项目成果在地质灾害隐患点、尾矿库、边坡、基坑等岩土环境安全的监测中推广应用，已成功预警避险90次以上、保护人数250万以上，因避灾减少经济损失1.1亿元以上，3年销售收入近亿元。该项目获得2018年度浙江省科学技术进步奖一等奖。

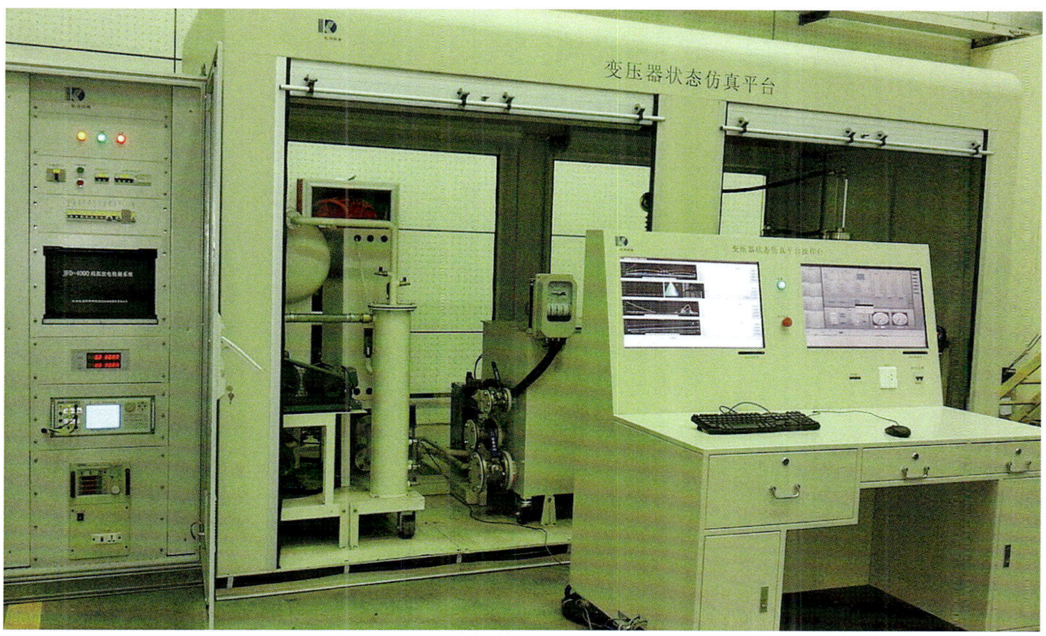

由国网浙江省电力有限公司电力科学研究院等单位合作完成的“超/特高压变电设备多源放电性故障监测与预警关键技术与应用”项目，研发的系列产品在国内50余个重大超/特高压交直流工程中广泛应用，准确预警百余起多源放电故障。该产品远销欧洲、南美和东南亚等地区，打破了国外企业对国际市场的垄断。该项目获得2018年度浙江省科学技术进步奖一等奖。

由浙江科技学院等单位合作完成的“种养废弃生物质厌氧发酵与循环利用关键技术研发及应用”项目，发现了沼气厌氧发酵菌的分层分布规律，阐明了以厌氧氨氧化为基础的生物脱氨原理，自主研发了系列混合高效发酵技术及设备，研发了分层式化学-生物联合沼气脱硫技术及装备，开发了沼液水培及复配肥用技术。该项目获得 2018 年度浙江省科学技术进步奖一等奖。

由浙江大学等单位合作完成的“高频宽温低功耗功率铁氧体生产关键技术与产业化”项目，解决了高频条件下保持低功耗的世界性难题，突破了高频宽温低功耗铁氧体核心生产技术，实现了规模化生产和广泛应用，使我国软磁铁氧体技术跨入世界先进行列。该项目获得 2018 年度浙江省科学技术进步奖一等奖。

目　录

第一部分　综合篇

第二部分　专题篇

第三部分　地市篇

第四部分　附　录

第一部分

综 合 篇

Science
Technology

全面提升产业创新服务综合体建设实效
为全省高质量发展提供有力支撑

——车俊同志在全省产业创新服务综合体建设现场推进会上的讲话摘要

（2019年4月29日）

今天，我们在这里召开全省产业创新服务综合体建设现场推进会，目的是深入学习贯彻习近平总书记关于科技创新重要论述精神，进一步提升认识、厘清思路、明确任务、压实责任，高水平推进全省产业创新服务综合体建设，全面提升建设实效，为我省高质量发展提供有力支撑。

按照省第十四次党代会决策部署，2017年我省全面启动产业创新服务综合体建设，省委、省政府加强顶层设计，做好谋篇布局，省市县各级联动、部门协同，各地党政主抓、合力推进，取得了集聚创新资源、助推产业发展的阶段性成果，为全省“稳企业、增动能、保平安”，促进工业较快增长，实现经济持续健康发展和今年一季度“开门红”做出了重要贡献。这些成效的取得，是全省各地各部门、广大企业和科技工作者共同努力的结果，省委对此给予充分肯定。

一、进一步深刻认识产业创新服务综合体建设的重要意义

首先，这是深入贯彻习近平总书记关于科技创新重要论述的生动实践。

其次，这是构建区域创新体系、落实创新驱动发展战略的重大举措。

再次，这是促进新旧动能转换、提振民营经济的迫切需要。

二、进一步准确把握产业创新服务综合体建设的重点任务

综合体建设是一项继往开来、在更高水平上推进产业创新公共服务平台建设的全新探索。在新的起点上，我们必须以习近平总书记关于科技创新重要论述精神为指引，认真贯彻落实省第十四次党代会决策部署，以提升服务企业产业的实效为根本，坚持政府引导、企业主体、市场运行、多方参与，突出规划引领、开放协同、系统集成、机制创新，加快打造具有诸多迭代效应的新型创新载体，在更大范围、更高层次、更深程度上推进产业创新服务综合体建设，为全省高质量发展提供强大引擎。

第一，规划布局要更加科学，以不断提升综合体建设推进的时效度。要把握好进度和质量的关系，在规划谋划上下绣花功夫，谋定而后动，扎实有序推进综合体早日建成、早出实效。一要对标对表加快规划建设。各地各部门要对照省委提出的“传统块状经济、现代产业集群产业创新服务综合体全覆盖”的决策部署，根据省政府确定的到2022年建成300个产业创新服务综合体的具体目标，把握产业转型升级方向和新兴产业发展趋势，编制完善务实可行的综合体建设总体规划和年度推进计划，明确路线图、任务书和进度表，一体化部署、系统化推进省市县三级综合体建设。二要加强与产业平台整合提升的衔接。产业是躯干，创新是魂魄。产业创新服务综合体只有深度融

入产业布局,才能形成综合体创新力与产业竞争力相通相融、神形兼备的共同体。目前随着我省大湾区大花园大通道大都市区建设加快推进,全省产业平台正处在整合提升、扩能升级的重要阶段,比如已批准设立杭州钱塘新区,还将打造宁波前湾新区、绍兴滨海新区、湖州南太湖新区,建设"万亩千亿"新产业平台,统筹整合各类产业集聚区。这些产业大平台的调整,必然带来各类中小平台的联动调整,由此要求通盘考虑产业创新服务综合体等各类创新平台规划建设与主体功能区规划、产业发展规划的配套衔接,做到与高新园区、经开区、科技城、特色小镇、小微企业园等平台布局有机融合、梯度匹配。三要注重规划建设的质量和实效。从深化供给侧改革、推进高质量发展、提升产业竞争力的高度来认识和推进综合体建设,不要盲目抢时间、赶进度,避免简单机械地对原有科技创新服务平台进行改造,克服重申报轻建设、重奖补轻实效的现象,着力在内涵品质提升上下功夫,做实技术研发、检验检测、知识产权、科技金融等板块,打造一批示范标杆型综合体,努力谋好建好用好综合体。

第二,建设模式要更加多元,以不断提升综合体与当地实际的匹配度。全省各地区位条件不同、产业特性不同、要素禀赋不同,我们不能要求所有综合体采用统一模式建设,要鼓励因地制宜、因业制宜,不拘一格探索多样建设方式。各地实践探索出了各具特色、各有所长的典型模式,值得全省学习借鉴。一是探索政府主导推动模式,发挥政府统筹调动资源的优势,整合好区域内创新资源,特别是在引进名校大所等高能平台、高端资源方面主动出击,快速实现平台能级提升和新动能培育平台布局。当然,我们既要发挥政府在政策引导、规划制定、建设推进、资源统筹和管理指导等方面的重要作用,更要发挥市场在资源配置、日常运营等方面的关键作用,防止出现政府大包大揽、市场失灵缺位的现象。二是探索公共平台提升模式,以原有公共平台为基础,结合产业规律和特点,拓展延伸创意设计、技术研发、技术交易、试验检测等专业化服务模块,推动原平台功能扩充、服务深化。不要在原有水平上简单拼凑,要真正体现全新的功能提升。三是探索龙头企业带动模式,发挥龙头企业协作引领、产品辐射、技术溢出等核心作用,对产业链上下游企业提供创新服务,带动产业链整体跃升。龙头企业要有共赢意识、宽广胸怀,对中小微企业真正开放服务,带动大中小微企业融通创新发展。四是探索多元主体协同模式,以科学机制推动多个创新主体有机互动、资源共享、协同创新,以联盟方式合力推进综合体建设,要注意避免松散化,防止各吹各的号、各唱各的调。对上述做法,各地都可以根据自身实际学习借鉴,做到举一反三,不搞照搬照抄、简单模仿,不断探索创造切合实际的新方式。

第三,要素配置要更加集中,以不断提升综合体创新资源的集聚度。产业创新服务综合体集聚创新资源越多,服务功能就越强,就越有能力解决产业创新的各种问题。一要整合一批创新资源。引导区域内单体性、零星化的创新机构有机联动和创新资源系统集成,加强产业链上的技术、成果、人才、资金等要素优化整合,注重发挥龙头企业对上下游产业创新资源的整合功能,推动创新载体物理集聚和机制融通,推动各主体相互赋能、资源共通、设施共享、价值共创,形成创新要素规模效应和聚合反应。二要下沉一批创新资源。鼓励支持高校、科研院所、创投机构与各类创新研发机构建立紧密型产学研合作机制,引导并支持省内高校院所、重点实验室依托综合体下沉创新资源,特别要加强优质创新资源对县城综合体建设的下沉式、订单式、对接式精准服务,鼓励省内对口协作的县市通过在杭州、宁波等大城市建设科创飞地、人才驿站等方式链接紧缺创新要素,深化科技帮扶,破解区域创新资源短缺瓶颈,推动综合体建设区域协调发展。三要引进一批创新载体。下大力气、多渠道汇聚各类高能创新资源，特别要引进全国高水平大学和科研院所，积极鼓励省外大院名所通过校地合作、龙头企业合作等模式，共建新型创新载体，发挥其服务我省重点产业发展的重要作用。要打开国际视野，主动拥抱全球化潮流，积极参与国际创新合作，谋划开展离岸创新孵化活动，主动融入长三角科创一体化，加强与省外乃至国际创新平台的合作联动，揽四方菁华，纳八面来风。

第四，服务功能要更加贴身，以不断提升综合体与产业结合的紧密度。怎样评价和衡量综合体的功效？关键要看服务了多少企业，解决了多少创新难题，对产业转型升级有多大的撬动作用。如何才能更好地发挥综合体的作用？关键要坚持问题导向、需求导向和效果导向，找准服务的切入口和着力点。一要着力解决企业需求难点问题。及时跟踪、深入摸清企业创新需求，建立企业需求数据库，加大多样化个性化服务供给，支持广大中小微企业提升产品创新、业态创新、组织创新、模式创新，提升自主研发、品牌创建、资本运作等创新活动的能力，为中小企业提供精准、便捷、经济的创新服务。二要着力解决产业升级痛点问题。制约产业升级的关键是技术难题。各类综合体要对标国际同类产业技术新趋势，找准我省产业转型升级的短板弱点，针对高端设备和工艺、高性能材料、关键零部件等开展协作创新、联合攻关，突破"卡脖子"技术制约，发挥综合体策源产业创新的推动力作用。三要着力解决公共服务堵点问题。众多中小企业在推动创新迭代过程中有很多共性需求。各类综合体要瞄准产业转型升级的共性需求，开展基础共性技术的研究，充实计量测试、人员培训、认证咨询、知识产权保护等公共服务功能，配套完善一体化支撑的孵化体系，切实降低中小微企业的创新风险和成本。

第五，运行机制要更加灵活，以不断提升科技成果转化的通畅度。构建简约高效的创新服务机制是建设综合体的重要内容。我们要把综合体建设作为深化科技体制改革的有力抓手，拆除阻碍科技成果产业化的"篱笆墙"，推动科技与产业的深度融合，打通从科技强到产业强、经济强的通道。一要完善市场化运营机制，促进创新机构扎根产业。要深化高校和科研院所科技体制改革，加大科技人员科技创业政策的激励力度，促进优质创新资源和人才资源与企业产业对接。要深化综合体科技体制改革，促进研发设计等创新机构企业化运作，实现优胜劣汰、提档升级，更好地实现市场效应，满足创新需求，构建机构与企业互利共生的良好格局。二要完善多部门联动机制，强化公共服务集成功能。当前各部门服务创新的政策、资源、平台分散管理，缺乏统筹联动，不能有效发挥整体效应，制约了支撑区域创新的公共服务能力。要深化"最多跑一次"改革，推动科技、经信、市场监管等部门的政策和服务集成，加快综合体相关政务事项开通网上办理、掌上办理，优化再造商事登记流程，把综合体打造成为科技创新一站式服务窗口，促进省市县三级科技数据系统资源的互联互通、共享共用，让各部门的创新资源聚合起来，实现跨部门的创新资源联动。三要完善跨区域共享机制，着力打破制约区域创新的行政壁垒。我省块状经济和产业集群呈现跨区域发展特征，虽然目前各个综合体主要为服务本地块状经济发展而建，但我们不能因此画地为牢，搞"关门主义"。要牢固树立服务国家战略、推动区域协同的理念，积极顺应长三角一体化发展、大湾区建设加快推进的新形势，立足当地、服务全省、影响全国，着力构建跨行政区域的综合体创新服务合作机制，促进科技平台、科学实验仪器设备等科技资源的开放共享，发挥已有综合体对周边产业的辐射作用。

第六,生态系统要更具活力,以不断提升创新全链条的协同度。省委、省政府提出加快打造“产学研用金、才政介美云”十联动的创业创新生态系统,首先就要聚焦产业创新主战场,加快打造一批能够有效支撑产业发展的创新服务综合平台。产业创新服务综合体直接面向产业集群和广大企业,致力于打通创新服务“最后一公里”,是全省创业创新生态系统的重要基础。一方面,要促进综合体相关主体密切联动。加强政府、企业、高校院所、金融机构和中介机构等紧密合作。政府要积极有为,改革和创新服务管理方式;企业要发挥主体作用,着力提升创新能力;高校院所要主动参与,加快科技成果转移转化;金融机构要精准服务,积极拓展企业融资渠道;中介机构要密切配合,提供精细化专业化服务。要形成各类主体开放共享、协同共赢的产业创新生态体系,为产业发展壮大提供充裕的“阳光”“雨露”和“土壤”。要紧紧围绕块状经济和产业集群,推动创新链、产业链、要素链、服务链等多链融合,根据产业链布局创新链,根据创新链完善要素链,叠加政府服务链,促使多链融合、同频共振,产生强大的整体效能,形成区域创新生态比较优势。另一方面,要强化综合体创新机构紧密协同。从系统论的角度看,只有强化子系统间的协同效应和耦合效应,系统总体功能才会大大增强。要提高创新机构的组织化程度,通过股份制、理事会制、会员制等多种运作模式,将研发设计等创新机构有机组织起来,发挥综合体的整体效应。要提高创新机构的协作化程度,支持各类工程技术中心、协同创新中心、企业研究院等协同创新,增加创新机构之间的学习交流,大幅提升综合体的总体能级。

三、进一步强化产业创新服务综合体的工作保障

产业创新服务综合体建设是一项系统工程,涉及多个部门、众多主体,必须加强指导、强化保障,多方联动、合力推进。

一要加强组织领导。省科技领导小组要加强对产业创新服务综合体建设的组织领导,定期分析研究综合体建设的重大问题。领导小组办公室要发挥牵头协调、指导监督和考核评估等作用。领导小组各成员单位要加强协同,根据职责分工,研究制定支持产业创新服务综合体建设的具体举措。市县党委、政府要切实负起主体责任,党政“一把手”要高度重视、直接推动,相关部门要密切配合、各司其职,形成上下“一盘棋”、横向协同、纵向联动的工作格局,确保综合体建设高效有序推进。

二要完善考核评价。坚持以服务企业和产业的绩效为核心依据,实行分类考核,充分考虑传统制造业、新兴制造业和现代服务业三个类别综合体的差异和特点,制定有针对性的考评体系,引导不同类型的综合体各具特色地开展建设。实施动态评价,将市、县产业综合体建设工作纳入年度市、县党政领导科技进步目标责任制考核,实施动态调整机制,用好考核评价结果。开展公开评估,引入第三方评估,对各地综合体建设成效进行年度评估,接受社会监督,督促各综合体加快建设进度、提升质量效果,形成比学赶超的良好氛围。

三要强化政策支持。完善财政专项激励资金竞争性分配支持政策,细化资金使用管理办法,实行绩效导向的资金拨付方式,突出对具体综合体的直接经费补助,突出对各地建设成效的奖励,原则上列入省级建设的综合体都给予一定支持,做到既保障公平性又体现激励性。建立更加灵活的人才引入培育机制,在人才评价激励、科技成果转化市场化评价等方面多出新招好招,培养一批技术开发和成果转化的本土人才,推动综合体成为智力集聚的高地。用好用足普惠金融系列政策,发挥各级创新引领基金

等产业基金的定向引导作用，金融机构要为综合体建设提供精准金融服务。鼓励各地统筹新增用地计划指标、存量建设用地、增减挂钩指标，特别是做好盘活的文章，做好原有厂房或用原有工业用地建设综合体的政策衔接，加强综合体的用地保障。

最后有一件事强调一下。全国大众创业万众创新活动周是国务院部署推进"双创"工作的重要举措，是我国规格最高、参与人数最多、影响力最大的"双创"品牌活动之一，自2015年设立以来已成功举办四届，国务院领导出席主会场活动并作重要讲话。今年，第五届"双创"活动周已明确落户杭州，活动时间初定于6月初。这是国务院对我省"双创"工作的肯定和鼓励，也是一项重大政治任务。各地各部门要高度重视，提高政治站位，以高度的政治敏锐性和责任感完成好国家交办的任务。省政府已成立省长袁家军任组长的省筹备工作领导小组，组建了工作专班，各市都要建立相应的工作机制，结合本地实际编制活动周总体方案，动员社会力量精心策划组织活动周重要活动。杭州市要发挥作为主办城市的主体作用，各部门要紧密配合协同，举全省之力办一届最精彩的"双创"活动周，充分展示浙江创新创业成果，弘扬创新创业精神，掀起新一轮创新创业高潮。

2019 年浙江省科技创新工作基本情况

2019 年，全省科技系统深入贯彻党中央、国务院和省委、省政府关于科技工作的部署要求，全面实施“科技新政”，加快建设“互联网 +”和生命健康科创高地，在 EB 级大数据计算平台、射频芯片、类脑芯片、慢性丙肝新药创制等领域取得一批标志性成果。新当选“两院”院士 7 人，入选数为历年之最。30 项科技成果荣获 2019 年度国家科学技术奖，其中主持完成 11 项。预计全省 R&D 经费支出 1648 亿元，增长 15%，占 GDP 比重达 2.62%。科技进步贡献率达 63.5%，科技创新支撑引领作用进一步增强。我省“实施创新驱动发展战略、推进自主创新和发展高新技术产业”和“改善地方科研基础条件、优化科技创新环境、促进科技成果转移转化以及落实国家科技改革与发展重大政策”两大领域获国务院表彰，是同年获两项科技激励的唯一省份。

一、着力“防风险”，关键核心技术攻关强力推进

一是精准迭代“三张清单”。建立“常年征集、定期梳理、滚动迭代”工作机制，动态梳理和迭代形成重点产业关键核心技术清单 191 项、“急用先行”优先部署技术清单 92 项和前沿技术清单 47 项。二是协同实施攻关项目。以企业为主体，联合国内外优势研发力量组建创新联合体开展攻关，全年立项实施省重点研发计划项目 371 项，其中聚焦“三张清单”的攻关项目达 73%。三是做细做实工作机制。按照“四个体系”要求，对每个攻关项目都明确目标体系、制订工作计划、落实政策举措、强化考核评价。实行首席专家负责制，赋予更大科研自主权。

二、着力“稳企业”，科技企业队伍持续扩大

一是纵深推进“双倍增”计划。全年预计新认定高新技术企业 4860 家（年度目标为 2000 家），新认定备案科技型中小微企业 12838 家（年度目标为 6000 家）。二是切实优化企业服务。会同税务、统计部门开发并在全省推广应用“企业研发项目信息管理系统”，有效解决企业“研发项目鉴定难、研发费用归集难、加计扣除核算难、税收优惠兑现难”等问题。自去年 8 月推广以来，全省已有 2 万多家企业使用该系统，享受加计扣除额 370 多亿元，激励企业投入研发经费 510 多亿元。会同杭州海关、省税务局等部门出台进一步落实稳外贸政策的 8 条措施和进一步落实税收优惠政策的 7 条措施等，全力支持企业创新发展。三是全面开展“百千万”行动。制定实施《科技服务企业“百千万”行动计划》，全省 250 家省级产业创新服务综合体、重点实验室、科研院所等各类载体累计派出科研人员 2 万人次，服务企业 12 万家次，征集企业技术难题 1.6 万个、解决 8379 个。

三、着力“增动能”，高新技术产业稳健发展

一是高新技术产业有效引领规上工业发展。1—11 月，全省规上工业增加值的五

成以上(51.4%)、规上工业增加值增长贡献率的六成以上(63.8%)、规上工业新产品产值的七成以上(73.6%)、规上工业研发费用的八成左右(79.5%),均来自高新技术产业。二是人工智能等数字经济加快发展。出台《关于加快新一代人工智能创新发展的实施意见》等一批促进高新技术产业发展的政策,杭州、德清获批建设国家新一代人工智能创新发展试验区,海康威视入选国家新一代人工智能开放创新平台。三是高新产业创新平台建设提速提质。"四廊两区一带"建设扎实推进。杭州城西科创大走廊纳入杭州自创区和宁波温州自创区发展规划纲要分别报送科技部,杭州、宁波温州自创区部际协调小组第一次会议准备就绪。印发《杭州城西科创大走廊创新发展专项资金管理办法》《G60 科创走廊(浙江段)规划》《环杭州湾高新技术产业带发展规划》,推进甬江科创大走廊、环大罗山科创走廊规划编制工作。产业创新服务综合体建设加快推进。省委、省政府高规格召开现场推进会,新培育创建省级产业创新服务综合体 53 家。高新区建设稳步推进。1—11 月,全省高新区实现规上工业增加值 4944 亿元,增长 6.5%;高新技术产业增加值 3599 亿元,占全省高新技术产业比重达 48.1%。

四、着力"聚资源",科技开放合作不断深化

一是精准开展全球科技合作。省政府召开全省工业和信息化科技全球精准合作大会,制订全球科技精准合作行动计划,编制数字经济和生命健康领域全球创新资源分布图。举办 2019 中国(浙江)全球科技精准合作交流会、第四届中国≠中东欧国家创新合作大会等,新建省级国际科技合作基地 36 家、海外创新孵化中心 11 家。二是务实推进长三角等国内科技合作。深度参与《长三角科技创新共同体建设发展规划》编制,会同有关单位举办"长三角一体化科创成果展"。推进长三角创新资源共建共享和创新券通用通兑,长三角科技资源共享服务平台试运行。出台《引进大院名校共建高端创新载体实施意见》,新引进共建中科院肿瘤与基础医学研究所、长三角柔性电子技术协同创新中心、中国工程科技发展战略浙江研究院、天津大学浙江研究院等高端载体。三是大力集聚高端科技人才。新引进培育省领军型创新创业团队 27 个、省"万人计划"97 名,"互联网+"和生命健康两大领域分别占 59% 和 55%。四是不断完善技术交易体系。积极配合省人大开展促进科技成果转化"一法两条例"执法检查。制定《浙江省技术转移体系建设实施方案》等,举办中国浙江网上技术市场活动周等活动,谋划组建中国(浙江)科技成果交易中心。2019 年,全省举办"浙江拍"20 场,成交 316 项,金额 4 亿元;全省实现技术交易合同额 1475.8 亿元。

五、着力"惠民生",乡村振兴和民生改善科技支撑切实增强

一方面,强化系统谋划,加快推进生命健康科创高地建设。制定《关于加快生命健康科技创新发展的实施意见》,统筹推进创新药物和高端医疗器械源头创新、精准医疗全链创新、信息技术与生物技术融合创新。出台《关于支持西湖大学打造生命健康世界科技创新高地主平台的意见》,省财政四年支持 4 亿—5 亿元。实质性启动 3 家国家临床医学研究中心建设,搭建了全国协作网络和管理组织。湖州创建国家可持续发展议程创新示范区取得积极进展,新建 3 家省级可持续发展创新示范区。另一方面,推进科技进乡村,切实强化科技支撑乡村振兴。深入实施创新驱动乡村振兴发展三年行动计划,"高密度全龄人工饲料工厂化养蚕"项目攻克世界性难题并实现产业化,新创建培育省级农业科技园区 10 家,备案省级星创天地 36 家。探索科技特派员向工业

领域延伸，新选派个人科技特派员356名、团队科技特派员150个，其中工业团队科技特派员26个。在国务院召开的“科技特派员制度推行20周年总结会议”上，我省是唯一以省级政府名义作典型发言的省份。

六、着力“激活力”，科技体制改革纵深推进

一是推进政府数字化转型。加强业务流程再造和数据共享，构建了“政策法规、办事大厅、决策支撑、科技监管”四大模块的“科技大脑”，实现全部科技业务事项的“一网打尽”。目前厅本级48个办事事项网办率100%、掌办率90%、零跑率98%、承诺办理时限压缩率63%、材料电子化率98%，领跑全国。二是深化“最多跑一次”改革。以“三简三优三支撑”为切入口，推进科技服务领域减环节、减材料、减次数、减时间。目前项目评审立项时间从120个工作日减到45个工作日，压缩62%；高新技术企业认定时间从240天减到80个工作日，压缩66%；外国人来华工作许可等多个事项在全国率先实现“零跑”。三是促进科技管理提质增效。出台《关于进一步完善省级科技计划体系 创新科技资源配置机制的改革方案（试行）》《浙江省重点研发计划暂行管理办法》，整合压缩科技计划达30%，改革项目、平台等评审认定方式，完善以诚信为基础、绩效为目标、激励为导向、规范为保障的科技计划体系和资源配置机制。四是加强科技金融结合。在全省率先启动运营省创新引领基金，批复第一批子基金公司9家，总规模27亿元，其中省财政认缴金额5.7亿元。省政府与国家基金委共同设立国家区域创新发展联合基金。

2020年浙江科技创新工作重点

2020年是我省高水平全面建成小康社会和“十三五”规划的收官之年，是“十四五”和中长期的谋篇布局之年，也是基本建成创新型省份的决胜之年，做好科技工作十分重要。

2020年工作的总体要求是：以习近平新时代中国特色社会主义思想为指导，深入贯彻习近平总书记关于科技创新的重要论述和指示批示精神，全面贯彻党的十九大和十九届二中、三中、四中全会，中央经济工作会议，省第十四次党代会和省委十四届历次全会，省委经济工作会议等精神，对标“十三五”规划目标和高水平全面建成小康社会短板指标，以“收官、提升、谋划”为主线，深入实施科技新政，加快建设“互联网＋”和生命健康科创高地，谋划建设新材料科创高地，基本建成创新型省份，在新起点上开启高水平建设科技强省的新征程。全省R&D经费增长14%以上，占GDP比重达2.8%，科技进步贡献率达到65%。

2020年的重点工作任务是：紧扣基本建成创新型省份目标，实施八大提升工程。

一、实施基础研究能力提升工程

一是实施“尖峰计划”。以提升原始创新能力为目标，在重点领域，通过国家联合基金和省杰出青年科学基金支持等方式，实施100项左右重大前瞻性基础研究项目，力争实现一批前瞻性基础研究、引领性原创成果重大突破。

二是重塑实验室体系。出台《浙江省实验室体系建设方案》，完善“国家实验室、国家重点实验室、省实验室、省级重点实验室”梯次培育机制。支持之江实验室争创国家实验室，推动中科院与省政府共建之江实验室，争取2个国家级科创平台落户。支持省农科院、宁波大学、浙江工业大学争创省部共建国家重点实验室，支持中电海康集团、西湖大学争创国家重点实验室。出台《浙江省实验室建设工作指引》，按照“强核心、多基础、网络化”原则，在“互联网＋”、生命健康等领域布局首批省实验室2—3家。优化重组省级重点实验室，新建以基础研究和应用基础研究为主的省级重点实验室10家。

三是支持研究型大学和新型研发机构建设。出台《浙江省新型研发机构管理办法》，支持浙江大学加快建设超重力离心模拟与实验重大科学装置，支持清华长三角研究院争取建设长三角国家技术创新中心，支持西湖大学、甬江实验室、中法航空大学、阿里达摩院、中科院宁波材料技术与工程研究所、中科院肿瘤与基础医学研究所等建设高水平研究型大学和新型创新载体，新建新型研发机构30家。

二、实施关键核心技术提升工程

一是实施“尖兵计划”。以技术安全自主可控为目标，按照“急用先行、重点突破”的原则，在重点领域，实施100项左右重大关键核心技术攻关项目，加快开发应用一批填补空白的重大成果和产品,有效降低技术对外依存度。

二是实施"领雁计划"。以抢占科技制高点为目标,按照"长远部署、系统推进"的原则,从已有优势和潜在优势出发,在重点领域,实施100项左右优先布局的重大引领性项目,力争取得一批重大标志性成果。

三是实施"领航计划"。以融入国家战略布局为目标,积极调动发挥省内高校院所和优势企业勇立潮头的担当精神,主动对接国家战略任务,争取国家科技创新2030重大项目、重点研发项目、重大自然科学基金项目100项左右落地浙江,资助经费20亿元,其中国家自然科学基金直接经费11亿元,引领浙江在更高水平上创新发展。

三、实施高新技术产业提升工程

一是深入实施"双倍增"计划。制订科技企业"双倍增"行动计划(2020—2024年),健全"科技型中小微企业、高成长科技型中小企业、高新技术企业、创新型领军企业"梯次培育机制,全年新增科技型中小微企业10000家、高成长科技型中小企业1000家、高新技术企业4000家、创新型领军企业10家。制定加快企业技术创新平台体系建设的实施意见,全年新增高新技术企业研发中心400家、企业研究院200家、重点企业研究院30家。修订省级科技企业孵化器和众创空间管理办法,新认定备案省级科技企业孵化器10家、众创空间50家。

二是大力提升全社会研发投入。深入实施"全社会研发投入提升行动计划",加大财政科技投入,撬动引导企业、高校、科研院所等加大研发投入。出台新一轮鼓励企业研发的政策举措,完善研发后补助、研发准备金、研发风险分担等措施,全面推广应用"企业研发项目信息管理系统",确保有研发投入活动的企业数增长8%以上。

三是切实加强重点产业培育。加快推进杭州、德清国家新一代人工智能创新发展试验区建设,支持宁波争创国家试验区。加快阿里巴巴城市大脑、海康威视视频感知、华为基础软硬件、之江实验室天枢开源等人工智能开放平台建设,推进人工智能技术在未来社区、智慧亚运、智能制造等领域的广泛运用。加大数字安防、新能源汽车、绿色石化、航空航天、新材料、生物医药等创新产业集群培育力度,力争高新技术产业投资增长10%以上,高新技术产业增加值增速高于规上工业1个百分点。

四、实施创新平台能级提升工程

一是高标准布局"四廊两区一带"。探索建立"四廊两区一带"协同创新机制,每半年召开建设推进会。争取国务院批准杭州、宁波温州自创区规划,批准第一批自创区先行先试政策,力争自创区取得高新企业认定自主权。着力推动杭州城西科创大走廊平台、人才、政策、要素集聚和体制机制创新,打造面向世界、引领未来、辐射全省的创新策源地。推动宁波、温州发布《甬江科创大走廊建设规划》《环大罗山科创走廊建设规划》,建立G60科创走廊(浙江段)联席会议制度,推进大湾区高新技术产业联动发展。

二是高质量发展高新区。实施"高新区高质量发展行动计划",成立省高新区协会,探索推行一区多园、区政合一、整合托管,实行排序激励和退出倒逼机制。制定《浙江省高新技术产业开发区(园区)管理办法》,规范省级高新区创建、挂牌、扩区等全流程管理。争取国务院批复台州、舟山国家高新区,争取科技部对金华申报国家高新区开展实地调研,支持丽水、安吉创建国家农高区。全年高新区规上工业增加值对全省规上工业增长贡献率达45%,高新技术产业增加值占全省比重达50%。

三是高水平建设产业创新服务综合体。深入贯彻全省产业创新服务综合体建设现场推进会精神,出台《浙江省省级产业创新服务综合体建设管理考核办法(试行)》,加强省级部门协同和省市县联动,以KPI指标体系推动完善综合体运行机制和服务功能,加快构建开放、协同、高效的共性技术平台,新增30家以上省级综合体,打造10家左右标杆型综合体,对年度绩效评价靠后的给予黄牌警告、约谈等处置。

五、实施科技成果转化提升工程

一是推进国家科技成果转移转化示范区建设。实施"科技成果转化行动",启动建设"中国(浙江)科技成果交易中心",接轨长三角建设"网上技术市场3.0版",成立省高校技术转移联盟,健全"浙江拍"模式,创新完善科技成果转移转化渠道和利益分配机制,探索科技成果分类评价和所有权收益权改革试点,培育市场化、国际化、规范化的科技大市场,全年推动2000个授权发明专利产业化,技术交易额达到800亿元。

二是深化科技金融结合。加快省创新引领基金的快速执行和绩效跟踪,力争完成20亿元的投资布局,引导企业和社会投入80亿元以上,争取与科技部设立成果转化联合基金。支持科技企业科创板上市。推动科技金融产品和服务创新,支持创业风险投资发展,着力构建多层次、全覆盖、高效率的科技金融服务体系。

六、实施科技惠民水平提升工程

一是切实强化科技支撑乡村振兴。在农产品安全有效供给、"互联网+农业"等领域,实施一批重大科研项目。组织实施"百品万亩"工程,争取新选育和推广100个农业新品种,推广示范面积100万亩。强化国家和省级农业科技创新载体建设,新建6家重点农业企业研究院、30家星创天地。

二是切实放大科技特派员工作成效。加快科技进乡村,研究制定深化科技特派员制度若干意见,谋划建设科技特派员工作站,全面启动工业科技特派员工作,探索"科技特派员创新创业引导基金"等收益分配新机制,拓展科技特派员服务模式和领域。实施"科技特派员扎根"计划,省市县联动派遣科技特派员,带着项目、资金、技术和成果扎根服务乡村和企业。

三是切实强化科技支撑民生改善。加快生命健康科技创新高地建设,制订并落实年度重点工作责任清单,力争在关键核心技术攻关、高能级创新平台构建、创新型产业集群培育等方面取得实效。深入贯彻《国家生物技术发展战略纲要》,研究制定我省生物技术发展的具体措施。出台《浙江省临床医学研究中心建设管理考核办法》,新建一批省级临床医学研究中心,力争实现主要疾病领域和临床专科的全覆盖。深入实施可持续发展战略,全力争取湖州成功创建国家可持续发展议程创新示范区,新建3家省级可持续发展创新示范区。加速治水治气治土治废等先进技术成果的推广应用,努力突破资源环境瓶颈制约。

七、实施创新生态环境提升工程

一是加大科技人才集聚力度。实施科技人才推进计划,突出"双引双育",建立更加开放、更有力度的高层次人才引进培育机制,新引进领军型创新创业团队20个、海外工程师150名,培育100名"万人计划"杰出人才和创新创业领军人才,支持100名杰出青年基础研究人才、1000名青年科研人才。标准化推进"外国高端人才创新集聚区"建设,新建2个集聚区和一批省级外国专家工作站、国家引才引智示范基地等。组织开展"双千"活动,邀请1000名外国人才、组织1000个项目与我省企事业单位进行务实对接。

二是推进长三角科技创新共同体建设。充分利用我省作为长三角轮值省份契机,积极开展长三角全面创新改革试验,力争在长三角科技发展基金设立、关键核心技术协同攻关、国家科技成果转移转化示范区建设、科研诚信信息共享与联合惩戒机制建立、科学仪器设备开放共享与"创新券"通用通兑、研发飞地与人才飞地设立、长三角联合创新基地建设等方面取得突破,打造长三角创新创业生态圈。全力办好长三角地区(网上)创新成果展。

三是强化全球科技精准合作。实施"全球科技精准合作行动计划",深化与创新大国和关键小国的务实合作,健全引进大院名校共建"高尖精特"创新载体绩效管理机制,推动共建浙江巴顿前沿材料与焊接技术研究院等。办好中国(浙江)全球科技精准合作大会等品牌活动,力争达成一批引领性合作项目。支持企业并购、建设海外研发中心等,全年新建国际科技合作基地、海外创新孵化中心等国际科技合作载体50个。

八、实施创新治理效能提升工程

一是始终把政治建设摆在首位。学懂弄通做实习近平新时代中国特色社会主义思想,把不忘初心、牢记使命作为永恒课题、终身课题,增强"四个意识",坚定"四个自信",坚决做到"两个维护",在思想上、政治上、行动上同以习近平同志为核心的党中央保持高度一致,推动党中央、国务院和省委、省政府各项决策部署在全省科技系统得到全面贯彻落实。

二是不断深化科技体制改革。围绕"激发和调动各类创新主体的活力和积极性"这一主线深化改革,争取2项以上改革项目列入省全面深化改革重点任务清单。以政府数字化转型为牵引,建设好"科技大脑",深化科技服务领域"最多跑一次"改革,推进多部门联办"一件事",争取承诺时限压缩比、跑零次等指标继续领跑全国。全面评估创新型省份建设成效,提出进一步跻身和走在创新型省份前列的目标任务。完善市县党政领导科技进步目标责任制考核机制,强化激励和约束,对年度考核靠后的单位进行约谈。加大省部会商、厅市会商、部门会商等工作力度,在全国率先发布动态更新的省市县三级科技创新指数,积极推广新昌等全面创新改革经验,助力市县创新发展。

三是全面推进依法行政。加强规范性文件、重大行政决策合法性审查,全面推行行政执法公示、行政执法全过程记录和重大行政执法决定法制审核制度。深化科技领域"互联网+监管"改革,推动现场掌上执法检查。健全政府法律顾问机制。完善领导干部集体学法制度,不断提升依法行政意识和能力。

四是持之以恒改进作风。强化制度意识,严格按照制度履行职责、行使权力、开展工作。完善行政权力运行监督机制,加强对项目立项、资金使用、成果评奖等重点领域和关键环节的监督执纪。按照"两强三提高"要求,强化绩效导向,着力构建走在前列的体制机制,形成比学赶超、奋勇争先的干事创业氛围。

浙江省科学技术奖励办法

（2019 年 10 月 26 日经省人民政府第 29 次常务会议审议通过）

第一章　总　则

第一条　为了奖励在本省科学技术创新和成果推广应用中作出突出贡献的单位和个人，鼓励自主创新，推动科学技术进步，加快建成创新强省，根据《中华人民共和国科学技术进步法》《国家科学技术奖励条例》等法律、法规规定，结合本省实际，制定本办法。

第二条　省人民政府设立浙江省科学技术奖（以下简称省科学技术奖），每年评审一次。

宁波市人民政府可以按照国家规定设立宁波市科学技术奖。本省其他行政机关和参照《中华人民共和国公务员法》管理的事业单位不得设立由财政出资的科学技术奖。

第三条　科学技术奖励应当服务浙江发展，强化政策激励导向，聚焦重点发展领域，鼓励开放合作，促进重大技术创新和科学技术成果推广应用，推动经济社会高质量发展。

第四条　科学技术奖励应当遵循公开、公平、公正的原则。

第五条　省人民政府设立省科学技术奖励委员会，负责审核省科学技术奖励年度工作方案和评审结果，协调解决相关重大问题。

省科学技术奖励委员会组成人员由省科学技术行政部门提出建议，报省人民政府批准后向社会公布。

省科学技术奖励委员会设评审委员会和监督委员会，分别负责省科学技术奖的评审和监督工作。

第六条　省科学技术行政部门负责制定省科学技术奖励评审规则、标准和程序，承担评审活动的组织、服务和管理等日常工作。

第七条　鼓励社会力量设立科学技术奖项。县级以上科学技术行政部门应当加强对社会力量科学技术奖励活动的服务、指导和监督。

社会力量设立的科学技术奖项，应当坚持公益和诚信原则，及时向社会公开评审规则、标准、程序和结果，不得在奖励活动中收取任何费用。

第二章　奖项设置

第八条　省科学技术奖包括下列类别：

（一）浙江科技大奖；

（二）自然科学奖；

（三）技术发明奖；

（四）科学技术进步奖；

（五）国际科学技术合作奖。

浙江科技大奖不分等级，每年授予数量不超过 2 个。

自然科学奖、技术发明奖、科学技术进步奖各分为一等奖、二等奖、三等奖，每年授奖总数不超过 300 项。其中一等奖不超过 30 项，二等奖不超过 90 项，三等奖不超过 180 项。

国际科学技术合作奖不分等级，每年授予个人或者组织不超过 10 个。

第九条 省科学技术奖获奖者由省人民政府颁发奖励证书、奖金。浙江科技大奖奖金每项 300 万元。自然科学奖、技术发明奖、科学技术进步奖奖金每项分别为一等奖 30 万元、二等奖 15 万元、三等奖 5 万元。

第十条 浙江科技大奖授予符合下列条件之一的个人或者团队：

（一）在科学技术发展中有卓越建树或者在当代科学技术前沿特别是在基础研究、应用基础研究方面取得重大突破，为国内外同行所公认的；

（二）在科学技术创新、科学技术成果转化和高新技术产业化中，创造巨大经济社会效益和生态环境效益的。

第十一条 自然科学奖授予在基础研究或者应用基础研究中有重大科学发现的单位和个人。

前款所称重大科学发现，应当符合下列条件：

（一）前人尚未发现或者尚未阐明；

（二）具有重大科学价值或者普遍实用价值；

（三）得到国内外自然科学界公认。

第十二条 技术发明奖授予在运用科学技术知识研究开发产品、工艺、材料及其系统等方面有重大技术发明的单位和个人。

前款所称重大技术发明，应当符合下列条件：

（一）前人尚未发明或者尚未公开；

（二）具有先进性、创造性、实用性和重大技术价值；

（三）经实施，创造显著经济效益、社会效益、生态环境效益或者安全效益，且具有广泛的应用前景。

第十三条 科学技术进步奖授予完成并应用推广创新性科学技术成果，为推动科学技术进步和经济社会发展做出贡献的单位和个人。

前款所称创新性科学技术成果，应当符合下列条件之一：

（一）在实施技术开发项目中，有重大技术创新，实现成果转化和产业化，对产业、行业技术进步产生重大影响，取得显著经济社会效益或者生态环境效益的；

（二）在实施重大工程项目中，有重大科学技术创新并实现成果转化，使工程达到国际先进水平或者国内领先水平的；

（三）在农业、医疗卫生、地球科学、环境保护、科学技术普及、资源节约等社会公益性科学技术工作中，有重大成果并推广应用，取得显著社会效益或者生态环境效益的；

（四）在管理和决策科学等软科学研究中有重大成果，对政府决策和经济社会发展产生重大影响，取得显著社会效益的。

第十四条 国际科学技术合作奖授予符合下列条件之一的外国人或者外国组织：

（一）与本省单位或者个人合作研究、开发，取得重大科学技术成果的；

（二）向本省传授先进科学技术、培养人才，成效特别显著的；

（三）为本省对外科学技术交流与合作，做出重要贡献的。

第十五条　省科学技术行政部门根据省科学技术奖的奖励条件制定分类、分级评价标准，报省科学技术奖励委员会同意后实施。对新经济、新模式、新业态的成果，可以根据科技革命和产业变革的需要，制定符合其特征的评价标准。

分类、分级评价标准应当坚持定性与定量相结合，明确成果先进性和经济效益、社会效益、生态环境效益的具体评价内容和指标。技术发明奖、科学技术进步奖的评价内容和指标应当以成果应用推广为导向。

第三章　提　名

第十六条　省科学技术奖实行由专家学者、组织机构、相关部门提名的制度。

省科学技术行政部门应当按照“最多跑一次”改革的要求，利用网络信息技术等手段，简化提名环节和材料，优化提名和评审流程。

省科学技术行政部门应当在每年科学技术奖励工作启动前，将评审工作安排、提名规则以及指南等在浙江政务服务网、省科学技术行政部门网站或者其他面向公众的媒体上向社会公告。

第十七条　候选者由下列单位或者个人（以下统称提名者）提名：

（一）国家最高科学技术奖获奖人；

（二）中国科学院院士、中国工程院院士（不含外籍院士）；

（三）国家科学技术奖获奖项目第一完成人；

（四）浙江科技大奖获奖人或者获奖团队第一人；

（五）省人民政府有关组成部门、直属机构；

（六）设区的市、县（市）人民政府；

（七）省科学技术奖励委员会确定的浙江大学等在浙部属单位、创新型领军企业、重点科研机构以及省级行业协会、学会等单位。

第十八条　提名者和被提名者应当对提名材料的真实性和准确性负责，在提名、评审和异议处理等程序中承担相应责任。

提名者是个人的，应当在其熟悉的学科领域范围内进行提名，可以单独提名或者联合提名；提名者是单位的，应当公布提名规则和程序，并在本学科、本行业、本地区或者本部门范围内进行提名。

第十九条　已获得国家最高科学技术奖的，不再提名为浙江科技大奖候选者。

已获得国家国际科学技术合作奖的，不再提名为国际科学技术合作奖候选者。

已获得省部级以上科学技术奖励的，不再提名为自然科学奖、技术发明奖、科学技术进步奖候选者，其知识产权、标准、论文专著等主要创新内容不能作为候选者的支撑材料。

第二十条　各级人民政府及其所属部门不得被提名为省科学技术奖候选者。公务员以及参照《中华人民共和国公务员法》管理的人员，一般不得被提名为省科学技术奖候选者。

在科学技术研究开发项目中仅从事组织管理和辅助性工作的人员，不得被提名为省科学技术奖候选者。

同一人在同一年度只能作为一个成果的完成人被提名为省科学技术奖候选者。同一成果不能在同一年度自然科学奖、技术发明奖、科学技术进步奖候选者提名中重复使用。

第二十一条 有下列情形之一的,不得被提名为省科学技术奖候选者:

(一)在知识产权权属以及成果完成单位、完成人署名等方面有争议尚未解决的;

(二)依法应当取得相关行政许可而未取得的。

第二十二条 提名者应当遵守提名规则和程序,根据省科学技术奖的标准和条件填写统一格式的提名书。省科学技术行政部门应当向社会公布省科学技术奖提名书的通用示范文本以及详细的填写说明。

提名者应当说明被提名对象的贡献程度及奖励类别、等级建议,提供真实客观完整的公示、评价材料,明确自然科学奖、技术发明奖、科学技术进步奖的被提名者是否参加低于提名等级的评审。

中介机构提供分析测试、查新、评价、审计等材料的,有关报告应当客观真实。

第二十三条 提名者应当在提名前公示或者协调有关单位公示被提名对象的主要情况、成果等内容。单位提名的,在本单位网站以及成果主要完成单位和主要完成人所在单位公示;个人提名的,在成果主要完成单位和主要完成人所在单位公示。

公示时间不得少于7日,经公示无异议或者异议处理后符合相关条件的方可提名。

第四章 评 审

第二十四条 省科学技术奖候选者提名材料经省科学技术行政部门形式审查符合相关要求的,候选者主要情况应当在浙江政务服务网、省科学技术行政部门网站或者其他面向公众的媒体上公示。

公示时间不得少于7日,经公示无异议或者异议处理后符合相关条件的方可提交评审。

第二十五条 省科学技术行政部门应当加强省科学技术奖评审专家库建设,健全专家遴选机制,优化分组评审方法。

第二十六条 根据行业、专业、学科等分类情况,设立若干行业评审组。

评审委员会以及行业评审组的组成人员由省科学技术行政部门从省科技专家库中随机抽选产生,其中省外专家不得少于三分之一。

评审委员会以及行业评审组的组成人员名单在评审结束前应当保密。

第二十七条 省科学技术奖的评审实行回避制度。有下列情形之一的,不得担任评审专家:

(一)本人是省科学技术奖提名者或者候选者的;

(二)本人与省科学技术奖候选者有利害关系的。

评审专家以及评审工作人员具有回避情形的,应当主动申请回避。提名者和被提名者认为评审专家以及评审工作人员参加评审活动可能影响公正的,可以在评审前申请其回避并说明理由。评审专家以及评审工作人员的回避,由监督委员会决定。

第二十八条 省科学技术奖评审包括行业评审和综合评审,分别由行业评审组和评审委员会依据省科学技术奖的奖励条件和评价标准进行评审。

第二十九条 浙江科技大奖不进行行业评审。

自然科学奖、技术发明奖、科学技术进步奖候选者按照提名等级,分别经行业评审组专家记名投票和评分,在不超过本行业评审组可选名额的前提下,按照得票数多少确定通过行业评审的候选者。得票数相等的,按照得分高低确定。

通过评审的候选者,得票数不得少于本行业评审组参加评审专家人数的二分之一。

第三十条　国际科学技术合作奖候选者经评审专家记名投票，以得票数不少于本行业评审组参加评审专家人数的二分之一，按照得票数多少确定不超过规定数量的候选者通过行业评审。

第三十一条　浙江科技大奖候选者和通过行业评审的自然科学奖、技术发明奖、科学技术进步奖、国际科学技术合作奖候选者由评审委员会进行综合评审。

评审委员会认为有必要时，浙江科技大奖和自然科学奖、技术发明奖、科学技术进步奖的一等奖候选者应当接受现场考察，并参加陈述和答辩。

综合评审应当有三分之二以上评审委员会专家参加方为有效。

第三十二条　综合评审按照下列程序进行：

（一）对浙江科技大奖候选者进行投票，以得票数不少于参加评审专家人数的三分之二并按照得票数多少，提出获奖者建议。

（二）对国际科学技术合作奖候选者进行投票，以得票数不少于参加评审专家人数的三分之二并按照得票数多少，提出获奖者建议。

（三）对自然科学奖、技术发明奖、科学技术进步奖的一等奖候选者进行投票和评分，根据得票数多少提出一等奖获奖者建议。入选一等奖建议的候选者得票数不得少于参加评审专家人数的三分之二。得票数相等的，按照得分高低确定。

（四）对自然科学奖、技术发明奖、科学技术进步奖的二等奖、同意参加低于提名等级评审的一等奖候选者进行投票，以得票数不少于参加评审专家人数的三分之二并按照得票数多少，提出二等奖获奖者建议。

（五）对自然科学奖、技术发明奖、科学技术进步奖的三等奖、同意参加低于提名等级评审的二等奖候选者进行投票，以得票数不少于参加评审专家人数的三分之二并按照得票数多少，提出三等奖获奖者建议。

第三十三条　省科学技术行政部门应当在行业评审结论作出后3个工作日内在浙江政务服务网、省科学技术行政部门网站或者其他面向公众的媒体上公示已通过行业评审的候选者及其提名者。公示时间应当不少于7日。

第三十四条　单位或者个人对省科学技术奖候选者有异议的，可以在公示期内向省科学技术行政部门或者监督委员会提出。

提出异议应当提交异议申请书、身份证明材料和必要的证据资料。省科学技术行政部门和监督委员会应当对申请人身份保密。

第三十五条　省科学技术行政部门应当在收到异议后，在20日内进行核实，并回复异议申请人，同时报告监督委员会。

监督委员会收到异议后，可以转交省科学技术行政部门核实，也可以自行核实。

第三十六条　省科学技术行政部门应当将形式审查后公示阶段和行业评审结论公示阶段的异议核实情况分别提交行业评审组和评审委员会。异议处理后符合相关条件的，提交下一阶段评审。

第五章　授奖与监督

第三十七条　评审委员会提出的省科学技术奖获奖者建议方案，经省科学技术奖励委员会审议后，报省人民政府批准。

第三十八条　省科学技术奖的奖励经费由省级财政专项安排。省科学技术奖奖金数额因适应经济社会发展水平需要调整的，由省科学技术行政部门会同省财政部门拟定方案，报省人民政府批准后执行。

第三十九条　浙江科技大奖的奖励荣誉和奖金由获奖人或者团队享有。自然科学奖、技术发明奖、科学技术进步奖的奖励荣誉由完成单位和完成人共享，奖金由完成人按照贡献大小或者事先协议分配。国际科学技术合作奖的奖励荣誉由获奖人或者组织享有。

省科学技术奖奖金依照《中华人民共和国个人所得税法》有关规定免纳个人所得税，不受个人绩效工资总额限制。获得省科学技术奖的情况载入获奖人员人事档案。

第四十条　对省科学技术奖获奖成果的宣传应当客观、准确，不得以夸大、虚假、模糊宣传误导公众。不得在商业广告中将商品或者服务表述为省科学技术奖的获奖对象。

禁止利用省科学技术奖励提名和评审相关信息，进行营销、中介、代理等营利性活动。

第四十一条　省科学技术奖评审专家以及参与评审工作的其他人员应当签订保密协议，不得与省科学技术奖候选者进行可能影响评审公正的联系和交往，不得泄露评审情况。

第四十二条　监督委员会应当对省科学技术奖励工作进行全程监督。

省科学技术行政部门应当在浙江政务服务网和省科学技术行政部门网站公布举报电话、电子邮箱以及监督委员会联系方式。

第四十三条　监督委员会应当组织第三方机构对省科学技术奖励工作进行评估，并将评估情况向省人民政府报告。

省科学技术行政部门应当根据评估结果不断改进工作。

第六章　法律责任

第四十四条　违反本办法规定的行为，法律、法规已有法律责任规定的，从其规定。

第四十五条　省科学技术行政部门应当为省科学技术奖励活动主体建立科学技术奖励诚信档案，纳入科研诚信体系。

违反本办法规定受到处理的个人或者组织，省科学技术行政部门应当依法将相关信息记入科学技术奖励诚信档案。

第四十六条　获奖者剽窃、侵占他人的发现、发明或者其他科学技术成果的，或者以其他不正当手段骗取省科学技术奖的，由省科学技术行政部门报省人民政府批准后撤销奖励，追回奖励证书和奖金，并通报有关单位依法处理。

第四十七条　提名者没有尽到审慎审查义务或者以不正当方式协助被提名者牟取科学技术奖励的，由省科学技术行政部门通报批评，并暂停或者取消其提名资格。

第四十八条　候选者进行可能影响省科学技术奖提名和评审公正性活动的，由省科学技术行政部门给予通报批评，取消其参评资格，并通报有关单位依法处理。

第四十九条　评审专家和监督委员会成员违反省科学技术奖评审工作纪律的，由省科学技术行政部门取消其评审专家和监督委员会成员资格，并通报有关单位依法处理。

第五十条　中介机构为参加省科学技术奖评奖出具虚假的分析测试、查新、评价、审计等报告的，由省科学技术行政部门予以通报批评，并移交有关部门依法处理。

第五十一条　省科学技术行政部门及其工作人员在省科学技术奖励工作中滥用

职权、玩忽职守、徇私舞弊的，对直接负责的主管人员和其他直接责任人员依法追究责任。

第七章 附 则

第五十二条 本办法自2019年12月1日起施行。2014年7月28日省人民政府发布的《浙江省科学技术奖励办法》（省政府令第325号）同时废止。

浙江省人民政府关于全面加强基础科学研究的实施意见

（浙政发〔2019〕23 号）

各市、县（市、区）人民政府，省政府直属各单位：

为贯彻落实国务院决策部署，进一步加强基础科学研究，提升原始创新能力，夯实创新强省基础，现提出以下意见。

一、总体要求

1. 指导思想。以习近平新时代中国特色社会主义思想为指导，全面贯彻党的十九大精神，紧密结合我省经济社会发展的重大战略需求，瞄准世界科技前沿，以深入实施尖峰基础研究行动计划为重要抓手，坚持基础研究、应用研究与产业技术创新融通发展，着力实现前瞻性基础研究、引领性原创成果重大突破，全面提升创新能力，加快推进创新强省建设，为高质量发展、竞争力提升、现代化建设提供强大支撑。

2. 总体目标。到 2022 年，基本形成具有特色的探索创新、开放合作、合理高效的基础科学研究格局，高能级基础科学研究平台和设施体系建设取得突破性进展，承接国家基础科学研究任务和解决产业目标导向科学问题的能力、基础科学研究人才数量和质量、获得国家自然科学奖项数量和质量明显提高，符合基础科学研究规律的知识产权创造、运用和保护机制更加完善，在数字经济、生命健康、新材料等重点领域攻克一批重大科学问题，取得一批世界领跑或并跑的重大原创成果，若干重点领域科学研究能力和水平进入国际第一方阵。力争建成大科学装置 2 个以上，国家级科技创新基地达到 40 个以上，创建浙江省实验室 10 个，培育新型研发机构 100 家；基础研究人员全时当量达到 1.5 万人年以上，培养和引进一批国际顶尖人才和高层次人才，集聚一批高水平科学家；基础研究经费投入占研发经费投入比重提高 1 倍以上；获国家自然科学基金资助总额保持全国前列。

到 2035 年，实现数字经济、生命健康、新材料等优势领域原始创新能力全国领先，整体水平和国际影响力大幅提升，全社会基础研究经费投入占研发经费投入比重超过发达国家平均水平，涌现获得国际标志性奖项的科学家，建成一批具有世界一流水平的大学和科研机构，取得大批具有重要影响力的原创性科学成果，基本实现重点领域关键核心技术自主可控。

二、完善基础研究布局

3. 强化基础研究系统设计。完善学科布局，推动基础学科与应用学科均衡协调发展，鼓励开展交叉学科研究，对数学、物理等基础学科给予更多倾斜。加强基础前沿科学研究，围绕信息科学、生命科学、材料科学等重大科学问题进行超前部署。加强应用基础研究，突出关键共性技术、前沿引领技术、现代工程技术、颠覆性技术创新，在人工智能、集成电路、现代医疗、生物医药、机器人、新能源、现代农业等领域和行业集中力量攻克一批重大科技问题。围绕改善民生和可持续发展的迫切需求，进一步加强资源环境、人口健康、新型城镇化、公共安全等领域基础研究。在网络空间安全主动防御、大数据计算、脑认知与脑机交互研究、干细胞与再生医学研究、传感材料与器件等领域取得一批重大原始创新成果，抢占基础研究和前沿技术发展的制高点。

4. 优化基础研究支持体系。每年实施5个以上目标导向类重大基础研究专项，持续稳定支持基础研究与应用基础研究重大项目。发挥省自然科学基金支持原始创新的重要作用，加大对具有创新性的“非共识”项目支持力度，进一步加强“从0到1”的原创性研究。与国家自然科学基金委员会共同设立区域创新发展联合基金，着力解决“互联网+”、生命健康、新材料等领域的关键科学问题。实施省重点研发计划，从基础前沿、重大关键共性技术到应用示范全链条创新设计、一体化组织实施。

5. 优化基础研究区域布局。发挥科创走廊、国家自主创新示范区、国家高新区等平台作用，坚持产业导向、需求牵引，聚焦产业特色，明确主攻方向，开展应用基础研究，构建各具特色的区域创新发展格局。支持杭州国家自主创新示范区和城西科创大走廊聚焦网络信息和人工智能领域原始创新，积极创建国家先进系统芯片产业创新中心，建设国家级重大科研基础设施集群和全球有影响力的数字经济、生命健康创新中心。支持宁波温州国家自主创新示范区加强新材料、眼视光等优势领域基础研究和应用基础研究，打造国际一流的新材料、生命健康和智能制造创新中心。

6. 谋划建设重大科技基础设施（装置）。加快推进超重力离心模拟与实验装置建设，谋划实施新一代工业控制系统、智能计算、人工智能、重离子等肿瘤精准治疗装置、量子精密测量与传感等重大科技基础设施（装置）项目。对特别重大的科技基础设施（装置）建设项目，采取“一事一议”方式给予支持。

三、建立基础研究体系

7. 完善实验室体系。构建由国家实验室、国家重点实验室、浙江省实验室、省级重点实验室等共同组成、特色优势明显的实验室体系。支持之江实验室以国家战略需求为导向，以打造国家未来战略科技力量为目标，围绕智能感知、智能计算、智能网络和智能系统等方向开展前沿基础研究，建成具有世界一流水平的人工智能国家实验室。聚焦前沿性、前瞻性、专业性，服务国家重大战略需求，以提升原始创新能力为目标，培育和提升各类国家重点实验室。聚焦平台性、综合性、交叉性，以培育创建国家科技创新基地“预备队”为目标，打造若干突破引领、学科交叉、综合集成、国际一流的高水平浙江省实验室（以下称省实验室），使之成为基础研究与应用基础研究、产业化对接融通的引领阵地和源头支撑。通过主动设计布局，择优整合原始创新能力、开放共享水平等处于国内领先地位的相关国家和省级重点实验室（工程技术研究中心）创建；鼓励研究领域、方向相近或者基础研究、应用基础研究、成果转化、产业化融通的省级及以上重点实验室联合组建；支持地方根据当地产业发展需要引进或依托国内外具备较强科研优势的高校、科研院所等机构在浙江新建。聚焦引领性、区域性、应用性，优化调整省级重点实验室，加强评估和动态管理，推进提质增效。推进组建联合实验室和实验室联盟，加强协同创新。

8. 引育基础研究类新型研发机构。引进境内外一流高校和科研机构、知名企业、高层次人才团队来浙江依法设立独立法人的新型研发机构。符合条件的新型研发机构，纳入省属科研院所管理序列，在承担各类科技计划、科技成果转化收入分配、研发费用加计扣除、进口科教用品免税方面享受企事业单位同等待遇和扶持政策。

9. 发挥高校和科研院所知识创新主力军作用。鼓励高校组建世界一流创新团队、建设世界领先科研平台、实施抢占制高点科技项目、持续产出引领性原创成果。支持浙江大学围绕脑科学与人工智能、生命调控与医药健康等重点领域，打造享有世界声誉的顶尖科技创新中心和杰出人才培养基地。支持西湖大学开展体制机制创新先行先试，聚焦生命健康领域建设世界一流的新型研究型大学。推进合作共建中国科学院肿瘤与基础医学研究所，开展肿瘤诊断、精准治疗、药物研发的基础研究与应用基础研究，建设国家级临床生物样本中心和肿瘤数据中心，打造国际一流的肿瘤基础研究和临床转化平台。引进建设一批高水平、国际化的大院名校，实施省重点高校建设计划和创新能力提升工程，力争若干优势特色学科进入世界一流行列。发挥在浙部属科研院所的引领示范作用，深化省属科研院所分类改革，鼓励科研院所联合行业龙头企业、高校、地方政府建设中试转化基地，探索建立联合开发、优势互补、成果共享、风险共担的新型研发合作机制，提升科研院所知识创新与核心技术有效供给能力。

10. 支持企业开展基础研究。围绕“卡脖子”重大技术需求，建立产业目标导向的科学问题库。鼓励企业加大基础研究投入，各级财政根据企业投入情况，视财力状况给予相应支持。引导企业积极参与高校院所的前瞻性基础研究，开展目标导向的产学研用协同创新，提升企业基础研究能力。支持企业联合高校、科研院所，承担或参与重大基础研究专项和基础公益研究计划项目，提高原始创新能力。支持有条件的行业龙头企业为主或牵头设立创新载体，布局海外研发机构，开展基础研究和竞争前共性技术研究。

四、壮大基础研究人才队伍

11. 着力培育中青年科研人才。大力支持各类人才计划与工程中从事基础科学研究的中青年人才。支持基础研究成效突出的科研人员自主选择研究方向，培养一批有望进入世界科技前沿的优秀学术骨干，每年支持 100 名杰出青年基础研究人才、1000 名青年科研人才。

12. 引进培育高层次基础研究人才团队。依托重大科研平台，引进培养一批具有前瞻性国际眼光的战略科学家群体，组建跨学科、综合交叉的科研团队。对国际顶尖的基础研究团队，实行“一事一议”的支持方式。鼓励科研人员将科研兴趣与国家战略目标、我省重大需求相结合，开展应用导向的基础研究。对符合条件的科研团队实施长周期持续滚动的支持方式，一经立项持续支持 5 年，免除中期检查；经评估优秀的再滚动支持 5 年。

五、促进基础研究和应用研究融通

13. 推动基础研究成果应用转化。建立基础公益和重点研发计划等科技计划的联动机制，加强与国家自然科学基金委员会在成果应用贯通上的深度合作。促进科学家、企业家、科技中介服务机构、投资人的早期对接，探索在省创新引领基金中设立支持原创科技成果转化的天使基金。推动国家医学中心、区域医疗中心、国家和省临床医学研究中心的融合发展，促进基础医学和临床医学的融通融合。

14. 加强军民科技协同创新能力建设。鼓励高校、科研院所、企业联合军口单位开展基础前沿和关键共用技术研究，在数字经济、生命健康、人工智能、航空航天、高端装备制造和海洋工程等重点领域推动军民基础研究成果的双向转化。支持龙头骨干企业联合军口科研院所共建军民融合创新载体，支持浙江大学争创国家级军民融合协同创新平台。

六、提高基础研究开放合作水平

15．深化基础研究全球精准合作。主动融入全球科技创新体系，支持我省单位参与国际大科学计划与大科学工程。鼓励高校、科研院所申请开放型国际科学基金项目，承担单位可按获得资助金额的适当比例提供协同资金支持。实施全球科技精准合作行动，加强与创新大国关键小国的精准对接合作。实施省自然科学基金国际合作重大基础研究计划，主动对接全球排名前100位的知名高校和科研机构，联合开展科学前沿问题研究，共建国际联合实验室。

16．促进长三角地区科技合作与交流。探索建立长三角创新资源统筹布局、关键核心技术联合攻关、科技成果协作转化、创新要素共享流动等机制。加快重大科研基础设施、大型科研仪器、科技文献、科学数据等创新资源合理流动与开放共享，共同培育高质量创新成果、孵化高新技术产业、集聚高端科技人才。围绕人工智能、生命健康、新一代信息技术、高端装备制造、新能源、智能交通等领域加强科技创新前瞻布局，合力攻克一批“卡脖子”关键核心技术。

七、优化基础研究发展机制和环境

17．加强统筹协调。加强支持基础研究的法制保障。建立跨区域、跨部门、跨行业的基础研究工作统筹协调机制，发挥省部省院省校合作机制、国际科技合作机制协同作用，强化科教融合、产学研深度融合和军民融合。完善基础研究投入统计工作体系，提高数据质量。

18．加大多元投入。县级以上政府要加大对基础研究长期稳定支持力度，鼓励企业或行业组织等与省自然科学基金建立联合基金，对投入5000万元以上的联合资助方可给予基金冠名权。全面落实企业等对基础科学研究的捐赠支出依法依规税前扣除政策，引导带动社会各方面加大基础研究投入。对省实验室实行省市县联动、专题研究给予支持。鼓励各地加大对新型研发机构的支持力度，2020—2022年，省财政对第三方绩效评价优秀的新型研发机构，根据上年度非财政经费支持的研发经费支出给予适当补助支持，已有专门支持政策的不再享受。支持企业设立基础研究基金会，通过接受社会捐赠、设立联合基金等方式筹集基础研究经费。

19．完善激励政策。支持符合条件的实验室设立博士工作站、博士后科研工作站，与高校、科研院所联合培养硕士、博士研究生。对考核评估为优秀的国家重点实验室，在重大基础研究项目立项时优先给予支持。赋予省实验室研究方向选择、科研立项、技术路线调整、人才引进培养、职称评审、科研成果处置和经费使用等方面的自主权，实行首席科学家负责制。省实验室开放课题等自主立项项目择优视同省级科技计划项目。赋予符合条件的省实验室正高级职称评审权。优先支持企业牵头与高校、科研院所等共建联合实验室。实行严格的知识产权保护和以增加知识价值为导向的分配政策，提高基础科学研究投入回报。

20．健全评价机制。突出原始创新导向，以同行评价为主，注重个人评价和团队评价相结合，探索建立非常规评审机制和“小同行评议”制度，建立重大研究任务定向委托制度。对自由探索类基础研究项目和实施周期 3 年以下的目标导向类基础研究项目不作过程检查。健全科技人才分类评价机制，对主要从事基础研究的人才实行代表作评价，着重评价其提出和解决重大科学问题的原创能力、成果的科学价值、学术水平和影响等。探索省级基础研究项目间接费用比例动态调整机制，扩大经费使用自主权。

21．强化科研诚信。以“零容忍”的态度严肃查处科研不端行为。建立健全科研诚信审核、科研伦理审查、科研领域守信激励失信惩戒等制度，推进“绿色通道”改革试点。大力弘扬科学家精神，加强作风和学风建设，营造全社会尊重知识、崇尚创新、尊重人才、热爱科学、献身科学的良好氛围。

浙江省人民政府

2019 年 10 月 14 日

浙江省人民政府办公厅关于加快生命健康科技创新发展的实施意见

（浙政办发〔2019〕65号）

各市、县（市、区）人民政府，省政府直属各单位：

为加快打造生命健康世界科技创新高地，推动生命健康产业高质量发展，经省政府同意，现提出如下实施意见：

一、总体要求

（一）指导思想

深入实施创新驱动发展战略，坚持超前部署、融合发展、协同发力、开放合作，瞄准全球生命健康科技和产业发展趋势，聚焦产业链布局创新链，以推动创新药物和高端医疗器械源头创新、精准医疗全链创新、信息技术与生物技术加速融合创新为突破口，着力提升原始创新能力和关键技术控制力，为生命健康产业创新发展、高质量发展提供坚实支撑。

（二）总体目标

——关键核心技术攻关取得重大突破。生命健康变革性、交叉性研究取得重大突破，引领性成果不断涌现。到2022年，取得标志性重大科技成果30项，形成长三角地区"医学高峰"；在结构生物学、肿瘤与分子医学、脑与脑机融合、生命健康大数据等领域率先实现"国际领跑"。

——高能级创新平台构建获得显著成效。做大做强生命健康领域浙江省实验室等创新载体，争取布局若干个国家重大创新平台，引进共建一批在全球有重要影响力的新型研发机构，集聚一批国际一流的创新人才与团队。到2022年，建成15个以上高能级创新平台。

——创新型产业集群培育初具全球影响力。涌现一批自主创新能力强的领军型企业，规模以上企业的研究与试验发展（R&D）投入占营业收入比重达到6%以上；基本形成产学研医结合、上中下游衔接、大中小企业协同的全链条创新体系。到2022年，生命健康高新技术企业数和核心产业产值翻一番，形成1个以上千亿级产业集群。

到2030年，生命健康世界科技创新高地初步形成，生命健康产业产值达到万亿级规模，成为全国领先、具有全球识别度的生命健康原始创新策源地、高端平台聚合地、产业协同发展引领区和数字生命健康融合发展示范区。

二、重点任务

（一）加强核心技术攻关、产品研发和产业化

1. 强化前沿基础研究。围绕创新药物、精准医学、信息技术与生物技术融合等基础与交叉领域，组织实施重大基础研究项目，省财政予以重点支持，力争取得国际引领性原创成果突破。持续加大省自然科学基金投入，通过设立联合基金等形式，构建多方参与支持生命健康基础研究的机制。（责任单位：省科技厅、省财政厅）

2. 实施关键核心技术攻关。组织实施生命健康重大科技专项，围绕临床重大需求确定10个左右主攻方向。滚动实施省重点研发计划，每年启动不少于50个项目，优先支持近期有望突破技术壁垒或取得全球领先原创成果的项目。（责任单位：省科技厅）

3. 谋划引进重大引领性项目。面向全球招引一批填补国内空白的重大项目。加强与国家重大科技专项的对接合作，引进一批国家项目成果在我省落地转化。对企业从省外引进实施具有标志性意义的重大创新成果产业化项目，择优给予省重点研发计划立项支持。（责任单位：省科技厅、省发展改革委、省卫生健康委）

（二）打造高能级创新平台

4. 加快培育应用基础研究平台。支持浙江大学高水平建设医学中心和长三角智能创新药物研究院。支持西湖大学加强前瞻性研究，建设世界领先的国家生物结构科学中心。支持温州医科大学聚焦近视防控和蛋白类药物创新，加快转化研究平台建设。支持浙江工业大学依托长三角绿色制药协同创新中心等国家级平台，开发一批国际独创的药物绿色制造新技术。支持之江实验室建设大装置和大平台，有效支撑数据驱动的医学研究与临床实践。（责任单位：省科技厅、省教育厅、省财政厅、省卫生健康委）

5. 积极打造临床研究创新平台。加快建设国家和省级临床医学研究中心，省财政按实际给予支持。加快国内一流高水平医院和重点学科临床服务能力建设，实施国家疑难病症诊治能力提升工程项目，打造长三角地区有影响力的国家区域医疗中心。到2022年，力争5个学科进入国际一流、10个学科进入国内前列。（责任单位：省科技厅、省卫生健康委、省发展改革委、省教育厅、省财政厅）

6. 做强做大产业技术研发平台。推动生命健康领域高新技术企业研发中心全覆盖，支持有条件的研发中心升级为省级（重点）企业研究院。引导和支持企业加强应用基础研究，主动系统布局一批省级重点实验室。到2022年，新增国家级企业技术中心10家、省级（重点）企业研究院50家。（责任单位：省科技厅、省经信厅）

7. 健全完善公共创新服务平台。整合提升国家（浙江）新药安全评价研究中心和省新药创制、成药性评价技术等创新服务平台，完善开放协同的临床前研究支撑服务体系。推动中国（浙江）卫生健康科技研发与转化平台建成全国标杆平台。统筹全省临床试验机构资源，建设开放共享的临床资源在线交易平台。建设医学影像共享平台，加快实现全省范围内医学影像数据的互联互通。高水平建设生物健康产业创新服务综合体。（责任单位：省科技厅、省卫生健康委、省发展改革委、省经信厅）

8. 大力发展新型创新平台。支持中国科学院肿瘤与基础医学研究所打造国内领

先、国际一流的肿瘤公共研究平台、临床实践平台和成果转化平台。支持中国工程科技发展战略浙江研究院聚焦生命健康领域，更好发挥高端智库作用。加快建设天津大学浙江化工研究院，在合成生物学、蛋白质纯化、药物结晶等领域提供有效技术支撑。推进中国科学院大学温州研究院和复旦大学温州生命科学创新中心建设国内领先的高端转化研究平台。加快将北京航空航天大学杭州创新研究院打造成为“医工信”（医学、工程学、信息学）交叉的创新平台和成果转化基地。支持中国科学院宁波材料所打造生物医学工程全链条创新平台。支持浙江清华长三角研究院建设南湖生命科学与大健康创新中心。（责任单位：省科技厅、省卫生健康委、省发展改革委、省教育厅，有关设区市政府）

（三）优化生命健康产业区域布局

9. 支持杭州建设国际领先生命健康产业集群。支持钱塘新区以杭州医药港为核心，打造新药研发与高端制造集聚区；推动杭州高新开发区（滨江）加快建设以智慧医疗为方向的生命健康产业园；支持良渚国际生命科技小镇对标国际一流做大做强；以杭州城西科创大走廊为基础，集聚名企名校资源，高水平建设生命健康科创园区。到2022年，将杭州建成具有全球影响力的千亿级生命健康创新之城。（责任单位：省发展改革委、省经信厅、省科技厅，杭州市政府）

10. 推动各地生命健康产业特色发展。宁波市大力打造生物医药产业发展大平台和高端医疗器械制造中心。温州市积极建设具有全国影响力的生命健康创新中心。湖州市重点建设南太湖生物医药产业园，协同推进长三角绿色制药协同创新中心产业技术研究园建设。绍兴市大力发展高端化学药品制剂、生物技术药物和高性能医疗器械，打造长三角地区生命健康综合型基地。台州市做精做深高端特色原料药，做优做强制剂产业，打造“中国绿色药都”和世界级高端医药制造中心。金华市、丽水市大力发展现代中药及天然药物、生物医学工程、生物制造等产业。（责任单位：省发展改革委、省经信厅、省科技厅，有关设区市政府）

（四）全面提升企业创新能力

11. 培育具有国际竞争力的创新型企业。编制生命健康创新型领军企业名录，开展全方位精准对接服务。结合深入实施高新技术企业和科技型中小微企业“双倍增”计划和本土跨国公司、“雄鹰行动”“雏鹰行动”培育计划，形成一批具有全球影响力的生物医药创新标杆企业。（责任单位：省经信厅、省科技厅）

12. 加大创新产品支持力度。对企业取得注册证书并实现生产或销售的创新药物、创新医疗器械和首次取得第三类医疗器械证书的医疗器械产品，以及获得美国或欧盟注册认证的新药和高端医疗器械，通过省重点研发计划项目择优给予支持。到2022年，实现20个以上创新药物、20个以上创新医疗器械和100个以上第三类医疗器械获批临床研究或投放市场。（责任单位：省科技厅、省药监局）

（五）构建融合发展体系

13. 推进“互联网+医疗健康”发展。建设省医疗健康大数据平台，形成数据交互共享服务机制。加快打造面向全球的国家级生物大数据开放技术平台。支持健康医疗大数据标准化研究。（责任单位：省卫生健康委、省科技厅）

14. 加快生命健康产业数字化发展。建设以企业为主导的医疗健康人工智能应用开放创新平台。推动高性能计算机在药物靶标筛选、药物分子设计等方面的应用。加快人工智能技术在医用机器人、医学影像辅助诊断等领域的深度应用。建设省生命健康产业大脑,构建产业实时大数据与精准对接服务平台。(责任单位:省科技厅、省经信厅)

15. 促进生命健康研发和应用融通创新。允许仅用于新药和医疗器械临床试验的病床不计入医疗机构总病床数。在有条件的三甲医院建设研究型病房,优先承接企业临床试验委托。根据临床试验不同类别,将主持或参与临床试验项目等同于相应层次的科研项目。将实施临床试验的绩效纳入临床试验专职人员职称晋升考评体系。(责任单位:省卫生健康委、省科技厅、省人力社保厅、省药监局)

(六)优化生命健康创新创业生态

16. 建设具有国际影响力的研发外包与服务中心。培育和发展各类生物医药研发服务机构,鼓励研发外包企业与国际标准全面接轨,打造药学研究、临床前安全性评价、临床研究、生产工艺开发及产业化、技术转让服务和咨询服务等全周期合同研发服务链。(责任单位:省科技厅、省经信厅)

17. 加大高层次人才引进培养力度。引进国际顶尖科学家主持重大科技项目,按照"一事一议"的方式给予支持和精准服务。在省级重大人才工程计划中设立生命健康专项,持续增加各类人才工程计划生命健康领域人才入选比例。采用国际合作办学等形式培育具有前瞻性和国际影响力的跨学科创新研究团队。(责任单位:省委人才办、省教育厅、省科技厅、省卫生健康委)

18. 深化国内外创新合作。主动融入长三角科技创新圈,开展跨区域联合科技攻关和产学研创新合作,打造具有全球影响力的生命健康协同创新示范区。加快与国际顶尖联盟接轨,谋划引进一批国际合作载体。支持研究机构和企业"走出去"共建联合实验室,成效突出的优先建设国际科技合作基地。到2022年,与重点机构签订合作协议20个以上,联合开展重大研究项目30个以上,建成各类合作载体20家以上。(责任单位:省科技厅、省教育厅、省卫生健康委)

19. 强化生物技术与信息安全。加强对生物技术研究开发活动安全形势和前沿技术潜在风险态势的预判预警,依法落实安全管理措施。加强对生物信息数据的安全管控,严格执行网络安全和数据保密规定,健全生命健康大数据资源的安全存储、管理和应用体系。(责任单位:省科技厅、省卫生健康委)

三、保障措施

(一)加强组织保障

在省科技领导小组的框架内建立由相关省级部门和设区市政府组成的协调工作机制。重视发挥生命健康领域高端智库作用,建立健全专家咨询机制。(责任单位:省级有关部门,有关设区市政府)

(二)加强政策保障

开展干细胞和免疫细胞创新政策试点。针对上游关键零部件、关键试剂和原料的进口需求，在综合保税区、自由贸易试验区等范围开展一站式进出口通关试点。对获得年度国内或省内首台（套）产品认定的单位按规定给予奖励，对列入《浙江省首台（套）产品推广应用指导目录》的医疗设备首台（套）产品，在购买首台（套）产品保险时，保险费用的80%由省财政承担。加快审核新增医疗服务项目和价格标准，加快建立绿色进院通道，打通集中采购、进院使用等多个环节。鼓励有关设区市政府联合制定生命健康产业发展规划，联动实施产业发展支持政策。（责任单位：省科技厅、省卫生健康委、省经信厅、省财政厅、省医保局、省药监局，杭州海关、宁波海关，有关设区市政府）

（三）加强金融支撑

发挥各类投资基金作用，加强对生命健康领域创新发展的资金支撑。鼓励各地设立生物医药产业发展基金，重点支持企业不同临床试验阶段的产品研发。实施"凤凰行动"计划，支持医药企业上市、扩大再融资、并购重组、跨境投资。重点支持和推荐一批生命健康企业登陆科创板。（责任单位：省地方金融监管局、省财政厅、省科技厅，有关设区市政府）

（四）强化考核评估

加强健康产业的统计监测与分析，逐步建立符合我省实际的统计分类目录与体系，适时发布全省健康产业年度报告。建立完善生命健康科创高地建设工作的推进评价体系。（责任单位：省统计局、省发展改革委、省科技厅）

浙江省人民政府办公厅

2019年12月26日

浙江省全社会研发投入提升专项行动方案

（浙科领办〔2019〕8号）

为深入贯彻落实《浙江省人民政府关于全面加快科技创新推动高质量发展的若干意见》（浙政发〔2018〕43号），进一步引导全社会加大研发投入，全面推进创新强省建设，特制定本专项行动方案。

一、总体要求

深入贯彻习近平新时代中国特色社会主义思想，全面落实习近平总书记关于科技创新重要论述，坚持问题导向、实效导向，坚持省市县三级联动、各部门协同推进，进一步强化政府引导和服务作用，充分激发企业、高校、科研院所等创新主体和社会力量创新投入的积极性，大力提升我省自主创新能力，为创新型省份建设提供强力支撑。

二、工作目标

确保到2022年全社会研究与试验发展（R&D）经费支出总量突破2479亿元，R&D经费支出占地区生产总值比重达到3.0%，科技创新综合能力明显提升，加快建成创新型省份。企业主体作用更加凸显，规模以上工业企业R&D经费占主营业务收入比重达2%以上、R&D活动企业占比达50%以上；投入结构更加优化，全社会R&D经费中基础研究R&D经费占比、高等学校和科研机构R&D经费占比分别达5.5%和10%以上；投入产出更有绩效，2022年PCT国际专利申请量达3000件，技术交易额达1200亿元，均比2017年翻一番；每万人发明专利拥有量达到25件。（责任单位：省科技厅、省经信厅、省教育厅）

三、工作任务

（一）进一步强化企业研发投入主体地位

1. 大力发展创新型企业。健全“大众创业、万众创新”的创新创业服务体系，深入实施科技型企业培育“双倍增”行动，加快实施“千企攀高”行动，落实好科技型企业税收优惠和财政支持政策，大力引导科技型中小企业和传统企业向高新技术企业、高新技术企业向领军企业转型，确保到2022年科技型中小企业和高新技术企业分别达6万家、2万家，创新型领军企业达100家。（责任单位：省科技厅、省经信厅、省税务局、省财政厅）

2. 提高企业R&D活动覆盖面。组织百家高校院所和创新载体、千名科技人员和团队，服务万家科技型企业，大力推进规模以上工业企业、限额以上服务业企业、农业龙头企业和特级、一级建筑企业建立研发机构，开展研发活动。到2022年力争有R&D活动的企业数量年均增长8%以上，小微型、中型和大型企业中有R&D活动的比例分

别达到50%、80%、95%。(责任单位:省科技厅、省经信厅)

3. 建设高水平企业研发机构。加大政策引导力度,激励企业加快建设研发机构和创新平台,扩大有效研发投入,确保到2022年全省规模以上工业企业建有研发机构比例达30%以上。围绕产业链关键核心技术攻关,大力支持龙头企业牵头、协同上下游企业和高校院所组建创新联合体。加快建设一批产业技术创新综合体、重点企业研究院、制造业创新中心和工程技术中心,支持企业大力培育引进高端创新人才和团队,加快提升企业研发实力。(责任单位:省科技厅、省经信厅)

(二)努力扩大高校院所有效研发投入

4. 激励高校院所加大研发投入。把高校、科研院所的研发投入、创新绩效等作为"双一流"建设高校、重点建设高校、一流学科建设和科技资源分配、绩效评价考核等工作的重要指标,引导加大有效研发投入。大力引导高校、科研院所加大基础研究投入,推广"企业出题,高校、科研院所解题,政府助题"等新型产学研合作模式,加强科技成果转化。对横向科研项目到位经费达到300万元的,经认定可视同省重点研发项目。鼓励公立医院建立独立法人研究机构,扩展研发投入渠道。以建设一流科研院所为目标,开展中长期绩效评价改革试点,对研发投入提升明显的科研院所在科研条件、科研项目等方面给予优先支持。力争全省高校、科研院所的R&D经费年均增长分别达15%和20%以上。(责任单位:省教育厅、省科技厅、省财政厅、省卫生健康委)

5. 加快培育引进大院名所。进一步加强与国内外高水平大学、科研机构和领军企业合作,加快引进共建一批大院名所和高端研发载体。充分发挥之江实验室、西湖大学、浙江清华长三角研究院、中科院宁波材料所、阿里达摩院等新型研发机构作用,加强重大科研基础设施建设,加快科技成果转化,优化研发投入结构。到2022年,争创2个以上大科学装置,培育新型研发机构100家。加快建设长三角区域科技资源开放共享平台,拓宽科技创新券用途,促进科研平台、科学实验仪器设备等科技资源开放共享,更好地为创新创业提供技术服务。(责任单位:省科技厅、省教育厅、省发展改革委)

6. 加快完善实验室体系。构建由国家实验室、国家重点实验室、浙江省实验室、省级重点实验室等共同组成的特色优势明显的实验室体系。支持之江实验室围绕智能感知、智能计算、智能网络和智能系统等方向开展前沿基础研究,建成具有世界一流水平的国家实验室。培育建设学科、龙头企业、省部共建、军民融合等领域国家重点实验室,打造若干突破引领、学科交叉、综合集成、国际一流的高水平浙江省实验室。到2022年,力争建成国家重点实验室等国家级科技创新基地40个以上,创建浙江省实验室10个。(责任单位:省科技厅、省财政厅、省教育厅)

(三)不断加大金融和社会资本支持力度

7. 引导社会资本投入研发。充分发挥各级各类产业基金、风险投资资金、金融资本的杠杆作用,促进银企联动、投贷结合,推进各类财政性引导基金联合社会资本,加大对高新技术产业、科技型企业的投资力度,最大限度地扩大全社会研发投入。引导各类金融资本和基金优先支持研发投入强度高的企业,加强科技信贷等科技金融的有效供给。(责任单位:省地方金融监管局、人行杭州中心支行、浙江银保监局、省科技厅、省财政厅)

8. 大力支持科技型企业上市。实施科创企业上市行动,发挥政府产业基金特别是创新引领、数字经济、凤凰行动等主题基金的作用,支持科技型企业上市或挂牌,拓宽科技型企业直接融资渠道,到 2022 年,全省科创板上市公司力争达 50 家以上。推进民营企业债券融资,优化债务融资机制,支持符合条件的企业发行“双创债”。完善政策性融资担保体系,支持政府性融资担保机构为优质企业发债提供担保。(责任单位: 省地方金融监管局、浙江证监局、省科技厅、省财政厅)

(四) 充分发挥政府引导激励作用

9. 加大财政研发投入力度。各级财政建立财政科技投入稳定增长机制,持续加大财政科技投入力度,不断优化投入方式,扩大政府研发投入规模,确保来源于政府资金的 R&D 经费比例逐年提高。争取与国家有关部委联合组织国家科技重大专项,支持企业承担国家科技重大专项、重点研发计划等,按规定予以足额经费支持。实施长三角区域科技创新联合攻关,共同承接面向 2030 年的重大战略项目和国家科技重大专项。强化财政资源配置的绩效导向,充分发挥财政资金的杠杆作用,综合运用项目支持、基金引导、股权激励、风险补偿、支持上市等形式,引导全社会加大研发投入。(责任单位: 省财政厅、省科技厅、省地方金融监管局)

10. 建立研发导向的激励机制。各类财政扶持资金优先支持研发投入强度大的企业,对高于全省研发投入平均水平的企业,优先支持申报国家、省级重点研发计划项目和重大创新平台载体。完善研发投入项目管理机制,形成有效的 R&D 经费支出。鼓励企业加大基础研究投入,各级财政根据企业投入情况,视财力状况给予相应支持。完善国有企业技术创新业绩评价机制,将国有企业研发投入视同利润纳入经营业绩考核。完善研发投入风险分担机制,引导银行保险机构创新发展科技保险等金融产品和服务,分散企业研发风险。(责任单位:省科技厅、省经信厅、省国资委、浙江银保监局,各市、县(市、区)人民政府)

11. 优化企业绩效综合评价。将研发投入大的产业项目优先纳入省市长工程、“4 + 1”重大项目和“五个千亿”投资工程。引导市、县(市、区)政府在“亩均论英雄”评价中,加大研发投入权重,将研发投入视同亩均税收,对有效期内的高新技术企业年度“亩均效益”综合评价结果,在 B、C、D 档的初评结果基础上提升一档。对于研发强度高于 5% 的企业,鼓励优先安排贷款、用电、用水、用地、能耗排放指标,优先纳入各类重点支持清单。(责任单位: 省发展改革委、省经信厅、省科技厅)

四、保障措施

12. 加强组织领导。各市、县(市、区)要把研发经费提升工作作为“一把手”工程,每年召开会议作专题研究部署,及时协调解决工作推进中遇到的问题和困难。各级科技、经信、财政、税务、统计、教育、商务、国资、建设、交通运输等部门单位要各司其职,各负其责,加强协同联动,推进信息共享,形成工作合力。〔责任单位:各市、县(市、区)人民政府,省级有关部门〕

13. 开展比学赶超。完善省市县责任联动机制,细化分解年度目标任务,明确具体责任分工,一级对一级负责,层层抓好工作落实。建立定期分析制度,省统计局、省科技厅每季度在一定范围内公布各设区市 R&D 经费投入情况;省科技厅会同省级有关部门每半年对 R&D 经费投入情况进行分析研究;省科技领导小组每年专题听取省科技厅和各市关于R&D经费提升的专题汇报。各地要从实际出发,研究制定“研发活动扩面、研发经费提升和研发政策激励”的具体措施和工作计划,加强督促检查,形成创先争优、力争上游的工作格局。〔责任单位:各市、县(市、区)人民政府,省科技厅、省统计局〕

14. 加强考核评价。加大督查力度,将R&D经费投入指标完成情况纳入“科技新政”督查内容。完善党政领导科技进步目标责任制考核,将R&D经费提升指标作为重中之重,对全社会R&D经费占地区生产总值比重和财政科技投入增幅双下降的市、县(市、区),实行一票否优。每年对“研发投入提升行动”(R&D经费总量、增幅和强度的综合加权核算)先进市、县(市、区)和单位进行通报,并在省级科技资源配置和项目安排上给予优先支持;对未完成R&D提升目标任务的市、县(市、区)和工作推进不力的单位进行约谈,督促落实工作任务。〔责任单位:省科技厅、省财政厅、省统计局,各市、县(市、区)人民政府〕

15. 提升服务水平。以“三服务”活动为载体,在全省深入开展研发投入专项服务活动。全面推广应用企业研发项目信息管理系统,强化精准服务和业务培训,确保把系统推广应用到每一家企业、把加计扣除政策落实到每一家企业。强化数据统计监测分析,全面推进“规模以上企业、高新技术企业和科技型中小企业、高校和科研机构”研发申报“三个清零”行动,督促企业和科研机构规范管理,做到账表“应建尽建”、费用“应提尽提”、数据“应统尽统”。组织各级媒体广泛宣传全省各地在研发经费提升工作中的新思路、新举措、新经验、新成效,营造良好社会氛围。〔责任单位:省科技厅、省统计局、省税务局,各市、县(市、区)人民政府〕

浙江省科技领导小组办公室
2019年11月25日

关于进一步加强科研诚信建设弘扬科学家精神的实施意见

为贯彻落实中共中央办公厅、国务院办公厅印发的《关于进一步加强科研诚信建设的若干意见》和《关于进一步弘扬科学家精神加强作风和学风建设的意见》精神，加强科研诚信建设，弘扬科学家精神，结合我省实际，现提出如下实施意见。

一、总体要求

以习近平新时代中国特色社会主义思想为指导，把推进科研诚信建设作为推进创新强省建设的重大举措。按照系统推进、激励创新、坚守底线、终身追责的要求，建立完善全主体、全流程、全覆盖的科研诚信体系。切实加强作风、学风建设，营造良好科研生态和舆论氛围，引导广大科技工作者弘扬科学家精神，在践行社会主义核心价值观中走在前列。

力争到2020年，科研诚信制度规则健全完备，科研诚信信息系统建立完善，转变作风改进学风的各项治理措施得到全面实施。到2022年，科研诚信意识显著增强，作风学风取得实质性改观，恪守诚信规范成为科技界的共同理念和自觉行动，诚信基础和创新生态不断优化，学术道德建设得到显著加强，新时代科学家精神得到大力弘扬，创新强省制度、文化基础进一步夯实。

二、建立职责明确、协调有序的工作体系

1. 明确科研诚信建设管理责任。省科技厅、省社科联分别负责自然科学领域和哲学社会科学领域科研诚信和作风、学风（以下简称科研诚信）工作的统筹协调和宏观指导，各市、县（市、区）党委、政府和相关主管部门要加强本地本系统科研诚信建设。省委宣传部、省教育厅、省科技厅、省卫生健康委、省科协、省社科联等单位要指导和督促学术期刊出版，高校、医疗等单位以及学会、协会等社会团体完善管理制度，加强科研诚信建设，深化完善以诚信为基础的科技计划管理机制。市场监管、公安等部门要严肃查处从事学术论文买卖、代写代投，以及伪造、虚构、篡改研究数据等违法违规活动的中介服务机构。中央直属在浙科研单位要加强对本单位责任主体失信行为的监管。

2. 切实履行科研诚信主体责任。从事科研活动的各类企业、事业单位、社会组织等是科研诚信建设的第一责任主体，要将科研诚信工作纳入常态化管理，建立健全科研诚信审核、科研伦理审查等制度，把教育引导和制度约束结合起来，引导学术共同体建立符合本领域特点的科研诚信规范，通过单位章程、员工行为规范等内部规章制度及聘用合同，对本单位员工遵守科研诚信要求及责任追究作出明确规定或约定。高校和科研院所要保障学术委员会充分履行科研诚信建设职责，学术委员会要组织开展或委托学术组织、第三方机构对本单位科研人员的重要学术论文等科研成果，以3—5年

为周期持续进行全覆盖核查。科技计划(专项、基金等)项目管理专业机构要严格按照科研诚信要求,规范工作流程,强化过程把控,严肃查处违背科研诚信的行为。科技中介服务机构、社会组织等要严格遵守行业规范,强化诚信管理,自觉接受监督。

3. 发挥社会团体自律自净功能。学会、协会等社会团体要主动发挥作用,完善学术道德和学风监督机制,积极开展科研活动行为规范制定、诚信教育引导、科研诚信理论研究等工作,实现自我规范、自我管理、自我净化。加大对学术诚信、学术道德和学术伦理的监督力度,引导科研工作者加强自我约束、自我管理,维护科研工作者的学术权益。

4. 强化科研人员的诚信自律。科研人员要树立红线意识,遵守科研活动规范,不得抄袭、剽窃他人科研成果或者伪造、篡改研究数据、研究结论;不得违规将科研任务转包、分包他人;不得随意降低目标要求和约定要求;不得以项目实施周期以外或不相关的成果替代;不得购买、代写、代投论文,虚构同行评议专家及评议意见;不得违反论文署名规范,擅自标注或虚假标注获得科技计划等资助;不得弄虚作假,骗取科技计划项目、科研经费以及奖励、荣誉等;不得有其他违背科研诚信要求的行为。项目负责人、研究生导师等要加强对项目组成员、学生的科研诚信管理,对论文内容和研究数据的真实性及实验的可重复性等进行严格审核把关。

5. 加强科技工作者的作风和学风建设。广大科技工作者要大力弘扬爱国精神、创新精神、求实精神、奉献精神、协同精神、育人精神,坚持国家利益和人民利益至上,坚定探求真理的毕生追求。反对浮夸浮躁、投机取巧的行为,不人为夸大研究基础和学术价值,不得向公众传播未经科学验证的现象和观点;严格控制承担和主要参与的项目数量,保障投入项目的时间和精力;省级人才计划入选者、重大科研项目负责人在聘期内或项目执行期内擅自变更工作单位造成重大损失、恶劣影响的要按规定承担相应责任;杜绝无实质性工作内容的兼职和挂名;不得夸大转化科技成果的价值或隐瞒技术风险。反对"圈子"文化,院士、特级专家、"千人计划"等高层次人才要在科研诚信建设中发挥示范带动作用,做科研道德的模范和表率,破除利益纽带,抵制人情评审;高层次专家要带头打破壁垒,善于发现和培养青年科研人员。

6. 参与科技管理服务的各类人员要履行职责。评审专家、咨询专家、评估人员、经费审计人员等要忠于职守,严格遵守科研诚信要求和职业道德,按照有关规定、程序和办法,实事求是,独立客观公正开展工作,不参加不熟悉领域的咨询评审活动,不在不了解情况的意见建议上署名签字,为科技管理决策提供负责任、高质量的咨询评审意见。

三、建立科学规范、奖惩有力的政策体系

7. 完善科研诚信管理制度。省科技厅、省社科联要会同省级主管部门制定诚信审核、伦理审查、信息采集、诚信案件调查处理、评估评价等管理制度,探索建立鼓励创新、宽容失败的容错纠错机制。从事科学研究的企业、事业单位、社会组织等应建立健全本单位教育预防、科研活动记录、科研档案保存等制度,明晰责任主体,完善内部监督约束机制。

8. 制定调查认定处理规则。省科技厅、省社科联要会同省级主管部门依法依规研究制定科研失信行为的认定标准、范围和程序,明确科研失信行为的调查和处理规则,对职责分工、举报受理、调查程序、处理尺度、申诉、举报人和被举报人保护等作出

明确规定。

9. 实施全流程诚信管理。将诚信管理纳入科技与人才计划实施、项目与经费管理、创新平台基地建设、科技奖励评审、企业认定备案等科研活动管理全过程。加强科研诚信审核和伦理审查,对严重违背科研诚信要求的责任者实行"一票否决";实施诚信承诺制度,要求从事推荐、申报、评审评估等工作的相关人员签署科研诚信承诺书,约定科研诚信义务和责任追究条款。加强科研诚信合同管理,完善科技计划监督检查机制,强化对关键节点的诚信监督,对各类主体履职尽责和任务完成情况进行监督评估。开展诚信监测和绩效评估,作为激励惩戒的重要依据。

10. 健全科研成果管理制度。建立完善获奖成果、学术论文、著作专利等科研成果管理制度。省科技厅加强对科研成果质量、效益、影响的评估。省委宣传部等单位建立学术期刊管理和预警制度,加强对学术期刊出版的常态化管理,指导并培育权威、诚信、有影响力的学术发布平台,将罔顾学术质量、管理混乱,造成恶劣影响的学术期刊列入黑名单。从事科研活动的企业、事业单位、社会组织等要对本单位科研人员拟公布的成果或短期内集中发布的成果进行真实性审查,建立学术论文发表诚信承诺、科研过程可追溯、科研成果检查和报告制度等成果管理制度,严肃处理违背科研诚信的行为。科研人员要在论文等科研成果发表后1个月内,将所涉及的原始数据等资料交由所在单位统一管理、留存备查。

11. 完善联合惩戒和激励制度。依法依规实行科研诚信联合惩戒和激励机制。省级主管部门对存在严重违背科研诚信、科研伦理要求的,按规定视情追回责任单位和责任人所获利益,在表彰奖励、晋升使用、参与项目等方面实行"一票否决"。对守信红名单的单位和个人,按照国家规定在实施行政许可等工作中给予激励。对严重失信的责任主体,予以严肃查处、公开曝光,并通过全国和省信用信息平台实施联合惩戒,形成一处失信、处处受限的惩戒机制。

四、建立系统完善、监管有力的评价体系

12. 推进信息系统建设。省科技厅以"科技大脑"为依托,建立以统一社会信用代码或身份证号码为标识的省科研诚信信息系统,明确实施主体、程序、要求,规范信息采集、报送、评价、披露、修复、使用及监督管理,实现全流程、痕迹化、可申诉、可查询、可追溯,切实减轻科研人员负担。

13. 明确科研诚信信息报送流程。各市、县(市、区)科技行政部门、主管部门及中央直属在浙科研单位要按照省科研诚信信息目录,依法及时准确归集本地本部门本单位的科研诚信信息,并推送至省科研诚信信息系统。省科技厅会同有关部门对信息进行审核、评价、分级,将科研诚信信息推送至国家科研诚信信息系统和省公共信用信息平台,实现与各级各类信息平台的互联互通。各市、县(市、区)和主管部门分阶段分权限实现信息共享,为实现跨部门、跨区域联合激励和惩戒提供支撑。

14. 科学开展科研诚信评价。省科技厅研究拟订科学合理、适用不同类型科研活动和对象特点的科研诚信评价指标、方法模型,明确评价方式、周期、程序、诚信级别等内容。重点对参加各类科技活动的科研人员、咨询评审专家,以及所在单位、项目承担单位、中介服务机构等相关责任主体开展科研诚信评价。

15. 打击严重科研失信行为。坚持零容忍,依法依规对严重违背科研诚信要求的行为实行终身追责。各市、县(市、区)政府和主管部门应设立渠道受理本地本部门科

研失信行为的举报，及时调查处理，对社会舆论广泛关注的科研诚信事件及时公布调查处理结果。对涉嫌存在违法犯罪行为的，依法移交监察、司法机关处理。对特别重大、社会影响恶劣的诚信事件，由当地政府或上级主管部门成立调查组开展调查，必要时组织听证会。

16. 规范科研失信和作风、学风不端信息公开。建立信息公开、通报曝光工作机制，依法依规及时公开科研失信和作风、学风不端信息。对违反项目申报实施、经费使用、评审评价等规定，以及违背科研诚信、科研伦理要求的，要通报曝光、严肃查处。

五、建立弘扬正气、恪守诚信的保障体系

17. 加强组织领导。各级党委（党组）要高度重视科研诚信建设，弘扬科学家精神。省科技厅、省社科联建立科研诚信建设部门联席会议制度，负责研究协调全省科研诚信建设中的重大事项。各市、县（市、区）党委、政府和行业主管部门要加强领导，明确任务，建立目标责任制和工作协调机制，扎实推进有关工作。

18. 加强监督评估。充分发挥社会公众、新闻媒体等对科研诚信建设的监督作用。畅通举报渠道，鼓励对违背科研诚信要求的行为进行实名举报。省科技厅会同有关部门开展科研诚信建设情况评估，对重大事件及时开展跟踪监测和分析，定期发布浙江科研诚信建设状况。

19. 加强宣传引导。省科技厅会同省委宣传部等单位加强科研诚信宣传教育和正面引导，大力宣传科研诚信和科学家精神典型榜样，发挥典型人物示范作用。大力开展科学道德与学风建设宣讲教育，引导科研人员和高校师生弘扬新时代科学家精神，树立恪守道德、严谨求实的学术品格。及时曝光违背科研诚信要求的典型案例，开展警示教育。

20. 加强教育培训。从事科研活动的企业、高校院所、社会组织等应将科研诚信工作纳入日常管理，加强对科研人员、教师、学生的教育引导。充分发挥学会、协会等社会团体的教育培训作用，帮助科研人员熟悉和掌握科研诚信具体要求，引导科技工作者强化诚信意识，恪守诚信规范，开展负责任的科学研究，共同营造风清气正的科研环境。

关于深化项目评审人才评价机构评估改革提升科研绩效的实施意见

为深入贯彻落实党中央、国务院决策部署，进一步优化科研项目评审管理机制，改进科技人才评价方式，完善科研机构评估制度，加强监督评估和科研诚信体系建设，提升科研绩效，现提出如下实施意见。

一、总体要求

（一）指导思想

以习近平新时代中国特色社会主义思想为指导，全面贯彻“放管服”和“最多跑一次”改革精神，按照尊重规律、问题导向、分类评价、释放活力的原则，推进科研项目评审、人才评价、机构评估（以下简称“三评”）改革，建立健全以绩效为目标、信任为前提、激励为核心、诚信为底线、监管为保障的科研评价管理机制，营造潜心研究、追求卓越、风清气正的科研环境，激发科研机构和科研人员创新创业活力，为推动创新强省提供有力的制度保障。

（二）主要目标

到2020年，清理三分之一以上的科技审批事项，精简三分之一以上的科研项目申报材料，压缩三分之一以上的科技评审、审批时间，切实减轻科研人员负担；建成“科技大脑”，实现事项100%一站式办理、受理申请到办结全过程100%“跑一次”、移动终端办理100%覆盖，一次性办理成功率和办事满意度稳步提升；科研评价中唯论文、唯职称、唯学历、唯奖项等做法得到有效治理，形成符合科技创新规律、以质量和贡献为导向的多元分类评价体系。

二、优化科研项目评审管理

（一）改革项目形成机制

省级科技计划项目指南编制由相关领域行业协会、专业学会、优势企业、高校、科研院所、省直有关单位和市、县（市、区）人民政府提出需求，省科技主管部门在广泛征求意见的基础上组织专家论证，并定期公开发布。强化省市县三级联动和创新主体协同，市、县（市、区）或高校、科研院所、企业可围绕“卡脖子”和关键核心技术攻关，提出重大科研项目建议，经省科技主管部门论证通过后，共同出资组织实施。

（二）改革项目遴选机制

基础研究和应用基础研究项目重点加强前瞻部署和稳定支持，探索举荐制等途径，完善非共识项目评审立项机制。技术攻关和成果转化项目实行公开竞争与择优委托相结合，其中“卡脖子”和关键核心技术攻关项目可通过定向择优方式确定承担单位。在规范程序的基础上，对特别重大、紧迫以及原创性、颠覆性、交叉学科创新项目，经论证及时立项。单个横向项目实际到账300万元以上的，通过自主验收合格后可视同省重点研发项目。

（三）提高项目评审质量

基础研究和应用基础研究项目以国际国内同行评议为主，技术攻关和成果转化项目评审充分发挥企业专家和行业管理专家作用。扩充科技专家库，根据业务专长和履职情况对专家进行分级分类管理，完善专家选取使用办法，规范专家评审行为，强化专家履职评价，推进专家资源共享共用。探索培育和委托专业机构开展受理项目申请、组织评审工作。

（四）优化项目预决算管理

简化省级科技计划预算编制，除50万元以上科研仪器设备购置需列出清单外，不再要求提供测算说明。项目决算中，直接费用科目归并为设备费、材料费/测试化验加工费/燃料动力费、差旅费/会议费/国际合作与交流费、劳务费/专家咨询费、其他支出等5类，重点关注经费使用与项目实施的关联性，不要求与预算科目“一一对表”。

（五）完善项目实施管理

注重对关键节点实行“里程碑”式管理，加强部门间监督检查结果信息共享和互认，减少各类评估、检查、审计活动。验收组织单位可直接使用会计师事务所出具的财务审计报告或结论。自由探索类基础研究项目和实施周期3年以下的项目以承担单位自我管理为主，一般不开展过程检查。

三、改进科技人才评价方式

（一）统筹科技人才计划

开展科技人才计划申报查重，相同层次人才计划1人只允许获得1项，不得逆层次申报。科技人才计划要突出人才培养和使用导向，明确项目支持周期，期满后不得再使用有关人才称号。打破户籍、地域、身份等制约，依托具备条件的行业协会、专业学会、优势企业、服务机构等，畅通非公有制经济组织、社会组织等的人才申报评价渠道。

（二）科学设立人才评价标准

对基础研究人才实行代表作评价，着重评价其提出和解决科学问题的原创能力、成果的科学价值、学术水平和影响等。对应用研究和技术开发人才，着重评价其技术创新与集成能力、取得的自主知识产权和重大技术突破、成果转化、对产业发展的贡献等。对科技管理服务和实验技术人才，着重评价其工作绩效及社会影响力或作用，引导其提高服务水平和技术支持能力。对引进的海内外高层次人才、急需紧缺人才和特殊人才，可直接评审认定相应职称。

（三）树立正确人才评价使用导向

避免人才称号与薪酬待遇、职称评聘、科技奖励、项目承担等直接挂钩，克服评价结果终身化。科学设置评价周期，适当延长基础研究和青年人才评价周期，鼓励持续研究和长期积累。项目申报书不得设置人才“帽子”等称号的栏目，不得将项目负责人、评审专家等作为荣誉性称号加以使用。项目通过验收后，才可作为相关人才评价的依据。

（四）强化用人单位评价主体地位

支持用人单位建立评价体系和监督机制，自主开展人才评价，合理使用人才，重贡献、重业绩、不唯职称，促进人才评价与引进、培养、使用、激励等相衔接。管理部门不再进行自主人才评价资格审批，通过完善信用机制、第三方评估、检查抽查、督查复核等方式加强监管。

（五）完善创新团队评价体系

完善创新团队评价办法，对团队实行以合作解决重大科技问题为重点的整体性评价。对团队负责人的评价，重点关注把握研究发展方向、学术造诣水平、行业贡献度、组织协调等方面。尊重认可团队所有参与者的实际贡献，杜绝无实质贡献的虚假挂名。

四、完善科研机构评估制度

（一）落实法人自主权

推动科研事业单位明晰职责定位，建立符合定位类别的法人治理结构，制定实施章程，实现“一院（所）一章程”和依章程管理。对章程明确赋予管理权限的事务，由单位自主决策。加强科研事业单位党的建设，切实发挥单位党委（党组）把方向、管大局、保落实的作用。探索科研院所人员聘免和职称评聘自主决策、绩效工资制度改革。

（二）完善绩效评价制度

建立与职责定位相应的评价指标和方式。以5年为评价周期，对科研事业单位职责定位、科技产出、创新效益等开展综合评价，每年对年度目标完成情况进行评价。省科技主管部门会同省财政、人力社保部门加强统筹，建立省属科研事业单位年度绩效评价和体制机制创新评价制度，科研事业单位主管部门要积极协同配合，避免开展多头评价。发挥绩效评价的激励约束作用，将评价结果作为政策制定、财政拨款、项目立项、人才推荐、载体建设和人事管理、绩效工资核定等工作的依据。

（三）优化创新载体评价体系

对科学与工程研究类，重点评价其原始创新能力、科学前沿竞争力、满足国家和我省重大需求的能力；对技术创新与成果转化类，重点评价其行业共性关键技术研发、成果转化应用能力以及对行业技术进步的带动作用；对基础支撑与条件保障类，重点评价其创新条件资源支撑保障和服务能力。健全评价机制，坚持动态管理、优胜劣汰，避免低水平、交叉和重复建设。探索委托第三方评估机构对各类创新载体开展评价。

五、优化科研管理提升绩效

(一) 探索科技计划改革试点

在浙江大学、之江实验室、西湖大学、浙江清华长三角研究院、北京航空航天大学杭州研究院和中科院宁波材料所等高校、科研院所和新型研发机构开展科技计划改革试点。由试点单位提出一揽子科研项目实施和创新平台建设计划,明确目标任务和预期成果,省科技主管部门组织论证后予以立项支持,期满组织评价验收。

(二) 简化申报材料和流程

省级科技计划申报不再要求提交纸质材料,归并、简化同类型科研项目、载体的申报表,不再要求填报不直接用于评审、管理的信息。精简评审立项、审批审核工作流程,项目申请受理到拟立项公示不超过60个工作日,项目申请验收到组织验收不超过20个工作日,信息变更申请等事项办理不超过5个工作日,超期限办理需对申请方作出说明。

(三) 扩大经费使用自主权

对创新绩效明显、科研诚信良好的单位,按国家统一部署推行绿色通道改革试点,对改革试点单位,适当提高间接费用比例,项目经费实行包干制,由项目负责人或科研团队自主使用。高校、科研院所可制定管理办法,简化科研类差旅费、会议费审批报销流程。间接费用使用充分体现项目负责人意见,向青年科技人员和绩效突出的团队、个人倾斜。对科研急需设备和耗材的采购可特事特办。

(四) 科学管理横向经费使用

科研事业单位的横向科研经费,纳入单位财务统一管理,按委托方要求或合同约定使用,委托方未提出要求的,由科研事业单位制定管理办法自行管理。利用横向科研项目资金购置耗材及单价在5万元以下仪器设备的,可由团队自行采购。

(五) 下放项目组织实施权限。

推行首席专家负责制,赋予科研人员更大的技术路线决策权和人财物支配权。项目实施过程管理主要由承担单位负责,项目承担单位、归口管理部门应规范管理流程,保障项目实施和经费使用自主权。

(六) 完善绩效评价结果应用

突出代表性成果和项目实施效果评价,对提交评价的论文、专利等作出数量限制规定。项目实施结束后2—3年进行绩效跟踪评价,重点关注项目成果转移转化、应用推广以及产生的经济社会效益。绩效评价结果和科研诚信情况作为评审立项、评定职称和奖励的重要依据,以及相关研发、管理人员和项目承担单位业绩考核的参考依据。多方合作获得的成果,按相关单位、个人的实际贡献评价绩效。

六、保障措施

（一）加强组织领导

省科技领导小组负责“三评”改革工作的组织领导和统筹协调。省委组织部、省教育厅、省科技厅、省财政厅、省人力社保厅等单位要根据职责分工，细化任务举措，完善规章制度，协同抓好改革任务落实落地。

（二）强化责任担当

各地各有关部门要深化“放管服”和“最多跑一次”改革，完善项目评审管理机制，简化评审环节，改进评审方式。总结推广典型案例和经验做法，及时协调解决困难和问题。

（三）健全诚信体系

各地各有关部门要加强科研诚信体系建设，健全科研诚信工作机制和责任体系，加强科研诚信教育和全流程管理，建立科研诚信信息系统，查处违背科研诚信要求的行为。

（四）强化服务保障

省直有关部门要加快职能转变，优化管理与服务，加强目标管理，强化考核指导。

Science
Technology

第二部分

专 题 篇

第一章　自主创新环境建设

一、科技政策与法规

（一）科技政策法规基本情况

2019 年是中华人民共和国成立 70 周年，也是实施“十三五”规划、决胜全面建成小康社会的冲刺攻坚之年。全省上下坚持以习近平新时代中国特色社会主义思想为指导，深入贯彻党的十九大和十九届二中、三中、四中全会，省第十四次党代会和省委十四届历次全会精神，以“‘八八战略’再深化、改革开放再出发”为主线，以打造“产学研用金、才政介美云”十联动创新创业生态系统为目标，全面实施“科技新政”，加快建设“互联网 +”、生命健康科创高地和谋划新材料科创高地，不断提高创新型省份建设水平。全面修订《浙江省科学技术奖励办法》，出台《关于加快新一代人工智能创新发展的实施意见》《关于深化项目评审人才评价机构评估改革提升科研绩效的实施意见》《关于进一步加强科研诚信建设弘扬科学家精神的实施意见》《关于全面加强基础科学研究的实施意见》《关于促进县域创新驱动发展的实施意见》《浙江省加快落实赋予科研机构和人员更大自主权有关文件工作要点》《关于进一步推进我省重大科研基础设施和大型科研仪器设备开放共享的实施意见》《关于加快生命健康科技创新发展的实施意见》等。省科技领导小组办公室印发《浙江省全社会研发投入提升专项行动方案》。省科技厅单独或会同相关部门制定了《关于深化“三服务”活动支持企业创新发展的通知》《浙江省科技服务领域深化“最多跑一次”改革行动方案》《科技服务企业“百千万”行动计划》《关于科研事业单位职称制度改革试点有关问题的通知》《关于支持西湖大学打造生命健康世界科技创新高地主平台的意见》《进一步落实稳外贸政策服务科技创新发展的若干措施》《浙江省科学技术奖励办法实施细则（修订）》《G60 科创走廊（浙江段）规划》《浙江省重点研发计划暂行管理办法》《关于进一步完善省级科技计划体系创新科技资源配置机制的改革方案（试行）》《浙江省引进大院名校共建高端创新载体实施意见》《修订〈浙江省科技行政处罚裁量权实施办法〉和〈浙江省科技行政处罚裁量基准〉的通知》《浙江省技术转移体系建设实施方案》等，科技创新政策法规体系不断完善。

1．修订《浙江省科学技术奖励办法》。2019 年 10 月，浙江省政府第 29 次常务会议审议通过了新修订的《浙江省科学技术奖励办法》（省政府令第 379 号）（以下简称《奖励办法》），并于 2019 年 12 月 1 日起施行。《奖励办法》共设七章，52 条，包括总则、奖项设置、提名、评审、授奖与监督、法律责任和附则等内容。《奖励办法》在奖项设置上突出浙江特色，设有浙江科技大奖、自然科学奖、技术发明奖、科技进步奖、国际科学合作奖。其中，将原《奖励办法》中的省科学技术重大贡献奖调整为浙江科技大奖，该奖每年评审一次，每年的授予数量不超过 2 个，奖金每项为 300 万元；新设立国际科学技术合作奖，该奖授予外国人或外国组织，数量每年不超过 10 项。自然科学奖、技术发明奖、科技进步奖的总数为 300 项，其中一等奖不超过 30 项、二等奖不超过 90 项、三等奖不超过 180 项。一等奖、二等奖奖金分别由原来的 15 万元、10 万元增长为 30 万元、15 万元，三等奖奖金保持 5 万元不变。在报名通道上，由“推荐制”变为“提名制”，实行由专家学者、组织机构、相关部门提名的制度。提名者范围包括国家最高科学技术奖获奖人、中国科学院院士、中国工程院院士等个人以及省政府有关组成部门和直属机构、设区的市和县（市）政府等单位。提名者是个人的，应当在其熟悉的学科领域范围内进行提名；提名者是单位的，应当公布提名规则和程序，并在本学科、本行业、本地区或本部门范围内进行提名。《奖励办法》还明确了被提名者可以自主选择是否降级参加评审、创新型领军企业和重点科研机构可以提名候选者等一系列新的制度措施。此外，《奖励办法》还对评审流程、评审组织管理、监督管理、法律责任等做了修订。省政府将设立省科学技术奖励委员会，负责审核年度工作方案和评审结果，协调解决相关重大问题。在提名前、受理后、行业评审结论作出后需要向社会公示，并对异议的提出、答复和处理做了规定。同时，《奖励办法》还针对提名、评审过程中可能出现的欺诈等违反诚信义务的行为，规定了相应的处理措施和法律责任。

2. 制定《关于加快新一代人工智能创新发展的实施意见》。为全面贯彻落实习近平总书记关于人工智能的重要论述精神和党中央、国务院决策部署，抢抓战略机遇，发挥数字经济先发优势，瞄准前沿领域，加快新一代人工智能创新发展，省委办公厅、省政府办公厅印发《关于加快新一代人工智能创新发展的实施意见》（以下简称《实施意见》）。《实施意见》分三部分。第一部分发展目标，提出力争到 2022 年，人工智能总体技术与产业发展水平全国领先，与国际先进水平同步，争创国家新一代人工智能创新发展试验区，打造人工智能创新发展强省。打造人工智能技术创新策源地、人工智能典型场景应用先行地、人工智能企业培育发展主阵地、人工智能高层次人才集聚地。力争到 2030 年，形成涵盖基础设施、核心技术、先导产业、融合应用的较为完备的创新创业生态体系，人工智能应用的广度和深度得到极大拓展，人工智能产业成为引领高质量发展的主导产业，在若干领域达到国际领先水平。第二部分重点任务，提出了六方面共 26 条任务。一是加强前沿和基础理论研究，强化基础研究前瞻布局，打造基础研究大平台，实施重大基础研究专项，谋划建设大科学装置。二是突破人工智能关键核心技术，组织重大科技攻关，争取国家科技计划支持，推动产业技术协同创新，着力提高自主研发能力。三是培育人工智能产业集群，优化产业空间布局，培育发展具有领先优势的重点产业，支持重点企业成长壮大。四是加强人工智能融合应用，加快发展“人工智能 + 制造业”“人工智能 + 生命健康”“人工智能 + 服务业”“人工智能 + 社会治理”“人工智能 + 农业”，推进人工智能军民融合发展。五是促进人工智能开放发展，深化数据资源开放合作，支持研发创新开放合作，推进重点产业开放合作，加强人工智能区域合作。六是优化人工智能创新创业生态，多渠道加大投入，引进培养高层次人才，加强基础服务供给，完善知识产权体系，强化人工智能安全治理。第三部分保障措施，一是加强组织领导，二是保障政策供给，开展创新试点，加强教育培训。

3. 制定《关于深化项目评审人才评价机构评估改革提升科研绩效的实施意见》。为进一步优化科研项目评审管理机制，改进科技人才评价方式，完善科研机构评估制度，加强监督评估和科研诚信体系建设，提升科研绩效，省委办公厅、省政府办公厅印发《关于深化项目评审人才评价机构评估改革提升科研绩效的实施意见》（以下简称

《实施意见》)。《实施意见》分六部分。第一部分总体要求,提出了指导思想和主要目标,到2020年,清理三分之一以上的科技审批事项,精简三分之一以上的科研项目申报材料,压缩三分之一以上的科技评审、审批时间;建成"科技大脑",实现事项100%一站式办理、受理申请到办结全过程100%"跑一次"、移动终端办理100%覆盖;科研评价中唯论文、唯职称、唯学历、唯奖项等做法得到有效治理,形成符合科技创新规律、以质量和贡献为导向的多元分类评价体系。第二部分优化科研项目评审管理,提出改革项目形成、遴选机制,提高项目评审质量,优化项目预决算管理和完善项目实施管理。对特别重大、紧迫以及原创性、颠覆性、交叉学科创新项目,经论证及时立项。单个横向项目实际到账300万元以上的,通过自主验收合格后可视同省重点研发项目。简化省级科技计划预算编制,除50万元以上科研仪器设备购置需列出清单外,不再要求提供测算说明。第三部分改进科技人才评价方式,提出要统筹科技人才计划,科学设立人才评价标准,树立正确人才评价使用导向,强化用人单位评价主体地位,完善创新团队评价体系。开展科技人才计划申报查重,相同层次人才计划1人只允许获得1项,不得逆层次申报。打破户籍、地域、身份等制约,畅通非公有制经济组织、社会组织等的人才申报评价渠道。对基础研究人才实行代表作评价;对应用研究和技术开发人才,着重评价其技术创新与集成能力、取得的自主知识产权和重大技术突破、成果转化、对产业发展的贡献等;对科技管理服务和实验技术人才,着重评价其工作绩效及社会影响力或作用;对引进的海内外高层次人才、急需紧缺人才和特殊人才,可直接评审认定相应职称。第四部分完善科研机构评估制度,提出要落实法人自主权,完善绩效评价制度,优化创新载体评价体系。探索科研院所人员聘免和职称评聘自主决策、绩效工资制度改革。探索委托第三方评估机构对各类创新载体开展评价。第五部分优化科研管理提升绩效,提出要探索科技计划改革试点,简化申报材料和流程,扩大经费使用自主权,科学管理横向经费使用,下放项目组织实施权限,完善绩效评价结果应用。项目申请受理到拟立项公示不超过60个工作日,项目申请验收到组织验收不超过20个工作日,信息变更申请等事项办理不超过5个工作日。对创新绩效明显、科研诚信良好的单位,按国家统一部署推行绿色通道改革试点,适当提高间接费用比例,项目经费实行包干制。高校、科研院所可制定管理办法,简化科研类差旅费、会议费审批报销流程。间接费用使用充分体现项目负责人意见,向青年科技人员和绩效突出的团队、个人倾斜。第六部分保障措施。

4. 制定《关于进一步加强科研诚信建设弘扬科学家精神的实施意见》。为贯彻落实中共中央办公厅、国务院办公厅印发的《关于进一步加强科研诚信建设的若干意见》和《关于进一步弘扬科学家精神加强作风和学风建设的意见》精神,加强科研诚信建设,弘扬科学家精神,省委办公厅、省政府办公厅印发《关于进一步加强科研诚信建设弘扬科学家精神的实施意见》(以下简称《实施意见》)。《实施意见》首先在总体要求中提出力争到2020年,科研诚信制度规则健全完备,科研诚信信息系统建立完善,转变作风改进学风的各项治理措施得到全面实施。到2022年,科研诚信意识显著增强,作风学风取得实质性改观,恪守诚信规范成为科技界的共同理念和自觉行动,诚信基础和创新生态不断优化,学术道德建设得到显著加强,新时代科学家精神得到大力弘扬,创新强省制度、文化基础进一步夯实。主要措施分为四部分。第一部分建立职责明确、协调有序的工作体系,提出要明确主体责任,强化诚信自律,加强作风、学风建设,科技管理服务人员切实履行职责。第二部分建立科学规范、奖惩有力的政策体系,提出要完善科研诚信管理、科研成果管理、联合惩戒和激励制度，制定调查认定处理规则，实施全流程诚信管理。第三部分建立系统完善、监管有力的评价体系，提出要推进信息系统建设，明确信息报送流程，科学开展科研诚信评价，打击严重科研失信行为，规范科研失信和作风、学风不端信息公开。第四部分建立弘扬正气、恪守诚信的保障体系，提出要加强组织领导、监测评估、宣传引导和教育培训。

5. 制定《关于全面加强基础科学研究的实施意见》。为贯彻落实国务院决策部署，进一步加强基础科学研究，提升原始创新能力，夯实创新强省基础，省政府出台《关于全面加强基础科学研究的实施意见》（浙政发〔2019〕9 号）（以下简称《实施意见》）。《实施意见》明确了浙江基础科学研究工作的指导思想和总体目标，到 2022 年，基本形成具有特色的探索创新、开放合作、合理高效的基础科学研究格局，力争建成大科学装置 2 个以上，国家级科技创新基地达到 40 个以上，创建浙江省实验室 10 个，培育新型研发机构 100 家；基础研究人员全时当量达到 1.5 万人年以上；基础研究经费投入占研发经费投入比重提高一倍以上；获国家自然科学基金资助总额保持全国前列。到 2035 年，实现数字经济、生命健康、新材料等优势领域原始创新能力全国领先，全社会基础研究经费投入占研发经费投入比重超过发达国家平均水平，涌现获得国际标志性奖项的科学家，建成一批具有世界一流水平的大学和科研机构，取得大批具有重要影响力的原创性科学成果，基本实现重点领域关键核心技术自主可控。围绕总体要求和目标，《实施意见》提出了六方面的主要任务。一是完善基础研究布局。强化基础研究系统设计，优化基础研究支持体系，优化基础研究区域布局，谋划建设重大科技基础设施（装置）。每年实施 5 个以上目标导向类重大基础研究专项，加大对具有创新性的“非共识”项目支持力度，进一步加强“从 0 到 1”的原创性研究。二是建立基础研究体系。构建由国家实验室、国家重点实验室、浙江省实验室、省级重点实验室等共同组成，特色优势明显的实验室体系，引育基础研究类新型研发机构，发挥高校和科研院所知识创新主力军作用，支持企业开展基础研究。三是壮大基础研究人才队伍。着力培育中青年科研人才，每年支持 100 名杰出青年基础研究人才、1000 名青年科研人才。四是促进基础研究和应用研究融通。推动基础研究成果应用转化，加强军民科技协同创新能力建设。五是提高基础研究开放合作水平。深化基础研究全球精准合作，支持参与国际大科学计划与大科学工程。实施省自然科学基金国际合作重大基础研究计划，主动对接全球排名前 100 位的知名高校和科研机构，共建国际联合实验室。促进长三角地区科技合作与交流，探索建立长三角创新资源统筹布局、关键核心技术联合攻关、科技成果协作转化、创新要素共享流动等机制。六是优化基础研究发展机制和环境。加强统筹协调，加强支持基础研究的法制保障。加大多元投入，鼓励企业或行业组织等与省自然科学基金建立联合基金，对投入 5000 万元以上的联合资助方可给予基金冠名权；支持企业设立基础研究基金会，通过接受社会捐赠、设立联合基金等方式筹集基础研究经费。完善激励政策，赋予省实验室研究方向选择、科研立项、技术路线调整、人才引进培养、职称评审、科研成果处置和经费使用等方面的自主权，实行首席科学家负责制，省实验室开放课题等自主立项项目择优视同省级科技计划项目。健全评价机制，探索建立非常规评审机制和“小同行评议”制度，建立重大研究任务定向委托制度；对自由探索类基础研究项目和实施周期 3 年以下的目标导向类基础研究项目不做过程检查。强化科研诚信，以“零容忍”的态度严肃查处科研不端行为。

6. 制定《关于促进县域创新驱动发展的实施意见》。为充分发挥浙江县域优势，促进创新驱动发展，省政府办公厅出台《关于促进县域创新驱动发展的实施意见》（浙政办发〔2019〕11 号）（以下简称《实施意见》）。《实施意见》分三部分。第一部分总体要求，包括指导思想和主要目标，提出到 2022 年，县域创新驱动发展环境显著改善，创新驱动发展能力明显增强，全社会科技投入进一步提高，公民科学素质整体提升，大众创业、万众创新的氛围更加浓厚，创新成为引领县域发展的第一动力，为创新强省提供有力支撑。第二部分提出了改造提升传统产业、培育发展新兴产业、做大做强创新型企业、支持各类研发机构建设、培养引进创新型科技人才、建设创新型企业家队伍、提高领导干部科学素养、打造高能级创新平台、搭建"双创"孵化平台、提升发展科创服务平台、构建科技成果转化体系、推动民生领域科技成果转化应用、实施科技强农惠民行动、着力深化产教融合、广泛开展科学普及、深化县域全面创新改革、完善科技投融资体系、继续加大对加快发展县的科技创新扶持和深入推进山海协作科技创新等 19 条主要举措。第三部分保障措施，要求建立健全工作推进机制，省市县三级联动并争取科技部支持。完善落实相关扶持政策，确保一定比例的科技创新项目、科技创新平台和载体在县域落地。完善科技进步目标责任制考核办法，对全社会研究与试验发展经费占地区生产总值比重和财政科技投入增幅双下降的县（市），实行"一票否优"。对创新体系健全、创新绩效好、创新辐射引领作用强的县（市），优先支持其建设国家创新型县（市）。

7. 制定《浙江省加快落实赋予科研机构和人员更大自主权有关文件工作要点》。为进一步压实主体责任，切实解决相关文件执行中的堵点和难点问题，把党中央、国务院和省委、省政府已经出台的赋予科研单位和人员更大自主权的有关政策落实到位，创造有利于激发创新活力的体制环境，以实际行动助力创新强省建设、助推高质量发展。根据《国务院办公厅关于抓好赋予科研机构和人员更大自主权有关文件贯彻落实工作的通知》精神，省政府办公厅出台《浙江省加快落实赋予科研机构和人员更大自主权有关文件工作要点》（浙政办发〔2019〕13 号）（以下简称《工作要点》）。《工作要点》共三部分。第一部分全面做好科技管理权限下放工作。落实预算调剂和仪器采购管理权；赋予科研人员技术路线决策权，推行省重大科技专项、重大基础研究项目、杰出青年科学基金项目和领军型创新创业团队首席专家负责制；简化科研项目申报和过程管理，在项目申报和过程管理中建立代表作评价制度；加快完善科研单位内部管理制度。第二部分认真做好法规文件中相关规定的衔接工作。制定科研人员兼职的管理办法；制定职务科技成果管理制度，落实科研人员科技成果转化收入不纳入绩效工资总额基数的规定；建立科技成果转化处置内部管理制度；细化项目经费管理制度，在重点研发计划立项环节，推行技术专家和财务专家共同审核机制，在科研项目评审的同时进行预算评审；落实国有科技型企业股权和分红激励政策。第三部分加强政策宣传培训和督查指导。全面开展自查工作，强化政策落实监督工作，深化科研管理"最多跑一次"改革，加强浙江政务服务网建设，推进政府数字化转型。同时，《工作要点》在附件中列有"赋予科研机构和人员更大自主权重点工作清单"，对 12 项工作内容从责任单位、涉及相关法规政策等方面进行了详细说明。

8. 制定《关于进一步推进我省重大科研基础设施和大型科研仪器设备开放共享的实施意见》。为贯彻落实《国务院关于国家重大科研基础设施和大型科研仪器向社会开放的意见》精神，优化资源配置，推动开放共享，提高浙江重大科研基础设施和大型科研仪器设备利用效率，省政府办公厅出台《关于进一步推进我省重大科研基础设施和大型科研仪器设备开放共享的实施意见》（浙政办发〔2019〕35 号）（以下简称《实施意见》）。《实施意见》提出力争用 3 年时间，基本建成覆盖各类科研设施和仪器，统一规范、功能完备的专业化、网络化管理服务体系，建成大型科学装置 2 个以上，整合价值 30 万元以上大型科研仪器设备超过 10000 台。《实施意见》提出建设"四大体系"。一是构建开放共享指标体系。建立涵盖开放资源量、服务企业量、服务收入、合同额等指标的科研设施和仪器开放共享绩效指标体系。建立报告制度，管理单位定期向科技主管部门报送上一年度科研设施和仪器增减变化、开放制度、运行情况、年有效服务机时、设备服务收入、相关研究成果等情况。二是建设开放共享工作体系。建立健全开放共享网络服务平台，实行科研设施和仪器入网制度，逐步应用物联网技术辅助实施动态监管，实行科研设施和仪器分类开放共享，鼓励社会力量参与科研设施和仪器开放共享。三是完善开放共享政策体系。完善新购科研设施和仪器的查重和联合评议制度，定期发布大型科学仪器设备新购预警目录。对申请以财政性资金新购 100 万元以上大型科学仪器设备的，委托专业评估机构查重，并对其必要性、合理性等组织联合评议；对申请以财政性资金新购 50 万元至 100 万元之间的大型科学仪器设备的，由管理单位对照新购预警目录进行查重，自行组织或委托专业评估机构评议。建立科研设施和仪器开放共享促进机制。发挥创新券在促进科研设施和仪器开放共享中的作用，推进创新券在省内和长三角地区通用通兑。四是健全开放共享评价体系。建立专业评估、激励约束和用户责权机制。省科技厅加强对科研设施和仪器开放共享工作的组织协调，省发改委、省经信厅等有关单位根据各自职责抓好工作落实，形成工作合力。

9. 制定《关于加快生命健康科技创新发展的实施意见》。为加快打造生命健康世界科技创新高地，推动生命健康产业高质量发展，省政府办公厅出台《关于加快生命健康科技创新发展的实施意见》（浙政办发〔2019〕65 号）（以下简称《实施意见》）。《实施意见》分三部分。第一部分总体要求，包括指导思想和总体目标，提出到 2022 年，取得标志性重大科技成果 30 项，形成长三角地区"医学高峰"；建成 15 个以上高能级创新平台；生命健康高新技术企业数和核心产业产值翻一番，形成 1 个以上千亿级产业集群。到 2030 年，生命健康世界科技创新高地初步形成，生命健康产业产值达到万亿级规模，成为全国领先、具有全球识别度的生命健康原始创新策源地、高端平台聚合地、产业协同发展引领区和数字生命健康融合发展示范区。第二部分重点任务，提出了六方面共 19 条举措。一是加强核心技术攻关、产品研发和产业化。强化前沿基础研究。实施关键核心技术攻关，组织实施生命健康重大科技专项，围绕临床重大需求确定 10 个左右主攻方向；滚动实施省重点研发计划，每年启动不少于 50 个项目。谋划引进重大引领性项目。二是打造高能级创新平台。加快培育应用基础研究平台。积极打造临床研究创新平台，到 2022 年，力争 5 个学科进入国际一流、10 个学科进入国内前列。做强做大产业技术研发平台，到 2022 年，新增国家级企业技术中心 10 家、省级（重点）企业研究院 50 家。健全完善公共创新服务平台，大力发展新型创新平台。三是优化生命健康产业区域布局。支持杭州建设国际领先生命健康产业集群，到 2022 年，将杭州建成具有全球影响力的千亿级生命健康创新之城。推动各地生命健康产业特色发展。四是全面提升企业创新能力。培育具有国际竞争力的创新型企业。加大创新产品支持力度，到 2022 年，实现 20 个以上创新药物、20 个以上创新医疗器械和100个以上第三类医疗器械获批临床研究或投放市场。五是构建融合发展体系。推进"互联网+医疗健康"发展,加快生命健康产业数字化发展,促进生命健康研发和应用融通创新。六是优化生命健康创新创业生态。建设具有国际影响力的研发外包与服务中心。加大高层次人才引进培养力度。深化国内外创新合作,到2022年,与重点机构签订合作协议20个以上,联合开展重大研究项目30个以上,建成各类合作载体20家以上。强化生物技术与信息安全。第三部分保障措施,提出加强组织、政策保障和金融支撑,强化考核评估。

10. 制定《浙江省全社会研发投入提升专项行动方案》。为进一步引导全社会加大研发投入,全面推进创新强省建设,省科技领导小组办公室研究制定了《浙江省全社会研发投入提升专项行动方案》(浙科领办〔2019〕8号)(以下简称《行动方案》)。《行动方案》共分四部分。第一部分总体要求。第二部分工作目标,确保到2022年全社会研究与试验发展(R&D)经费支出总量突破2479亿元,R&D经费支出占地区生产总值比重达到3.0%,科技创新综合实力明显提升,加快建成创新型省份。规模以上工业企业R&D经费占主营业务收入比重达2%以上、R&D活动企业占比达50%以上;全社会R&D经费中基础研究R&D经费占比、高等学校和科研机构R&D经费占比分别达5.5%和10%以上;2022年PCT国际专利申请量达3000件,技术交易额达1200亿元,均比2017年翻一番;每万人发明专利拥有量达到25件。第三部分工作任务,提出四方面共11条举措。一是进一步强化企业研发投入主体地位。大力发展创新型企业,确保到2022年科技型中小企业和高新技术企业分别达6万家、2万家,创新型领军企业达100家。提高企业R&D活动覆盖面,到2022年力争有R&D活动的企业数量年均增长8%以上,小微型、中型和大型企业中有R&D活动的比例分别达到50%、80%、95%。建设高水平企业研发机构,确保到2022年全省规模以上工业企业建有研发机构比例达30%以上。二是努力扩大高校院所有效研发投入。激励高校院所加大研发投入,对横向科研项目到位经费达到300万元的,经认定可视同省重点研发项目;力争全省高校、科研院所的R&D经费年均增长分别达15%和20%以上。加快培育引进大院名所,到2022年,争创2个以上大科学装置,培育新型研发机构100家。加快完善实验室体系,到2022年,力争建成国家重点实验室等国家级科技创新基地40个以上,创建浙江省实验室10个。三是不断加大金融和社会资本支持力度。引导社会资本投入研发;大力支持科技型企业上市,到2022年,全省科创板上市公司力争达50家以上。四是充分发挥政府引导激励作用。加大财政研发投入力度,建立研发导向的激励机制,优化企业绩效综合评价,对于研发强度高于5%的企业,鼓励优先安排贷款、用电、用水、用地、能耗排放指标,优先纳入各类重点支持清单。第四部分保障措施,一是加强组织领导;二是开展比学赶超;三是加强考核评价,将R&D经费投入指标完成情况纳入"科技新政"督查内容;四是提升服务水平,以"三服务"活动为载体,在全省深入开展研发投入专项服务活动。

11. 制定《关于深化"三服务"活动支持企业创新发展的通知》。为贯彻落实习近平总书记在民营企业座谈会上的讲话精神和省委、省政府决策部署,把"服务企业服务群众服务基层"活动落到实处、引向深入,推动"大学习、大调研、大抓落实"常态化、制度化,落实好国家和浙江支持企业的优惠政策,引导企业加大研发投入,推动企业高质量创新发展,省科技厅联合省经信厅、省教育厅、省财政厅、省统计局、省税务局制定了《关于深化"三服务"活动支持企业创新发展的通知》(浙科发计〔2019〕8号)(以下简称《通知》)。《通知》共提出 12 项任务举措。一是切实落实税收优惠政策。二是加大企业研发引导力度。省财政根据规模以上企业研发投入占主营业务收入比重排名前 500 的企业作为因素分档计分,对市县进行奖励。推行企业研发准备金制度,落实国有企业技术创新的经营业绩考核制度,将国有企业研发投入视同利润纳入考核。三是优先支持实施科研项目。对传统产业企业研发经费占主营业务收入比重超过 3%、高新技术产业企业研发经费占主营业务收入比重超过 5% 的,以及创新能力较强的创新型领军企业、技术创新示范企业,在申报省级各类科技计划项目(平台、人才项目等)时给予优先支持。四是持续加大企业培育力度。建立科技型企业数据库和高新技术企业后备库,鼓励创新券支持范围覆盖技术创新全过程,省财政对提供服务的省级创新载体,按照政策支持范围内上年度实际兑付总额给予不超过 30% 的补助。五是促进科技成果转移转化。符合条件的高校院所从职务科技成果转化收入中给予科技人员的现金奖励,可减按 50% 计入科技人员当月工资、薪金所得,依法缴纳个人所得税。单个横向项目实际到账 500 万元及以上的,企业自主验收合格后,可视作自筹资金的省重点研发计划项目。六是赋予创新主体更大自主权。七是推动首台(套)示范应用。八是不断强化科技金融支持。九是优化完善办税申报流程。十是建立专人专岗服务机制。十一是加强统计监测分析服务。十二是强化考核评价督促落实。把研发经费投入和强度作为核心指标,纳入市县党政领导科技目标责任制考核和对实施科技新政、构建十联动创业创新生态系统成效明显地方的激励等考核评价工作。将 R&D 经费投入强度作为"亩均效益"综合评价的重要指标。

12. 制定《浙江省科技服务领域深化"最多跑一次"改革行动方案》。为持续深化全省科技系统在公共服务领域的"最多跑一次"改革,深入推进政府数字化转型,省科技厅以"三简三优三支撑"为切入口,制定《浙江省科技服务领域深化"最多跑一次"改革行动方案》(浙科发政〔2019〕28 号)(以下简称《行动方案》)。《行动方案》共三部分。第一部分总体要求,提出着力深化以项目评审、人才评价、机构评估为重点内容的科研管理体制改革,努力实现精简申报材料三分之一、减少填报内容三分之一、压缩评审时间三分之一,争做科技领域公共服务的全国"领跑者"。加快建设覆盖全省科技系统的"科技大脑",实现科技服务事项网上办理 100% 开通、科技信息孤岛 100% 打通、科技数据资源 100% 共享。第二部分主要措施,共提出 9 条任务。一是简化申报评审程序。科技计划项目从申请受理截止日到拟立项项目公示日不超过 80 个工作日。二是简化管理验收程序。加强对科研项目结果和阶段性成果的评估,自由探索类基础研究项目和实施周期三年以下的项目以承担单位自我管理为主,一般不开展过程检查。三是简化高企(高新企业,下同)认定程序。省内评审时间缩短三分之一,从高企申请受理截止日到报送国家认定办不超过 80 个工作日。四是优化创新资源地图服务。实现整合 20000 台以上大型科学仪器、150 个省部级以上重点实验室、250 家省部级以上工程技术中心、200 个以上专业技术服务平台等创新服务资源的目标。五是优化科技创新券服务。六是优化研发费用加计扣除政策服务,使中小企业研发项目管理和加计扣除归集从 30 个工作日减少到 3 个工作日。七是强化"科技大脑"支撑。八是强化创新服务支撑。九是强化结对帮扶支撑。第三部分保障措施。一是加强组织领导,二是完善服务机制,三是加强宣传引导。附件为 2019 年改善科技领域公共服务项目。

13. 制定《科技服务企业"百千万"行动计划》。为认真贯彻落实《中共浙江省委办公厅关于开展“服务企业服务群众服务基层”活动的通知》《中共浙江省科学技术厅党组关于印发〈深化“三服务”助推“十联动”工作方案〉的通知》和《中共浙江省科学技术厅党组关于组织开展服务民营科技企业加快创新驱动提振发展信心的通知》要求及省科技厅党组关于“三服务”的总体部署，进一步强化服务企业、服务群众、服务基层的工作导向，切实做好科技服务企业工作，省科技厅制定《科技服务企业“百千万”行动计划》（浙科党〔2019〕41号）（以下简称《行动计划》）。《行动计划》共四部分。第一部分目标任务，提出省市县三级科技部门会同有关部门每年组织全省100家以上高校、科研院所、产业创新服务综合体及各类创新载体，动员1000名以上科技人员和团队为10000家以上企业提供创新发展服务。第二部分重点服务对象，包括高新技术企业特别是创新型领军企业，科技型中小企业特别是高成长型中小企业，建有或拟建重点企业研究院、研发机构的科技企业，省级产业创新服务综合体服务范围或入驻科技企业孵化器、众创空间、小微企业园的科技型企业，传统产业改造提升等其他有需求的企业等五类。第三部分服务举措，提出了三大任务。一是鼓励高校、科研院所和企业开展产学研协同创新，建立创新联合体。二是产业创新服务综合体要打造高水平公共服务平台，为企业提供一站式创新服务。三是提升科技资源开放共享，降低企业创新成本。第四部分支持政策。一是支持科研人员和企业联合实施“新型产学研合作”项目，优先列入省级科技计划项目给予支持。二是对企业履行合同时给予高校院所的实际支付金额500万元以上的技术服务项目，视同省级科技计划项目。三是创新载体服务企业的绩效情况作为产业创新服务综合体、重点实验室、国际科技合作基地等绩效评价的重要内容。

14. 制定《关于科研事业单位职称制度改革试点有关问题的通知》。为贯彻落实省委办公厅、省政府办公厅《关于深化职称制度改革的实施意见》《关于深化科研人员职称制度改革的意见》精神，平稳有序推进科研事业单位职称制度改革工作，省科技厅制定《关于科研事业单位职称制度改革试点有关问题的通知》（浙科发外专〔2019〕65号）（以下简称《通知》）。《通知》共四部分。第一部分试点总体要求。进一步落实科研单位用人自主权，推进单位科研人员职称自主评聘改革，最大限度释放科研人才创新活力。第二部分试点范围。采取先试点后推开的办法。第一批选择单位规模较大、自然科学研究人员比例较高、人事和职称管理工作比较规范的若干家科研院所作为试点单位。第三部分自主评聘主要内容。一是编制评聘计划；二是制定评价标准；三是建立评聘机构；四是完善评聘程序，包括公布方案、个人竞聘、单位审查、专业评议、会议评审、单位聘任、结果报备等7个步骤；五是加强聘后管理。第四部分其他事项和有关要求。一是试点先行平稳推进，试点单位中非事业编制科研人员可参照本单位事业编制人员的岗位结构比例、评聘标准、评聘程序进行自主评聘，评审通过人员予以聘任。二是加强事中事后监管。三是认真总结不断完善。

15. 制定《关于支持西湖大学打造生命健康世界科技创新高地主平台的意见》。为支持西湖大学打造生命健康世界科技创新高地主平台，省科技厅制定了《关于支持西湖大学打造生命健康世界科技创新高地主平台的意见》（浙科函基〔2019〕72号）（以下简称《意见》）。《意见》分七部分。一是深化顶层设计。支持西湖大学系统化推进打造生命健康世界科技创新高地主平台，到2022年，安排4亿—5亿元额度的专项经费支持西湖大学开展高水平科学研究。二是实施引领性重大科技项目。省财政科技专项资金每年可安排最高2000万元，通过择优委托方式支持西湖大学在生命健康领域组织实施重大科研项目。三是系统布局高水平创新平台。支持西湖大学实行承诺制方式建设省重点实验室、争创国家重点实验室，省财政科技专项资金可先行给予每家最高 1000 万元经费支持。四是建设重大科研基础设施。对新建的符合打造生命健康世界科技创新高地要求的高端创新载体及科研基础设施、装置，可实行"一事一议"。五是引育国际顶尖的科技领军人才。支持西湖大学引进生命健康领域的国际顶尖战略科技人才、创新团队。六是支持高质量创新成果转化。支持西湖教育基金会吸引社会资本共同设立子基金，引导社会资本，支持生命健康产业发展。七是全方位融入全球创新网络。

16. 制定《进一步落实稳外贸政策服务科技创新发展的若干措施》。为深入贯彻落实省委、省政府关于"稳企业防风险"的决策部署，积极应对经贸摩擦带来的影响，大力支持科技型企业和研发机构享受稳外贸政策，在浙江国家自主创新示范区开展先行先试，营造更加宽松的创新创业环境，省科技厅联合杭州海关出台《进一步落实稳外贸政策 服务科技创新发展的若干措施》（浙科发规〔2019〕80 号）（以下简称《若干措施》）。《若干措施》共提出八项任务。一是对通过海关 AEO 认证的企业，科技部门在评定高新技术企业和科技型中小企业时予以优先支持。二是省科技厅定期向杭州海关提供重点研发单位名单，共同落实好国家重点实验室、省级科研院所、省级新型研发机构等享受进口科学研究、科技开发和教学用品的减免税有关规定，使更多研发单位用足用好税收优惠政策。三是杭州海关根据省科技厅提供的国家、浙江省鼓励发展的科技创新产业名录和"卡脖子"关键核心技术及相关产品清单，对相关企业的设备、产品和生产原材料等急需商品进出口积极争取税收优惠政策，给予最大化的通关便利；海关部门为参加国际科技交流的科技人员、外籍专家出入境提供相关便利。四是支持研发、制造型企业落户综合保税区。对符合等级认证有关标准的企业和研发机构，直接赋予最高信用等级。五是支持生物医药产业创新发展，对国家重点实验室、省级科研院所、省级新型研发机构等单位急需进口的生物医药特殊物品加快实施风险评估和审批流程，提高通关服务效能。六是积极争取进口生物材料和实验小动物便利化政策。七是省科技厅和杭州海关通过"科技大脑"等平台，共同推动免税科研仪器开放共享，提高科研仪器设备使用效能，更好地服务创新创业。八是科技部门和海关部门完善工作会商机制，互为对方提供相关信息数据支持。

17. 制定《浙江省科学技术奖励办法实施细则（修订）》。根据《浙江省科学技术奖励办法》，省科技厅对《浙江省科学技术奖励办法实施细则》进行了修订，出台《浙江省科学技术奖励办法实施细则（修订）》（浙科发成〔2019〕102 号），以下简称《实施细则（修订）》。《实施细则（修订）》包括总则、奖励范围和评审标准、提名、评审与监督机构、评审、异议处理、附则共七章，55 条。《实施细则（修订）》围绕奖种标准、提名要求、奖励组织、评审工作以及公示异议等方面做了进一步细化和调整。一是完善各奖种标准条件，明确了浙江科技大奖授予同一人（含所在团队）或者同一团队最多不超过 2 次，时间间隔一般不少于 5 年，获过重大贡献奖的视同获过科技大奖。对自然科学奖、技术发明奖、科技进步奖的标准条件和等级要求做了优化完善。对国际科技合作奖的"外国人或者外国组织"做进一步明确。二是细化明确提名具体要求。明确了提名专家的年龄，国家最高科学技术奖获奖人不受年龄限制，院士不超过 75 岁，其他不超过 70 岁。对独立提名、三人联合提名的条件作出要求。对提名成果提出具体要求。除因故中止评审之外，一律不得撤回；成果完成单位提供的评价材料，一般不得作为评审依据；提名为省科学技术奖成果的主要完成单位使用其他单位知识产权，须取得知识产权转让或实施许可。三是细化明确奖励组织和评审流程。对评审委员会、监督委员会以及行业评审组的人员构成、资格条件、数量以及产生方式做了细化明确。对形式审查、行业评审、综合评审等评审程序进一步细化，使评审全过程更具规范性和操作性。四是细化明确公示及异议处理方式。对异议的提出方式、处理程序、责任主体进行了明确。形式审查后公示阶段和行业评审结论公示阶段的异议，由提名者在规定时间内调查核实并向省科学技术行政部门或者监督委员会提出书面意见。省科学技术行政部门或者监督委员会提出审核意见，按不同阶段分别提交行业评审组或评审委员会审定。

18. 制定《G60科创走廊（浙江段）规划》。为贯彻落实省委、省政府创新发展的重大决策和部署，加强G60科创走廊（浙江段）发展的顶层设计和规划引领，从省级层面统筹谋划、协同推进科创走廊建设，省科技厅等8部门联合印发《G60科创走廊（浙江段）规划》（浙科发成〔2019〕107号）（以下简称《规划》）。这是国内首个关于G60科创走廊的发展规划，是浙江省全面参与全力推进长三角高质量一体化发展的具体举措。《规划》共分八部分，重点是明确科创走廊（浙江段）建设的总体要求、主要任务和保障措施。第一部分前言，提出了战略背景和现实基础。第二部分总体要求，提出了指导思想、基本原则、战略定位和发展目标。围绕高质量、现代化、强竞争的目标导向，G60科创走廊（浙江段）的战略定位为全球数字科创引领区、区域一体化创新示范区、长三角产业科创中心和科技体制改革先行区。到2025年，基本形成G60科创走廊整体协同创新体系，协作机制基本建立，创新资源有效集聚，创新生态不断完善，创新能力全国居前，产业链能级有效提升。到2035年，成为全面推动长三角高质量一体化发展的重要科技创新策源地。第三部分优化创新空间布局。按照“协作联动、错位发展、产城融合、功能集聚”的理念，构建“一廊六平台、主副双支点”的G60科创走廊（浙江段）空间结构。第四部分有效集聚科创资源，按照“创新链+产业链+资本链+人才链+服务链”五链融合发展要求，以全球视角和超前眼光谋划布局世界顶尖研究机构，加快培育自主创新平台，集聚高端创新人才，促进跨区域机构合作，协同打造超一流科创资源集聚板块。第五部分协同发展高新产业，以数字经济、生命健康、新材料、高端装备制造、新能源智能网联汽车五大产业为核心，强化区域协同创新，构建开放创新体系，打造具有国际竞争力的高新技术产业集群，促进产业迈向全球价值链中高端。第六部分合力打造创新生态，以共建共享一体化、协同化的创新生态体系为目标，加速完善规划政策对接、要素市场一体、业务系统互联、数据资源共享、金融服务提升，在“产学研用金、才政介美云”十联动创新创业生态系统建设上先行示范，合力打造全国跨区域协同创新示范区。第七部分全面提升配套能级，按照现代化、国际化、品质化的要求，全面提高区域交通设施互联互通和现代化水平，系统提升优质公共服务设施覆盖面和服务水平，打造国际一流的高质量人居环境和服务体系。第八部分实施保障，完善工作体系、政策体系、指标体系、评价体系，保障规划实施，确保G60科创走廊（浙江段）建设目标任务顺利实现。

19. 制定《浙江省重点研发计划暂行管理办法》和《关于进一步完善省级科技计划体系创新科技资源配置机制的改革方案（试行）》。为加快完善以诚信为基础、以绩效为目标、以激励为导向、以规范为保障的科技计划体系和资源配置机制，进一步规范和加强省重点研发计划管理，经省财政厅同意，省科技厅制定了《浙江省重点研发计划暂行管理办法》《关于进一步完善省级科技计划体系创新科技资源配置机制的改革方案（试行）》（浙科发规〔2019〕110号）（以下分别简称《管理办法》和《改革方案》）。

《管理办法》共六章，36条。第一章总则，明确了重点研发计划的目标定位、计划组成、责任部门和投入结构。第二章组织申报，明确了编制发布指南和项目推荐方式、申报条件等内容。第三章评审立项，明确了竞争性分配和择优委托相结合的遴选方式和相应评审立项流程。项目评审采取专家评审与行政决策相结合的方式，既充分发挥专家的专业咨询作用，又体现行政部门的战略引导和综合统筹作用，确保评审过程的公平公正、评审结果的科学精准。竞争性分配项目按照形式审查、专业评审、综合评价和省科技厅决策的流程，择优委托项目按照专业评审、处室联审和省科技厅决策的流程。同时明确了省（农业）重点企业研究院、省临床医学研究中心项目的遴选程序，横向项目的认定要求。特别重大或紧急的项目，按"绿色立项"管理办法组织实施。第四章实施与验收，明确了合同管理制、首席专家负责制、重要事件报告制、中期检查制度、经费管理、项目验收等事项。第五章监督与评估，建立完善全过程嵌入式的监督评估机制、科研诚信承诺制、项目承担单位内部控制和监督制约机制、项目申诉处理机制、内控制度和常态化自查自纠机制、逐级问责和责任倒查机制、绩效评估机制和尽职免责机制。第六章附则。

《改革方案》共三部分。第一部分目标与原则。提出要聚焦重点、凸显绩效、强化引导、压实责任，通过改革完善，实现资源配置由相对分散向聚焦重点转变、由资金引导为主向资金引导和政策激励并举转变、由省级补助为主向省市县三级联动转变、由竞争性评审为主向竞争性评审和择优委托相结合转变、由重立项管理向重绩效管理转变、由重行政监督向重主体责任转变。第二部分内容与任务。一是突出资源配置重点，优化科技计划体系。突出重点领域实施科研计划，强化重点创新平台主体作用，整合优化科技计划（专项、基金）体系。二是优化资源配置方式，放大引导激励作用。优化科研项目遴选方式，探索平台载体建设信用制，优化基于绩效的奖励和补助，探索并规范会商联动和"一揽子"扶持方式，完善国家项目配套制度。三是完善组织管理机制，提升管理服务效能。深化"放管服"改革，完善预算管理制度和项目过程监督管理，压实创新主体法人责任，明确属地和归口单位监管责任。四是完善信用和绩效评价机制，提升资源配置效益。第三部分工作要求。一是统一思想、提高认识；二是明确责任、狠抓落实；三是统筹兼顾、有序衔接；四是强化协同、形成合力。

20. 制定《浙江省引进大院名校共建高端创新载体实施意见》。为深入贯彻落实《浙江省人民政府关于全面加快科技创新推动高质量发展的若干意见》等文件精神，持续推进实施引进大院名校共建创新载体战略，省科技厅制定了《浙江省引进大院名校共建高端创新载体实施意见》（浙科发外〔2019〕111号）（以下简称《实施意见》）。《实施意见》共四部分。第一部分指导思想。提出坚持全球视野、汇聚高端资源、完善创新生态等原则，围绕"高尖精特"大力引进大院名校共建创新载体，积极推进前瞻性、基础性、关键性科技创新。第二部分工作目标。提出力争到2025年，引进共建各类创新载体200家，具体目标包括引进共建3—5家重大战略性创新载体、引导共建20家以上产业引领性创新载体、多元主体合作共建150—200家研发应用型创新载体。其中，重大战略性创新载体要围绕国家和浙江重大战略需求，瞄准世界科技前沿，以省级或省市财政共同投入为主；产业引领性创新载体要聚焦地方产业发展需求，以市县财政投入为主；研发应用型创新载体要发挥市场在资源配置中的决定性作用，以社会资本投入为主。第三部分基本条件。提出引进共建创新载体应当具备的基本条件,具体包括具备开展高水平研究的能力和基础、研究方向聚焦重点领域、具备相应的场地与人员规模、创新载体应当实质性落地并运行、具备科学合理的运营模式和考核激励机制等。第四部分政策举措。按照分类引导建设、完善绩效管理、突出县市联动、强化支持保障、严格监督管理等工作思路和要求提出十条政策举措。一是明确分类引导建设、强化县市联动原则,共包括2条。重大战略性创新载体建设,由省政府签署合作共建协议的重大创新载体按照"一所(院)一策"原则给予持续稳定支持;产业引领性和研发应用型创新载体实行报备制。二是进一步加强政策支持保障,完善绩效管理体系,共包括7条。分别从重大平台建设、科技计划项目、人才团队支撑、科研院所同等待遇等方面对引进共建创新载体提出相关支持政策。积极鼓励各地从实际出发,制定相关工作方案、考核办法和支持措施。同时要求各级科技部门加强对载体的跟踪服务,切实减轻项目申报、实施管理、政策兑现等负担。三是将严格监督管理纳入制度体系。提出建立完善监督问责机制,对违反科研诚信等规定的载体,依法依规予以问责处理。

21. 修订《浙江省科技行政处罚裁量权实施办法》和《浙江省科技行政处罚裁量基准》。为规范全省科技系统行政处罚自由裁量权的行使,全面推进依法行政,保障公民、法人和其他组织的合法权益,省科技厅修订了《浙江省科技行政处罚裁量权实施办法》和《浙江省科技行政处罚裁量基准》(浙科发政〔2019〕117号)(以下分别简称《办法》和《基准》)。《办法》和《基准》在职责范围内对行政处罚裁量权做了适当删减和细化。新修订的《办法》共23条,《基准》共9项,具体修订内容主要包括三方面。一是《办法》中删除知识产权和专利的有关内容。机构调整后,省科技厅专利相关职能划转,将原《办法》中有关知识产权和专利的内容删除。二是《办法》中增加第二十二条。为确保文件的严谨性,根据《浙江省行政处罚裁量基准办法》,同时参照其他厅局的做法,增加了第二十二条:"本办法与国家现行法律、法规、规章及有关规定发生变化而不一致的,从其规定。"三是删减、调整部分行政处罚事项。根据省司法厅《关于做好梳理精简行政处罚事项及修订完善行政处罚裁量基准工作的函》要求,在原《基准》中删除了"假冒专利的"等7项专利行政处罚事项和"社会力量设奖及其承办机构、评审组织的违法行为"行政处罚事项(根据《科技部关于对部分规章和文件予以废止的决定》,已废止《社会力量设立科学技术奖管理办法》)。根据2017年新修订的《浙江省促进科技成果转化条例》调整了"在技术交易、科技成果转化活动中,采取欺骗、造假等不当手段,侵占他人科技成果、谋取非法利益或侵犯他人合法权益的"行政处罚事项的法律依据和裁量基准。

22. 制定《浙江省技术转移体系建设实施方案》。为充分发挥技术转移对提升浙江科技创新能力的重要作用,助推高质量发展、竞争力提升和现代化建设,省科技领导小组办公室制定了《浙江省技术转移体系建设实施方案》(浙科发成〔2019〕114号)(以下简称《实施方案》)。《实施方案》分三部分。第一部分总体要求,提出到2022年,全省技术交易总额达到1200亿元,年技术转移主营业务收入1000万元以上的技术转移组织达到20家左右;建成运营规范、交投活跃、功能完备的全国性科技成果交易中心,形成覆盖全省、服务长三角、辐射全国、链接全球的技术交易大市场。到2025年,全面建成结构合理、功能完善、体制健全、运行高效的技术转移体系;中国(浙江)科技成果交易中心具备开展科技成果证券化交易、有效衔接证券交易市场的条件,成为具有全球影响力的国家技术转移体系枢纽节点。第二部分重点任务，提出了四方面共 16 条任务。一是全面激发创新主体技术转移活力，激发高校院所技术转移活力，发挥企业技术转化主体作用，培育专业化规范化技术转移机构，培养职业化国际化技术转移人才。二是拓宽技术转移转化通道，完善各类创新平台的技术转移功能，加强区域间技术转移合作，拓展国际技术转移合作空间。三是构建高质量、信息化的技术交易网络，建设全球技术交易大市场，申办中国（浙江）科技成果交易中心，打造网上技术市场 3.0。四是强化技术转移转化保障支撑，建立以技术转移转化为导向的评价体系，健全提升技术转移效率的政策措施，加强技术转移的诚信监督体系建设，加强知识产权保护和市场监管。第三部分组织实施。一是加强组织领导；二是加强评估监督；三是完善投入机制。

（二）加强依法行政与法治政府建设工作

1. 加强法治政府建设组织领导。始终把学习贯彻习近平总书记全面依法治国新理念新思想新战略和关于科技创新的重要论述作为省科技厅法治政府建设工作的首要政治任务，列入厅党组理论学习中心组重要学习内容。认真贯彻落实《浙江省党政主要负责人履行推进法治建设第一责任人职责实施办法》，将法治建设与科技创新同部署、同推动、同落实、同考核，不断提高创新治理能力。印发《2019 年度法治政府建设重点工作计划及厅内任务分解》，将依法行政、行政决策、行政执法等 6 个工作目标细化为 23 项主要任务和 56 条工作要求，不断把法治政府建设向纵深推进。落实省科技厅领导班子集体学法制度，全年开展领导班子集体学法 5 次，学习内容包括《中华人民共和国政府信息公开条例》《中华人民共和国人类遗传资源管理条例》《浙江省重大行政决策程序规定》等法律法规和依法行政知识，不断提升法治意识和能力。

2. 持续推进科技体制改革。省科技领导小组办公室印发《2019 年科技体制改革与发展工作要点》，提出完善两大科技创新高地建设机制等 21 条改革举措，并部署 31 项政策任务清单，充分发挥省级部门联动推进创新改革的合力。2019 年提请省委、省政府印发《关于深化项目评审人才评价机构评估改革提升科研绩效的实施意见》《浙江省加快落实赋予科研机构和人员更大自主权有关文件工作要点》《关于进一步加强科研诚信建设弘扬科学家精神的实施意见》《关于印发浙江省深化科学技术奖励制度改革方案的通知》等改革举措政策文件 9 件。推进全面创新改革试验，2019 年总结推广“铁了心抓创新，三个补促转型”科技创新新昌模式三方面 9 条经验，在《浙江信息》《政务信息》刊发。2019 年 12 月 30 日，省委全面深化改革委员会第七次会议审议新昌全面创新改革经验总结推广情况。

3. 深化科技服务领域“最多跑一次”改革。按照省委、省政府关于加快推进“最多跑一次”改革的各项部署要求，印发《全省科技服务领域深化“最多跑一次”改革行动方案》及机关内部“最多跑一次”改革办事指南和流程图。以“三简三优三支撑”为切入口，全面统一科技系统办事事项的适用依据、申请材料、办理时限、表单内容等要素，做到群众和企业到科技部门办事事项“最多跑一次”100% 全覆盖。目前，省科技厅厅本级 48 个办事事项实现网办率 100%、掌办率 90%、零跑率 98%，即办事事项达 15%、承诺办理时限压缩 63%、材料电子化率 98%，率先实现 6 个核心指标领跑全国，进一步提升了企业、高校、院所和广大科研人员的获得感。

4. 推进科技创新法规体系建设。一是修订《浙江省科学技术奖励办法》。2019 年

10月，省政府第29次常务会议审议通过《浙江省科学技术奖励办法》。2019年11月印发《浙江省科学技术奖励办法实施细则(修订)》，对奖种标准、提名要求、奖励组织、评审工作以及公示异议等方面进一步细化和调整，做好衔接工作。二是落实科技成果转化“一法两条例”跟踪检查。省科技厅积极配合省人大常委会开展促进科技成果转化“一法两条例”执法检查工作，对杭州、温州、湖州、丽水4个市及其所辖4个县(市、区)开展检查，委托7个设区市自查，并起草《“一法两条例”贯彻落实情况报告》报送省政府。三是开展立法调研项目前期准备工作。根据立法工作要求，在充分调研评估基础上，建议将《浙江科学技术普及条例》列入省人大2020年一类立法计划项目，将《浙江省自然科学基金条例》列入省人大2020年二类立法计划项目。

5. 强化创新政策供给与贯彻落实。围绕全面实施《关于全面加快科技创新推动高质量发展的若干意见》(“科技新政50条”)，加快建设“互联网+”和生命健康科创高地，着力构建“产学研用金，才政介美云”十联动创新创业生态系统等方面，研究制定《浙江省重点研发计划暂行管理办法》《关于进一步完善省级科技计划体系创新科技资源配置机制的改革方案(试行)》《浙江省引进大院名校共建高端创新载体的实施意见》《浙江省技术转移体系建设实施方案》等一系列配套政策文件。在全省推广应用“企业研发项目信息管理系统”，有效解决企业“研发项目鉴定难、研发费用归集难、加计扣除核算难、税收优惠兑现难”问题。出台进一步落实稳外贸政策的8条措施和进一步落实税收优惠政策的7条措施等，全力支持企业创新发展。根据省委、省政府专项督查要求，由省科技厅、省发改委、省经信厅、省教育厅、省财政厅共同组建督查组，对全省11个设区市和省直有关部门进行“科技新政”专项督查，随机抽取了10个县(市、区)、重点平台进行延伸检查，共梳理4个方面的成效、查找出9个方面的短板，并提出6条对策建议。开展赋予科研机构和人员更大自主权的有关文件的贯彻落实自查工作，省科技厅、省教育厅等部门指导全省85所高校、30家省属科研院所对下放预算调剂权限等9项政策规定落实情况进行自查，形成浙江贯彻落实情况报告报送国务院办公厅和科技部。

6. 严格行政规范性文件管理。根据《浙江省行政规范性文件管理办法》等规定，在省科技厅政务内网上线合法性审核系统，将公开征求意见、合法性审核、公平竞争审查、集体讨论、门户网站公开、政策解读等列为必经程序。对2018年12月31日前制定的98件行政规范性文件进行清理，其中继续有效76件，废止22件，并印发《浙江省科学技术厅关于公布行政规范性文件清理结果的通知》和政策解读。2019年印发的7件规范性文件均按法定权限、程序制定和发布，并做好解读工作。

7. 开展法规政策普及工作。开展全省科技创新政策培训，重点围绕“科技新政50条”、推广应用企业研发项目管理系统等惠企科技政策，举办全省巡讲21场次，培训企业负责人和科技管理部门负责人6000多人次，做到“11个地市全覆盖、规上高企全覆盖、重点科技惠企政策宣讲全覆盖”。省科技厅、省委宣传部、省科协共同举办浙江省科技(科普)活动周，通过省市县三级联办，共举办各类活动180场次，做好创新驱动发展战略方面的法律法规政策宣传服务工作。

8. 规范重大行政决策工作。编制省科技厅重大行政决策事项目录清单，将《关于深化项目评审人才评价机构评估改革提升科研绩效的实施意见》《关于全面加强基础科学研究的实施意见》和修订《浙江省科学技术奖励办法》等5件对经济社会发展有重大影响、涉及重大公共利益和社会公众切身利益的重大事项列入目录清单，在省科技厅门户网站对外公布。开展重大行政决策能力提升专项行动自查工作，进一步规范公众参与、专家论证、风险评估、合法性审核、集体讨论等法定重大决策事项程序，提升科学决策、民主决策、依法决策的能力和水平。

9. 完善法律顾问工作机制。省科技厅在省级部门率先挂牌成立法律顾问室，开展法律顾问驻厅咨询服务。规范法律顾问在重大科技决策、立法项目研究论证、规范性文件制定、行政复议和诉讼案件、信访案件、重大涉法事件、重大科技项目等方面的工作机制，充分发挥律师的专业知识优势和作用，2019年开展法律服务100余次，提供意见建议320条。

10. 严格行政执法工作。印发《关于加强2019年度全省科技系统行政执法工作的通知》和举办全省科技系统依法行政工作培训班，进一步增强依法行政意识、规范执法行为、提升执法水平。机构调整后，重新梳理权力事项库，修订《浙江省科技行政处罚裁量基准》和《浙江省科技行政处罚裁量权实施办法》，处罚事项由原来的17项减少到9项，其中职能转移7项，取消1项。印发《浙江省科学技术厅全面推行行政执法公示制度执法全过程记录制度重大执法决定法制审核制度实施办法》，开展事前公开、事中公示和事后公开，落实文字、音像等对行政执法全过程进行记录，制定重大行政执法决定法制审核事项目录及标准等，促进严格、规范、公正、文明执法。开展年度行政执法案卷评查和行政执法监督工作，重点对2019年办理的33件实验动物生产、使用许可案卷和29430件外国人来华工作许可案卷进行抽查，确保执法质量。

11. 加强行政争议预防化解工作。省科技厅认真贯彻落实《信访条例》，依法及时回应社会各界合理诉求，推动信访工作规范化、制度化，提升信访渠道解决矛盾纠纷的比率。全年共受理政务咨询、领导信箱、信访件等257件，其中政务咨询237件、信访类20件，所有受理件均已按时办结。

12. 推进行政复议和行政诉讼工作。印发《浙江省科学技术厅关于行政复议体制改革后行政复议权告知的函》，规范全省科技系统行政复议工作。2019年度，省科技厅办理行政复议案件1件，按规定要求提交"行政复议答辩书"以及相关证据材料等，省行政复议局作出维持的决定。

13. 加大推进政务公开力度。全面将"决策、执行、管理、服务、结果公开"纳入日常公文、会议、业务办理等程序，进一步完善省科技厅门户网站信息主动公开目录，扩大公开范围，细化公开内容等。2019年，省科技厅主动公开政府信息2578条，受理公民、法人政府信息公开申请12件，全部按规定时限办结。在省科技厅门户网站开设"政策解读"专栏，全年发布国家、省有关科技创新政策解读材料20余份。充分利用"创新浙江"微信公众号和微博等新媒体，对浙江省出台的科技创新政策进行宣传报道，全年推送各类信息2000余条，进一步提升政策的知晓面和普及度。

二、创新型城市和国家创新型县(市)建设

指导绍兴市、金华市做好创新型城市改革政策研究，制定新昌等首批5个国家创新型县(市)建设实施方案，推进各项工作落实。根据科技部和中国科学技术信息研究所公布的《国家创新型城市创新能力监测报告2019》和《国家创新型城市创新能力评价报告2019》，在72个国家创新型城市中，浙江省6个设区市全部位列前50，其中杭州排名第二，宁波排名第十九，湖州在19个支撑绿色发展型城市中排名第一。

三、重点调研课题

2019 年，全省科技系统针对科技发展的热点和难点问题，深入开展调查研究工作，其中省科技厅安排厅领导重点调研课题 15 项（表 2－1－1），取得了一批高质量、有实效的调研成果，提升了科技创新的决策和服务水平，为加快建设创新强省贡献智慧和力量。

表 2－1－1　2019 年浙江省科技厅重点调研课题

序号	项目名称	参与（依托）单位
1	超常规力度推进创新强省建设提升区域创新能力位次的思路和举措研究	省科技厅办公室、规划处、省信息院（战略院）、各相关处室（局）
2	推广应用企业研发项目信息管理系统提升全社会研发投入的对策研究	省科技厅规划处、机关党委、法规处、省信息院（战略院）
3	将 G60 科创走廊（浙江段）打造成为长三角区域协同创新高地的对策研究	省科技厅成果处、省信息院（战略院）、省发展规划研究院、杭州市科技局、嘉兴市科技局、湖州市科技局、绍兴市科技局、金华市科技局、衢州市科技局
4	浙江省“十四五”时期优化提升创新生态的目标、思路和举措研究	省科技厅规划处、各相关处室（局）、省信息院（战略院）
5	科技创新支撑农业农村高质量优先发展的对策研究	省科技厅农村处、省信息院（战略院）
6	关于以党建引领科技创新高质量发展的探索与思考	省科技厅机关党委、办公室、人事处、省信息院（战略院）
7	浙江省科研诚信标准体系建设及其机制研究	省科技厅监督处、中国计量大学、省信息院（战略院）
8	提升我省开放创新水平的对策研究	省科技厅合作处、高新处、外专局、省对外科技交流中心
9	推进高新技术产业高质量发展的对策研究	省科技厅高新处、农村处、社发处、成果处、省信息院（战略院）
10	我省基础研究若干重点方向的发展路径研究	省科技厅基金办、基础处、规划处、高新处、社发处
11	全面实施“科技新政”背景下市县党政领导科技进步目标责任制改革及指标体系完善	省科技厅法规处、规划处、省信息院（战略院）
12	完善浙江省基础研究体系建设的对策研究	省科技厅基础处、规划处、省信息院（战略院）
13	加强分析研判健全知事识人体系的实践与思考	省科技厅人事处
14	外国专家工作站建设管理机制研究	省科技厅外专局、省信息院（战略院）
15	加快打造生命健康创新高地的对策研究	省科技厅社发处、法规处、规划处、基础处、农村处

第二章　科技成果转化

围绕打造全国一流的科技成果交易中心和面向全球的技术转移枢纽,聚焦科技成果转移转化的关键问题和薄弱环节,全链条系统推进科技成果转化,积极打造区域科技成果转移转化的最优生态。

一、国家科技成果转移转化示范区建设

(一) 科技大市场建设

研究制定《浙江省技术转移体系建设实施方案》,推进全球技术交易大市场、中国(浙江)科技成果交易所、网上技术市场3.0建设,谋划组建中国(浙江)科技成果交易中心,加速打造集线上服务平台、线下服务中心和技术转移生态体系的"互联网+"浙江科技大市场。截至2019年年底,已经形成由1个省级中心、11个市级市场、94个县级分市场和29个专业市场组成的科技成果线上平台。线下大市场已建成59家,覆盖了全省11个设区市。2019年,浙江科技大市场共发布技术难题5030项、科技成果20327项,成交并签约1976项,成交金额62亿元,同比增长10.71%。

(二) 科技成果竞价拍卖

加快推进科技成果竞拍专业化、常态化、品牌化,进一步擦亮"浙江拍"金字招牌。2019年"浙江拍"线下举办拍卖会20场,成交316项,起拍价3.07亿元,成交价4.05亿元,溢价率31.8%,全年实现技术交易合同额1475.83亿元。"浙江拍"的成效得到时任浙江省委书记车俊的批示肯定。2019年年底,以"科技潮涌长三角,创新浙江赢未来,不忘初心70载,砥砺前行再出发"为主题,成功举办2019中国浙江网上技术市场活动周活动,先后开展浙江省科技成果竞价(拍卖)会、第四届中国创新挑战赛(浙江)暨2019年浙江省技术需求"张榜招贤"大赛等活动。拍卖会共汇集科技成果86项,其中高校院所科技成果45项,企业科技成果41项,总起拍价8685.5万元,涉及数字经济、工业制造、生命科学、新材料、节能环保等技术领域。最终72项科技成果成功拍出,成交价1.0714亿元,溢价率达30%。

(三) 技术经纪人队伍建设

按照"懂技术、会经营、复合型、高水平、专业化"要求,浙江积极推进技术经纪人队伍建设,大力促进科技成果转化和技术成果交易。2019年,举办9期技术经纪人培训班,参训1013人次,获证975人次,其中省级1期参训164人次,获证161人次。积极探索技术经济高层次人才培训实践,举办技术经纪人理论及应用高级研修班4期,培训学员628人。截至2019年年底,全省累计培训技术经纪人7932人次,认定重点科技中介服务机构99家,促成技术转让、技术开发项目5000余项。

二、科技孵化器建设

积极扶持培育一批新型科技企业孵化器，推进高新区科技企业孵化器全覆盖，打造“创业苗圃—孵化器—加速器”的创业孵化链条。加快发展以企业为主体、投资多元化、市场化运作、政府扶持的科技创新孵化体系。2019年，新认定传媒文化创意产业园等省级科技企业孵化器29家（表2－2－1），高新汇·三维信息科技园等14家孵化器被认定为国家级科技企业孵化器。截至2019年年底，全省拥有省级以上科技企业孵化器123家，其中国家级82家。

表2－2－1　2019年新认定省级科技企业孵化器

序号	所在地区	孵化器名称	单位名称	类型
1	杭州市	传媒文化创意产业园	杭州广传企业管理有限公司	专业型
2	杭州市	华媒科创园	杭州华媒科创园区管理有限公司	综合型
3	杭州市	杭州智慧产业园孵化器	杭州润龙文化创意有限公司	综合型
4	杭州市	卓信产业园	浙江卓信科技股份有限公司	综合型
5	杭州市	传化国际科创园	杭州传化科技城有限公司	专业型
6	杭州市	创鑫时代广场孵化器	奕玄通（杭州）信息科技有限公司	专业型
7	台州市	星谷科技产业园孵化器	浙江星星电子商务发展有限公司	综合型
8	杭州市	博济滨江智谷	杭州博临企业管理服务有限公司	综合型
9	湖州市	湖州市南太湖科技创新中心	湖州市南太湖科技创新中心	综合型
10	杭州市	杨林科技创业中心	杨林控股有限公司	专业型
11	杭州市	IX－WORK京崎科技园	京崎科技（杭州）有限公司	综合型
12	杭州市	杭州上峰电商产业园	杭州上峰电子商务产业园有限公司	综合型
13	台州市	温岭市科技创业服务中心	温岭市科技创业发展有限公司	综合型
14	宁波市	复旦杭州湾科创园	宁波杭州湾新区复旦科创园管理有限公司	综合型
15	杭州市	未来研创园	杭州取一企业管理有限公司	综合型
16	杭州市	海创科技中心	浙江海创电子商务有限公司	综合型
17	金华市	金华北大科技园	浙江北大科技园有限公司	综合型
18	杭州市	国脉科技园	浙江国脉电信设备有限公司	专业型
19	湖州市	南太湖青年科技创业园	长兴煤山持恩青年科技创业园发展有限公司	综合型
20	杭州市	杭州人工智能产业园	杭州智滨科技服务有限公司	综合型
21	嘉兴市	凤岐茶社数字经济孵化器	汉荣（桐乡乌镇）信息科技有限公司	专业型
22	台州市	玉汽科技孵化器	浙江玉汽运输集团有限公司	专业型
23	杭州市	杭州萧山（中国）五金机械科技创新园	杭州萧山义桥科创园企业管理有限公司	专业型
24	杭州市	运河（国际）跨境电子商务园	杭州平定投资有限公司	专业型
25	金华市	浙江菁英电商产业园	浙江菁英电商管理服务有限公司	综合型
26	温州市	平阳县科技企业孵化器	平阳县科技创业服务中心	综合型

续表

序号	所在地区	孵化器名称	单位名称	类型
27	湖州市	中节能湖州产业园孵化平台	中节能(湖州)环保科技有限公司	专业型
28	丽水市	遂昌向上创业园	浙江遂昌暨阳山海协作产业园开发有限责任公司	综合型
29	杭州市	新湾科创园	杭州汇林科技有限公司	综合型

三、众创空间培育

充分利用国家和省级高新区、特色小镇、科技企业孵化器、小微企业创业基地、大学科技园和高校、科研院所的有利条件，发挥行业领军企业、创业投资机构、社会组织等社会力量的主力军作用，构建一批低成本、便利化、全要素、开放式的新型创业服务平台，为广大创业创新者提供良好的工作空间、网络空间、社交空间和资源共享空间。2019 年，全要素空间等 120 家众创空间通过省级众创空间备案。截至 2019 年年底，全省有省级以上众创空间 489 家，其中国家备案众创空间 114 家；大学科技园 6 个。委托第三方机构浙江省科技企业孵化器协会开展众创空间绩效评价，经过评估，宁波中科院创客空间等 26 家众创空间被增选为年度优秀众创空间(表 2－2－2)。

表 2－2－2　2019 年度浙江省优秀众创空间

序号	空间名称	企业名称	所属辖区
1	宁波中科院创客空间	宁波高新区中科众创创业服务有限公司	宁波市
2	宁波众创空间	宁波市创新创业管理服务中心	宁波市
3	中国(衢州)网红星耀城	浙江乐雷德投资管理有限公司	衢州市
4	温州大学众创空间	温州大学	温州市
5	宁波新材料创客中心	宁波高晟新材料初创产业园发展有限公司	宁波市
6	中宙 · 信天翁跨境电商众创空间	杭州信天翁电子商务有限公司	杭州市
7	润湾创客中心	浙江润湾投资咨询有限公司	杭州市
8	衢州市大学生创业园西区园众创空间	浙江阿帕科技有限公司	衢州市
9	楼友会	杭州楼友会创客商务有限公司	杭州市
10	极客创业营	杭州极讯企业管理有限公司	杭州市
11	良仓众创空间	杭州良仓投资管理有限公司	杭州市
12	创客码头	中国(舟山)海洋科学城建设管理局	舟山市
13	鄞州区大学生(青年)创业园 7 号众创空间	宁波市鄞州鄞创大学生创业园管理服务有限公司	宁波市
14	慧空间	慧空(杭州)科技服务有限公司	杭州市
15	湾西加速器	杭州湾西科技有限公司	杭州市
16	Forte 孵化器	科迪(杭州)科技服务有限公司	杭州市
17	宁波新材料众创空间	宁波新材料科技城创新创业发展有限公司	宁波市
18	天和众创	杭州天陆股权投资管理有限公司	杭州市

续表

序号	空间名称	企业名称	所属辖区
19	拎包客青年创业社区	杭州窝牛资产管理有限公司	杭州市
20	温州产业科技众创空间	温州职业技术学院	温州市
21	创立方众创空间	浙江启明投资管理有限公司	温州市
22	浙江工贸学院众创空间	浙江工贸职业技术学院	温州市
23	全要素空间	杭州全要素科技服务有限公司	杭州市
24	君山众创空间	浙江天逸网络科技有限公司	杭州市
25	象山橙堡众创空间	象山橙堡文化发展有限公司	宁波市
26	中科软智 D－Space 超级加速时空	缔时空(杭州)企业管理有限公司	杭州市

第三章　科技创新平台与载体

一、企业技术研发机构

（一）省级高新技术企业研发中心

深入贯彻落实科技企业“双倍增”行动计划，聚焦进一步加快科技成果转化和高新技术产业发展，大力推动省级高新技术企业研发中心建设，在集聚创新资源、开展关键核心技术攻关等方面提供了重要支撑。2019 年，全省新认定省级高新技术企业研发中心 623 家。截至 2019 年年底，全省高新技术企业研发中心累计达 4581 家，比 2018 年增长 15.7%（图 2－3－1）。

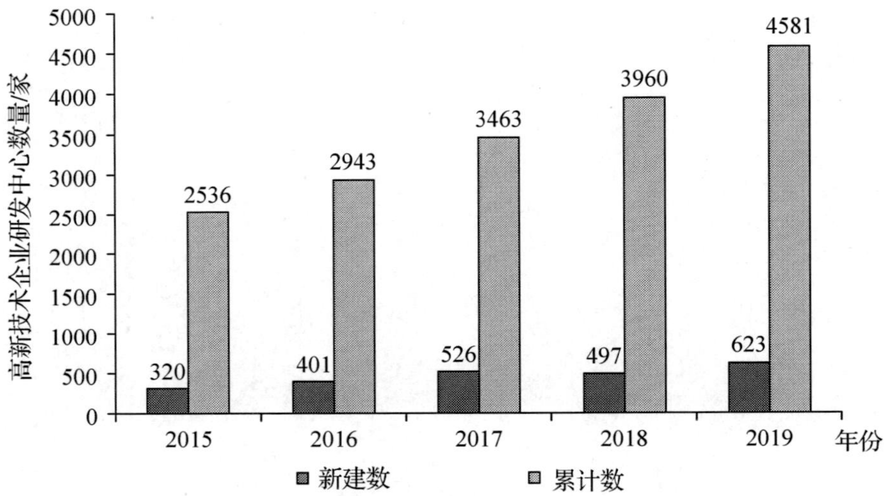

图 2－3－1　2015—2019 年浙江省高新技术企业研发中心建设情况

（二）企业技术中心

近年来，以促进科技、经济有效结合为着力点，浙江系统推进企业技术创新体系建设，梯次化推进企业技术中心培育创建，支持创新型企业创建国家级企业技术中心，打造引领企业创新发展的中坚力量。2019 年，新认定浙江古纤道绿色纤维有限公司等 102 家省级企业技术中心，杭州中美华东制药有限公司等 12 家企业技术中心通过国家认定（表 2－3－1），浙江省国家级企业技术中心累计达 131 家（图 2－3－2）。

表 2-3-1 2019 年新认定的国家级企业技术中心

序号	企业名称	企业技术中心名称
1	杭州中美华东制药有限公司	杭州中美华东制药有限公司技术中心
2	新华三技术有限公司	新华三技术有限公司技术中心
3	浙江宇视科技有限公司	浙江宇视科技有限公司技术中心
4	浙江五洲新春集团控股有限公司	浙江五洲新春集团控股有限公司技术中心
5	浙江华康药业股份有限公司	浙江华康药业股份有限公司技术中心
6	浙江皇马科技股份有限公司	浙江皇马科技股份有限公司技术中心
7	慈兴集团有限公司	慈兴集团有限公司技术中心
8	宁波激智科技股份有限公司	宁波激智科技股份有限公司技术中心
9	赛尔富电子有限公司	赛尔富电子有限公司技术中心
10	宁波欣达(集团)有限公司	宁波欣达(集团)有限公司技术中心
11	建新赵氏集团有限公司	建新赵氏集团有限公司技术中心
12	宁波拓普集团股份有限公司	宁波拓普集团股份有限公司技术中心

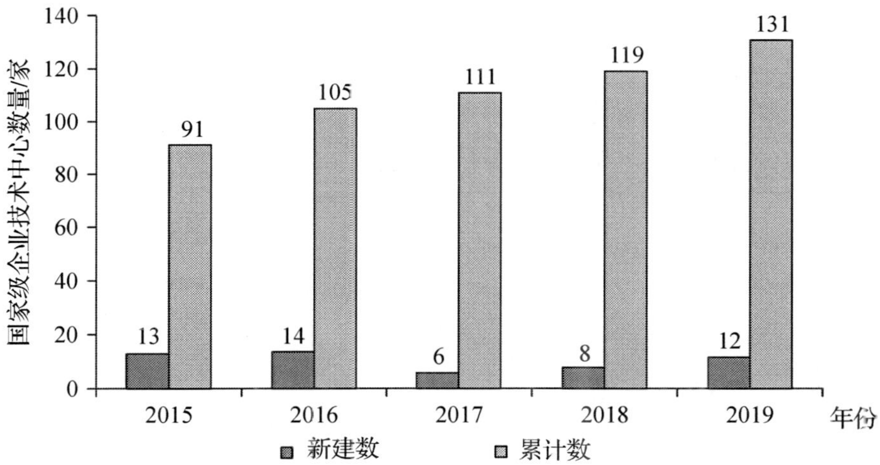

图 2-3-2 2015—2019 年浙江省国家级企业技术中心建设情况

(三)省级(重点)企业研究院

自 2012 年启动建设省级(重点)企业研究院以来,省、市、县联合,围绕纯电动汽车、光伏发电装备、智能纺织印染装备、智慧医疗操作系统软件、云服务云工程、医疗设备等产业链,布局建设了一批创新能力强、带动能力强的省级(重点)企业研究院,并配套实施重大关键核心技术攻关、青年科学家培养计划等“三位一体”政策举措,对补强创新链短板、提升产业链整体水平发挥了巨大作用。2019 年,全省新认定省级企业研究院 290 家。截至 2019 年年底,全省累计建设省级企业研究院 1387 家、重点企业研究院 251 家(图 2-3-3),全面覆盖数字经济、生命健康等浙江战略性新兴产业领域,在提升产业基础高级化和产业链现代化水平方面发挥着重要作用。

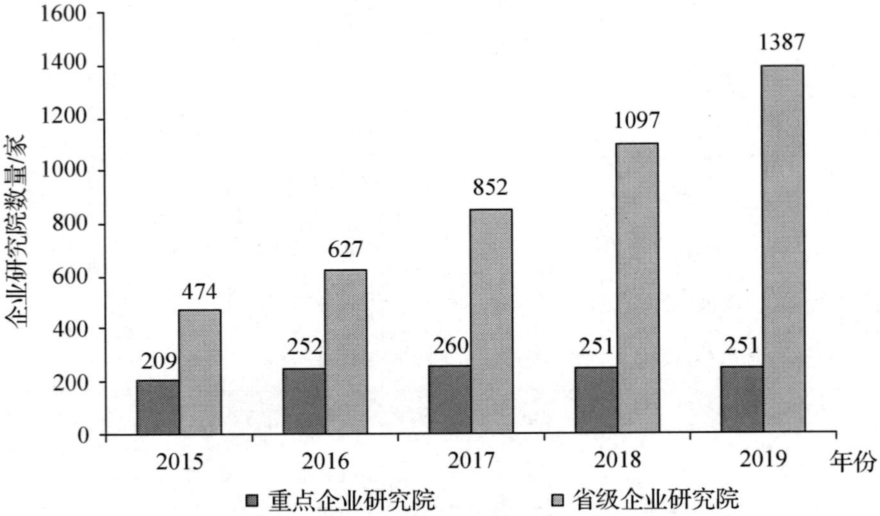

图 2-3-3　2015—2019 年浙江省级企业研究院和重点企业研究院建设情况

二、实验室体系

（一）之江实验室

2019 年，是之江实验室夯实基础的关键之年。之江实验室秉持“高原造峰”理念，牢记“打造国家战略科技力量”的使命，以无我境界，全力打造突破型、引领型、平台型一体的新型科研机构，在集聚高端人才、优化科研布局、谋划大装置建设、推进园区建设以及创新体制机制等方面取得了重要进展，为争取国家实验室布局奠定了坚实的基础。

1. 科研布局优化成型。实验室围绕人工智能和网络信息，进一步聚焦，面向智能感知、未来网络、大数据分析、人工智能以及交叉应用等重点领域，形成了“三院多中心”科研组织架构体系，其中智能感知、未来网络、人工智能三个研究院已经初步成型。

2. 人才队伍初步建立。顶尖人才引进取得重大突破，员工总数突破 1100 人，全职固定人员和双聘流动人员比例约为1∶2。科研人员博士占比超过 50%，具有海外留学或者工作经历的达到 46%，来自全球前 100 名高校的达 41%。基本建立“从首席科学家，到高级项目负责人，到项目负责人，到科研骨干，到科研人才”稳定的科研项目团队金字塔梯队。

3. 科研攻关不断强化。积极探索市场经济条件下科技创新新型举国体制的科研组织模式，共获得来自国家网信办、国家发改委、工信部、科技部、人社部等部委批复的 22 个国家级项目，项目经费 2. 53 亿元，其中千万级项目 6 项，基本具备承接国家战略任务的能力。

4. 平台建设成效显著。实验室自主研发并真正能够做到开源开放的“天枢人工智能开源开放平台”正式对外发布。重大科学装置谋划取得重要进展，“跨尺度量子态超精密测量与观测”“工业控制系统信息安全大型实验装置”等 6 个大科学装置已启动建设方案编制，形成“2 + 2 + 2”的分步建设架构。

5. 体制机制不断完善。“一体两核多点”良性互动机制彰显活力，与浙江大学和阿里巴巴集团共同推进混合所有制事业单位体制机制创新。“多点”的布局取得积极进展，与海康、新华三等单位构建基础研发与产业链条衔接的合作创新机制。改革人才评价方式，坚持实际贡献和破除“四唯”导向，积极探索面向创新质量和实际贡献的职称自主评聘办法。

6. 园区建设顺利开展。充分利用现有人工智能小镇3万多方楼宇空间，因地制宜，进行充分调研与规划，构建相对完善的基础科研软硬件设施（设备）体系，满足现阶段实验室各科研院（中心）的科研工作需求。实验室南湖新园区建设加速推进。

（二）国家重点实验室（工程技术研究中心）

积极推动国家重点实验室培育与提升，重点建设高校学科、龙头企业、省部共建、军民融合等国家重点实验室，完善国家级创新载体布局建设。推动浙江省农科院与宁波大学联合创建“农产品质量安全危害因子与风险防控国家重点实验室”，浙江工业大学创建“绿色化学合成技术国家重点实验室”，西湖大学创建“结构生物学国家重点实验室”，中电海康集团创建“自旋电子与集成电路系统国家重点实验室”，浙江大学创建“区块链技术国家重点实验室”等。支持阿里巴巴集团和杭州市推进国家城市大脑技术创新中心建设。截至2019年年底，全省共有国家重点实验室14个（表2－3－2），其中学科国家重点实验室11个、企业国家重点实验室1个、省部共建国家重点实验室2个，国家工程技术研究中心14个（表2－3－3）。

表2－3－2　在浙国家重点实验室

序号	名称	依托单位	批复时间
1	硅材料国家重点实验室	浙江大学	1985年
2	化学工程联合国家重点实验室	浙江大学	1987年
3	计算机辅助设计与图形学国家重点实验室	浙江大学	1989年
4	工业控制技术国家重点实验室	浙江大学	1989年
5	现代光学仪器国家重点实验室	浙江大学	1989年
6	流体动力与机电系统国家重点实验室	浙江大学	1989年
7	植物生理学与生物化学国家重点实验室	中国农业大学、浙江大学	2002年
8	水稻生物学国家重点实验室	中国水稻研究所、浙江大学	2003年
9	能源清洁利用国家重点实验室	浙江大学	2005年
10	卫星海洋学与海洋环境动力过程国家重点实验室	国家海洋局第二海洋研究所	2005年
11	传染病诊治国家重点实验室	浙江大学	2007年
12	含氟温室气体替代及控制处理国家重点实验室	浙江省化工研究院有限公司	2015年
13	省部共建眼视光学和视觉科学国家重点实验室	温州医科大学	2017年
14	省部共建亚热带森林培育国家重点实验室	浙江农林大学	2017年

表 2-3-3 在浙国家工程技术研究中心

序号	名称	依托单位	批复时间
1	国家液体分离膜工程技术研究中心	国家海洋局	1991 年
2	国家光学仪器工程技术研究中心	浙江大学	1994 年
3	国家消耗臭氧层物质替代品工程技术研究中心	浙江省化工研究院	1999 年
4	国家电液控制工程技术研究中心	浙江大学	2000 年
5	国家氟材料工程技术研究中心	巨化集团公司	2002 年
6	国家木质资源综合利用工程技术研究中心	浙江农林大学	2008 年
7	国家造纸化学品工程技术研究中心	杭州市化工研究所有限公司	2009 年
8	国家数码喷印工程技术研究中心	杭州宏华数码科技股份有限公司	2008 年
9	国家列车智能化工程技术研究中心	浙江大学、浙大网新科技股份有限公司	2011 年
10	国家茶产业工程技术研究中心	中国农业科学研究院茶叶研究所	2007 年
11	国家海洋设施养殖工程技术研究中心	浙江海洋学院	2011 年
12	国家黄酒工程技术研究中心	中国绍兴黄酒集团有限公司	2011 年
13	国家眼视光工程技术研究中心	温州医科大学	2013 年
14	国家化学原料药合成工程技术研究中心	浙江工业大学	2013 年

（三）省级重点实验室（工程技术研究中心）

按照“优化提升一批、整合重组一批、谋划新建一批”的要求，坚持建管结合、动态管理，改革省级重点实验室体系组建方式，采取自由申报、主动布局、联合组建和信用制建设相结合的组建模式，加快推进省级重点实验室提质增效。引导省级重点实验室以学科发展需求为基础，以开展多学科协同研究为纽带，探索组建联合实验室和实验室联盟。2019 年，全省新认定省级重点实验室 27 家（表 2-3-4）、培育 10 家，其中数字经济领域 11 家、生命健康领域 15 家。截至 2019 年年底，全省累计建设省级重点实验室 294 家、省级工程技术研究中心 86 家。据统计，省级重点实验室（工程技术研究中心）科研用房面积达到 176.5 万平方米，仪器设备总值超过 199 亿元，集聚科技人才 18341 人。2019 年获得省部级以上项目 2165 项，横向项目 3044 项；获省部级以上奖励 73 项，其中国家科学技术奖 4 项。

表 2-3-4 2019 年新认定省级重点实验室

序号	省级重点实验室名称	依托单位
1	浙江省地学大数据与地球深部资源重点实验室	浙江大学
2	浙江省量子精密测量重点实验室	浙江工业大学
3	浙江省稀土光电材料与器件重点实验室	中国计量大学
4	浙江省航空发动机极端制造技术研究重点实验室	中国科学院宁波材料技术与工程研究所

续表

序号	省级重点实验室名称	依托单位
5	浙江省运动系统疾病研究与精准诊治重点实验室	浙江大学医学院附属第二医院
6	浙江省微纳卫星研究实验室	浙江大学、浙江省土地勘测规划院
7	浙江省增龄与理化损伤性疾病诊治研究重点实验室	浙江大学医学院附属第一医院
8	浙江省农村水利水电资源配置与调控关键技术重点实验室	浙江水利水电学院
9	浙江省免疫与炎症疾病重点实验室	浙江大学
10	浙江省脑机协同智能重点实验室	杭州电子科技大学
11	浙江省临床肿瘤药理与毒理学研究重点实验室	杭州市第一人民医院、杭州市肿瘤医院
12	浙江省影视媒体技术研究重点实验室	浙江传媒学院
13	浙江省现代农业资源智慧管理与应用研究重点实验室	湖州师范学院
14	浙江省城市轨道交通智能运维技术与装备重点实验室	浙江师范大学、神州高铁技术股份有限公司
15	浙江省智能预防医学重点实验室	浙江大学
16	浙江省慢性肝病重症化精准诊治与转化重点实验室	温州医科大学附属第一医院
17	浙江省心血管介入与再生修复研究重点实验室	浙江大学医学院附属邵逸夫医院
18	浙江省无人机技术重点实验室	浙江大学德清涡轮机械与推进系统研究院、浙江大学
19	浙江省有机废弃物转化及过程强化技术重点实验室	宁波诺丁汉大学
20	浙江省中医脑病重点实验室	浙江中医药大学
21	浙江省园林植物种质创新与利用重点实验室	浙江农林大学
22	浙江省衰老与癌变生物学重点实验室	杭州师范大学
23	浙江省城市环境过程与污染控制重点实验室	中国科学院宁波城市环境观测研究站
24	浙江省深远海风电技术研究重点实验室	中国电建集团华东勘测设计研究院有限公司
25	浙江省蚕蜂资源利用与创新研究重点实验室	浙江大学、巴贝集团有限公司、浙江省农科院
26	浙江省功能分子精准合成重点实验室	西湖大学
27	浙江省生长调控和转化研究重点实验室	西湖大学

三、产业创新服务综合体

2019 年，浙江高规格召开全省产业创新服务综合体建设现场推进会，研究制定《浙江省省级产业创新服务综合体管理考核办法（试行）》，努力打造创新联合体标杆。2019 年，省市县三级创建产业创新服务综合体 126 家，其中省级 53 家（表 2－3－5）。截至

2019年年底,全省累计建设省市县三级产业创新服务综合体257家,其中省级106家(创建类98家、培育类8家),覆盖全部11个设区市和70%的县(市、区)。从设区市分布情况看,杭州、宁波最多,均建有13家;嘉兴、绍兴、台州次之,均建有12家;温州11家、湖州9家、金华7家、衢州7家、丽水6家、舟山4家(图2-3-4)。

经过两年多的大力推进,省级综合体的建设已经取得了阶段性成效。一是创新资源要素加速集聚。省级综合体共集聚创新服务载体5273家,其中重点实验室230家、知识产权服务机构829家、检测机构231家,集聚高端人才团队3019个,综合体内企业累计获得科技金融资金支持1164亿元。二是产学研协同创新有效开展。省级综合体累计引进大院名校共建创新载体955家,产业集群内企业共承担省级以上产学研合作项目1721个,解决技术难题1.2万个。三是创新服务能力显著增强。2019年,省级综合体新培育国家高新技术企业1016家、科技型中小企业2400家,共服务企业14.1万家、37万次,引导研发投入742亿元,相关产业营业收入超过3万亿元。

表2-3-5　2019年新认定省级产业创新服务综合体

序号	类型	名称
1	创建类	浙江省杭州上城健康服务与大数据产业创新服务综合体
2		浙江省杭州拱墅汽车互联网产业创新服务综合体
3		浙江省杭州滨江集成电路设计与测试产业创新服务综合体
4		浙江省杭州余杭先进碳材料产业创新服务综合体
5		浙江省杭州萧山智能物联产业创新服务综合体
6		浙江省富阳信息经济核心产业创新服务综合体
7		浙江省建德通用航空产业创新服务综合体
8		浙江省宁波新型光电显示产业创新服务综合体
9		浙江省宁波鄞州纺织服装产业创新服务综合体
10		浙江省慈溪智能家电产业创新服务综合体
11		浙江省余姚光电信息产业创新服务综合体
12		浙江省宁波北仑文创产业创新服务综合体
13		浙江省宁波北仑智能装备产业创新服务综合体
14		浙江省温州龙湾眼视光产业创新服务综合体
15		浙江省温州瓯海智能锁具产业创新服务综合体
16		浙江省温州瓯海眼镜产业创新服务综合体
17		浙江省温州鹿城鞋业产业创新服务综合体
18		浙江省乐清物联网传感器产业创新服务综合体
19		浙江省平阳印包装备产业创新服务综合体
20		浙江省龙港印刷产业创新服务综合体
21		浙江省湖州生命健康产业创新服务综合体
22		浙江省湖州南浔绿色家居产业创新服务综合体
23		浙江省湖州吴兴童装产业创新服务综合体

续表

序号	类型	名称
24	创建类	浙江省嘉兴秀洲智能装饰产业创新服务综合体
25		浙江省嘉兴港区智慧化工新材料产业创新服务综合体
26		浙江省嘉善通信电子产业创新服务综合体
27		浙江省海宁家纺产业创新服务综合体
28		浙江省海宁皮革时尚产业创新服务综合体
29		浙江省平湖汽车零部件产业创新服务综合体
30		浙江省绍兴黄酒产业创新服务综合体
31		浙江省绍兴越城医疗器械产业创新服务综合体
32		浙江省绍兴越城集成电路产业创新服务综合体
33		浙江省诸暨珍珠产业创新服务综合体
34		浙江省嵊州真丝·领带产业创新服务综合体
35		浙江省兰溪棉纺织产业创新服务综合体
36		浙江省衢州空气动力装备产业创新服务综合体
37		浙江省衢州柯城柑桔产业创新服务综合体
38		浙江省衢州衢江高性能纸及纤维复合新材料产业创新服务综合体
39		浙江省舟山定海远洋渔业产业创新服务综合体
40		浙江省舟山定海金塘塑机螺杆产业创新服务综合体
41		浙江省台州路桥机电产业创新服务综合体
42		浙江省台州湾产业集聚区智能缝制装备产业创新服务综合体
43		浙江省玉环汽车零部件产业创新服务综合体
44		浙江省天台大车配产业创新服务综合体
45		浙江省云和木制玩具产业创新服务综合体
46		浙江省遂昌金属制品产业创新服务综合体
47		浙江省庆元竹木产业创新服务综合体
48	培育类	浙江省德清生物医药产业创新服务综合体
49		浙江省绍兴现代医药产业创新服务综合体
50		浙江省绍兴柯桥现代建筑产业创新服务综合体
51		浙江省义乌信息光电产业创新服务综合体
52		浙江省温岭工量刃具产业创新服务综合体
53		浙江省仙居甾体药物产业创新服务综合体

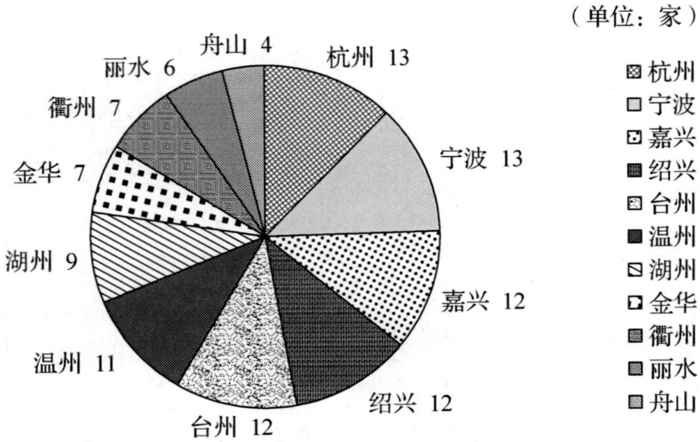

图 2－3－4　省级产业创新服务综合体区域分布情况

四、杭州城西科创大走廊

对标国际一流，集全省之力，持续推动杭州城西科创大走廊建设，创新要素集聚模式，加大重大科研基础设施、新型基础设施和新型研发机构建设力度，打造面向世界、引领未来、辐射全省的创新策源地。召开杭州城西科创大走廊第五次联席会议，印发《杭州城西科创大走廊创新发展专项资金管理办法》。推进杭州城西科创大走廊与 G60 科创走廊、甬江科创大走廊、环大罗山科创走廊融通对接发展。2019 年，浙江获国家科技奖的成果超六成源自杭州城西科创大走廊，入选国家重点研发计划的项目超八成落户于大走廊，入选国家级杰青、优青的人才近九成在大走廊工作。2019 年，大走廊人才净流入率达 24.56%，成为全省密度最高、增长最快、最具活力的人才高地。目前杭州城西科创大走廊已形成以数字经济为引领，涵盖人工智能、生命科学等 6 个重点领域的产业体系，总投资超过 1000 亿元，聚集了杭州 40% 以上的独角兽企业，高新技术产业增加值占产业增加值比重超过 91%，已成为浙江创新发展的新高地。

五、西湖大学

围绕打造生命健康世界科技创新高地主阵地的目标，聚力推进西湖大学建设。研究制定《关于支持西湖大学打造生命健康世界科技创新高地主平台的意见》，省财政四年间安排 4 亿—5 亿元额度的专项经费支持其发展，支持西湖大学享受科研仪器设备进口免税政策。

（一）人才引进步伐不断加快

2019 年以来新签约学术人才 33 人，总数达 111 人，其中入选国家海外高层次人才引进计划 31 人；博士后科研工作站获批独立招收权，已招收进站 79 人。

（二）科研创新能力持续提升

获得国家自然科学基金项目 30 项，立项率达 41.1%，居全国领先水平。以第一作者、通讯作者身份在国内外学术期刊发表论文 65 篇，累计 141 篇；其中在 CNS 期刊、子刊及 PNAS 等顶级期刊上发表 15 篇，累计 26 篇。

（三）学生培养体系日益完善

录取2019级博士研究生195人，在校生总数达334人；生物学、电子科学与技术两个学科列入省一流A类学科；启动博士生独立招生权申报工作，做好博士学位授予权申报前期准备。

（四）主校区建设加快推进

主校区云谷校区建设工程全面启动，一期建设用地约635亩，总建筑面积约45.6万平方米。

六、引进大院名校共建创新载体

制定《浙江省引进大院名校共建高端创新载体实施意见》，新引进共建中科院肿瘤与基础医学研究所、长三角柔性电子技术协同创新中心、中国工程科技发展战略浙江研究院、天津大学浙江研究院、中法航空大学等一批高水平新型创新载体，累计近1000家，以引进大院名校共建创新载体为核心的资源集聚模式日趋成熟。如中科院肿瘤与基础医学研究所以省肿瘤医院为依托，由省政府和中科院共建，是中科院首个以肿瘤医学为主要研究方向的专业研究机构，也是浙江省引进的首个国家级生命健康研究机构。中法航空大学是在浙江省政府及中法企业的支持下，由中国北京航空航天大学和法国国立民航大学合作共建的一所高水平、国际化、新机制的航空大学，建成后将发挥中外合作办学制度优势，为我国乃至世界航空领域培养多学科交叉、复合型、创新型的高端专业人才，推动航空领域科技发展，助力中国航空产业走向世界。

第四章　工业科技

一、高新技术企业和科技型中小企业

（一）高新技术企业

2019年，浙江省分批开展高新技术企业认定工作，全年累计认定高新技术企业（以下表中简称“高企”）6978家（表2－4－1）。截至2019年年底，全省有效高新技术企业累计达16316家（表2－4－2）。

表2－4－1　2019年按地区分的全省高新技术企业认定数（单位：家）

杭州	宁波	温州	嘉兴	湖州	绍兴	金华	衢州	舟山	台州	丽水	合计
2581	815	784	747	357	541	452	148	72	355	126	6978

根据对16152家高新技术企业的统计，全省高新技术企业合计实现营业收入36365亿元，相当于规上工业的48.5%；工业总产值28956亿元，相当于规上工业的39.7%；利税总额5422亿元，相当于规上工业的72.6%。全省高新技术企业投入研究开发经费1980.5亿元，较上年增长9.3%，研究开发经费相当于营业收入的5.45%。

表2－4－2　2010—2019年浙江省高新技术企业数量情况

年份	2010	2011	2012	2013	2014	2015	2016	2017	2018	2019
高企数/家	3565	4258	5008	5798	6859	7905	9474	11462	14586	19380
有效高企数/家	3558	3973	4513	5137	5773	6437	7705	9152	11931	16316
有效高企数相当于规上工业企业比重/%	5.54	12.4	13.72	14.66	16.79	19.32	19.16	22.38	29.40	37.19

1. 各市高新技术企业发展情况。2019年，浙江省高新技术企业地区分布及与当地规上企业的对比情况详见表2－4－3。

表2－4－3　2019年浙江省各地市高新技术企业情况

地区	有效高企数/家	有效高企数占全省比重		有效高企数相当于规上企业数比重	
		统计值/%	位次	统计值/%	位次
杭州	5528	33.88	1	99.95	1
宁波	2149	13.17	2	26.72	8
温州	1816	11.13	3	34.06	5
嘉兴	1750	10.73	4	28.02	7
湖州	937	5.74	7	26.29	9

续表

地区	有效高企数/家	有效高企数占全省比重		有效高企数相当于规上企业数比重	
		统计值/%	位次	统计值/%	位次
绍兴	1344	8.24	5	29.30	6
金华	990	6.07	6	25.20	10
衢州	362	2.22	9	36.57	3
舟山	180	1.10	11	50.70	2
台州	906	5.55	8	21.18	11
丽水	354	2.17	10	34.71	4

据统计，各市高新技术企业的营业收入、工业总产值、利税总额、出口交货值以及位次见表2－4－4。各市高新技术企业的营业收入、工业总产值、利税总额、出口交货值的增长率及其位次见表2－4－5。

表2－4－4　2019年各市高新技术企业发展水平情况

地区	营业收入		工业总产值		利税总额		出口交货值	
	统计值/亿元	位次	统计值/亿元	位次	统计值/亿元	位次	统计值/亿元	位次
杭州市	13464.66	1	6630.71	1	2639.86	1	1273.75	1
宁波市	6203.70	2	5910.09	2	840.73	2	1249.75	2
温州市	2359.38	5	2399.57	5	334.07	5	380.46	8
嘉兴市	4387.97	3	4313.13	3	453.64	3	821.20	3
湖州市	2195.92	6	2109.15	6	207.41	7	449.47	6
绍兴市	2698.24	4	2659.57	4	372.15	4	444.21	7
金华市	1647.96	8	1632.76	8	152.89	8	475.30	5
衢州市	676.85	9	637.06	9	76.46	9	82.07	10
舟山市	190.78	11	177.22	11	-2.62	11	71.47	11
台州市	2130.70	7	2070.47	7	303.87	6	607.49	4
丽水市	409.23	10	415.92	10	43.59	10	89.86	9

表2－4－5　2019年各市高新技术企业经济增长情况

地区	营业收入		工业总产值		利税总额		出口交货值	
	增长率/%	位次	增长率/%	位次	增长率/%	位次	增长率/%	位次
杭州市	28.83	2	20.84	4	13.81	4	20.44	6
宁波市	20.35	7	17.69	6	16.71	3	20.72	5
温州市	22.95	5	22.42	2	32.66	1	20.82	4
嘉兴市	16.09	10	13.99	10	8.70	6	6.43	9
湖州市	19.69	9	16.46	7	-3.52	10	17.15	7
绍兴市	22.23	6	21.08	3	11.70	5	3.50	11
金华市	24.11	3	24.59	1	3.57	9	30.40	1

续表

地区	营业收入		工业总产值		利税总额		出口交货值	
	增长率/%	位次	增长率/%	位次	增长率/%	位次	增长率/%	位次
衢州市	23.91	4	14.71	9	5.02	8	12.44	8
舟山市	42.96	1	14.81	8	-48.69	11	21.59	3
台州市	12.40	11	6.81	11	7.28	7	5.82	10
丽水市	19.82	8	18.90	5	19.16	2	29.07	2

2. 各领域高新技术企业发展情况。2019年，备案认定的6978家企业，主要分布在先进制造与自动化、新材料和电子信息等领域。先进制造与自动化有2617家，占总量的37.5%；新材料和电子信息分别有1507家和1108家，分别占总量的21.6%和15.9%；高技术服务、生物与新医药、资源与环境和新能源与节能分别为781家、371家、357家和223家；航空航天领域14家。各领域高新技术企业的营业收入、工业总产值、利税总额、出口交货值以及位次见表2-4-6。

表2-4-6　2019年高新技术企业所在领域的主要规模指标

领域	营业收入		工业总产值		利税总额		出口交货值	
	统计值/亿元	位次	统计值/亿元	位次	统计值/亿元	位次	统计值/亿元	位次
电子信息	5077.46	3	2961.10	3	870.30	4	800.74	3
生物与新医药	1873.06	6	1848.20	4	364.25	5	453.39	4
航空航天	25.34	8	18.49	8	4.47	15	1.48	18
新材料	10734.75	1	10618.33	1	1262.13	2	2009.63	2
高技术服务	5010.46	4	557.88	7	1337.25	1	128.35	6
新能源与节能	2180.50	5	1765.28	5	199.39	7	316.23	5
资源与环境	1529.92	7	1334.36	6	221.60	6	118.44	7
先进制造与自动化	9933.89	2	9852.01	2	1162.67	3	2116.76	1

高新技术企业从业人员中，从事研究与开发的人员共63.1万人，较上年同期增长18.5%，研发人员占从业人员的比重为19.6%。全年高新技术企业的高新技术产品销售收入为24651.7亿元，较上年同期增长19.2%，占企业总销售收入的81.7%。实现新产品产值17222.5亿元，较上年同期增长14.9%。高新技术企业拥有有效专利44.1万件，其中有效发明专利7.8万件。

2019年，新认定创新型领军企业9家，累计认定44家，累计入库培育领军企业213家。据统计，257家企业2019年合计研发经费336.3亿元，营业收入4517亿元，研发经费占营业收入比重为7.44%，较高企高1.99个百分点；期末拥有有效专利4.8万件，其中发明专利1.7万件。

（二）科技型中小企业

2019年，全省新认定科技型中小企业12779家。截至2019年年底，全省累计认定省级科技型中小企业63677家。全省科技型中小企业分布情况见表2-4-7。

表2-4-7　省级科技型中小企业分布情况

（单位：家）

地区	杭州	宁波	温州	嘉兴	湖州	绍兴	金华	衢州	舟山	台州	丽水	合计
2019年认定数	2613	2574	2213	1041	657	1199	1095	217	171	753	246	12779
累计认定数	13745	15268	8429	4642	3153	6638	3910	1306	959	4495	1132	63677

参与科技型中小企业年度调查的36332家企业的统计数据显示，2019年全省科技型中小企业从业人员262.6万人；营业收入14017亿元，同比增长7.0%；产品销售收入12069亿元，同比增长6.6%；利税总额827亿元，同比增长1.7%；利税占营业收入比重5.9%。企业研发人员47.4万人，占从业人员的比重为18%；研究开发经费1256亿元，同比增长11.9%，占产品销售收入的比重为10.4%。企业累计拥有专利37.4万件，其中发明专利5万件，实用新型专利16.3万件，发明专利和实用新型专利分别占专利总量的13.4%和43.5%。实现高新产品销售收入8898亿元，占产品销售收入的比重为73.7%。各市科技型中小企业统计情况见表2-4-8。

表2-4-8　各市科技型中小企业统计情况

	从业人员/人	营业收入/亿元	研发费用/亿元	利税总额/亿元
全省	2625730	14016.7	1256.2	827.1
杭州	409200	2495.6	482.3	66.4
宁波	136808	714.2	175.2	54.7
温州	493617	2450.8	124.1	45.0
嘉兴	281142	1889.8	89.0	143.8
湖州	329807	1198.9	101.3	106.5
绍兴	311248	1744.5	111.4	157.2
金华	244600	1298.2	70.0	76.5
衢州	53949	377.6	18.7	27.8
舟山	33346	205.6	10.0	2.1
台州	263570	1298.9	57.6	121.4
丽水	68443	342.6	16.6	25.7

科技型中小企业中已有高新技术企业12596家，占2019年年底有效高企总量的77.2%，2013—2019年认定的科技型中小企业中高新技术企业的数量有10878家，占总量的86.4%。

（三）高成长科技型中小企业

2019年，全省认定高成长科技型中小企业1828家。截至2019年年底，累计认定6185家，各地区分布情况见表2-4-9。

表 2-4-9　省级高成长科技型中小企业分布情况

（单位：家）

地区	杭州	宁波	温州	嘉兴	湖州	绍兴	金华	衢州	舟山	台州	丽水	合计
2019年认定数	539	268	179	136	133	180	115	60	52	129	37	1828
累计认定数	1386	1133	627	506	403	626	428	230	202	485	159	6185

二、高新区

截至2019年年底，全省共有国家级高新技术产业开发区8家，省级高新技术产业园区12家，创建中园区29家，其中新批园区5家。从统计数据看（不含当年新批园区，下同），高新区合计实现规上工业增加值5509.1亿元、高新技术产业增加值4162.6亿元、装备制造业增加值3072.1亿元、新产品产值12537.3亿元，同比分别增长6.9%、8.2%、8.2%和6.4%。其中，8家国家级高新区实现规上工业增加值、高新技术产业增加值、装备制造业增加值、新产品产值分别为2171.5亿元、1751.5亿元、1304.6亿元和4643.3亿元；12家省级高新区实现规上工业增加值、高新技术产业增加值、装备制造业增加值、新产品产值分别为1711.4亿元、1014.8亿元、682.2亿元和3252.2亿元；29家创建中省级园区实现规上工业增加值、高新技术产业增加值、装备制造业增加值、新产品产值分别为1830.1亿元、1547.5亿元、1151.2亿元和4840.2亿元。

（一）各国家级高新技术产业开发区发展情况

科技部火炬中心2019年度国家高新区评价结果显示，2019年，浙江8家国家级高新区在157个评价单位中排序名次见表2-4-10。

表 2-4-10　2019年度浙江国家级高新区在国家高新区中排名情况

高新区	综合排名	知识创造和技术创新能力排名	产业升级和结构优化能力排名	国际化和参与全球竞争能力排名	高新区可持续发展能力排名
杭州高新区	10	8	13	8	10
宁波高新区	18	24	14	28	14
温州高新区	90	118	134	54	35
衢州高新区	89	128	62	86	109
绍兴高新区	105	137	55	84	139
萧山临江高新区	158	159	150	119	148
嘉兴秀洲高新区	64	83	89	53	86
湖州莫干山高新区	73	120	83	39	78

注：本评价结果是以2019年统计数据和2019年高新区发展情况为基础。

据统计，2019年各国家级高新区实现的规上工业增加值、高新技术产业增加值、装备制造业增加值、新产品产值以及位次见表2-4-11。各国家级高新区规上工业增加值、高新技术产业增加值、装备制造业增加值、新产品产值增长率及位次见表2-4-12。

表 2-4-11　2019 年各国家级高新区发展水平情况

园区名称	规上工业增加值		高新技术产业增加值		装备制造业增加值		新产品产值	
	统计值/亿元	位次	统计值/亿元	位次	统计值/亿元	位次	统计值/亿元	位次
杭州高新区	642.33	2	631.82	1	596.43	1	1315.80	2
宁波高新区	707.87	1	508.93	2	415.82	2	1456.84	1
绍兴高新区	136.59	5	104.23	6	38.81	6	282.55	6
温州高新区	141.65	4	106.90	5	76.63	3	280.15	7
衢州高新区	126.51	6	107.63	4	35.78	7	312.62	4
萧山临江高新区	215.36	3	154.13	3	66.84	4	531.42	3
嘉兴秀洲高新区	123.62	7	86.70	7	48.88	5	293.47	5
湖州莫干山高新区	77.57	8	51.17	8	25.40	8	170.42	8

表 2-4-12　2019 年各国家级高新区经济增长情况

园区名称	规上工业增加值		高新技术产业增加值		装备制造业增加值		新产品产值	
	增长率/%	位次	增长率/%	位次	增长率/%	位次	增长率/%	位次
杭州高新区	13.0	1	13.4	2	13.3	2	2.0	5
宁波高新区	9.8	3	11.7	3	12.6	3	18.1	3
绍兴高新区	8.4	4	10.4	4	3.4	6	8.0	5
温州高新区	5.9	7	6.3	6	9.4	4	20.1	2
衢州高新区	6.5	6	6.8	5	1.7	7	1.6	7
萧山临江高新区	-6.1	8	-9.0	8	-18.8	8	-4.7	8
嘉兴秀洲高新区	6.7	5	5.0	7	5.4	5	14.9	4
湖州莫干山高新区	12.8	2	18.3	1	17.2	1	22.0	1

（二）各省级高新技术产业园区发展情况

据统计，2019 年各省级高新区实现的规上工业增加值、高新技术产业增加值、装备制造业增加值、新产品产值以及位次见表 2-4-13；规上工业增加值、高新技术产业增加值、装备制造业增加值、新产品产值增长率及位次见表 2-4-14。

表 2-4-13　2019 年各省级高新技术产业园区发展水平情况

园区名称	规上工业增加值		高新技术产业增加值		装备制造业增加值		新产品产值	
	统计值/亿元	位次	统计值/亿元	位次	统计值/亿元	位次	统计值/亿元	位次
嘉兴高新区	120.99	6	49.64	10	54.70	7	135.35	11
湖州高新区	81.43	10	59.85	8	45.09	8	197.16	9

续表

园区名称	规上工业增加值		高新技术产业增加值		装备制造业增加值		新产品产值	
	统计值/亿元	位次	统计值/亿元	位次	统计值/亿元	位次	统计值/亿元	位次
金华高新区	171.90	4	79.67	5	59.85	5	256.71	4
台州高新区	160.70	5	71.32	7	61.89	4	254.85	5
上虞高新区	72.48	11	53.44	9	44.03	9	164.36	10
新昌高新区	113.88	8	108.61	4	64.44	3	213.97	6
余杭高新区	193.50	3	158.44	2	114.26	1	415.80	3
萧山高新区	114.68	7	74.50	6	55.16	6	212.21	7
舟山高新区	18.41	12	7.37	12	10.21	12	11.59	12
嵊州高新区	85.27	9	44.39	11	37.13	10	209.16	8
海宁高新区	273.51	2	179.62	1	113.43	2	729.23	1
柯桥高新区	304.61	1	127.93	3	21.97	11	451.87	2

表 2-4-14　2019 年各省级高新技术产业园区经济增长情况

园区名称	规上工业增加值		高新技术产业增加值		装备制造业增加值		新产品产值	
	增长率/%	位次	增长率/%	位次	增长率/%	位次	增长率/%	位次
嘉兴高新区	3.8	6	9.4	4	3.7	9	0.2	8
湖州高新区	11.1	3	11.7	2	13.3	4	7.6	5
金华高新区	3.6	8	3.9	6	5.8	5	8.3	4
台州高新区	-1.0	11	-5.8	12	-6.4	11	-15.2	11
上虞高新区	2.1	10	-0.7	8	0.7	10	1.1	7
新昌高新区	3.6	7	3.7	7	4.5	6	-2.3	10
余杭高新区	12.4	2	17.5	1	16.8	2	23.5	2
萧山高新区	-3.5	12	-3.6	11	-6.6	12	-0.7	9
舟山高新区	37.3	1	-2.7	10	36.8	1	78.8	1
嵊州高新区	2.3	9	-1.8	9	4.2	8	3.0	6
海宁高新区	7.7	4	10.8	3	14.0	3	11.6	3
柯桥高新区	6.4	5	7.6	5	4.5	6	-22.9	12

（三）各创建中省级高新技术产业园区发展情况

据统计，2019 年各创建中省级高新区实现的规上工业增加值、高新技术产业增加值、装备制造业增加值、新产品产值以及位次见表 2-4-15；规上工业增加值、高新技术产业增加值、装备制造业增加值、新产品产值增长率及位次见表 2-4-16。

表 2－4－15　2019 年各创建中省级高新技术产业园区发展水平情况

园区名称	规上工业增加值		高新技术产业增加值		装备制造业增加值		新产品产值	
	统计值/亿元	位次	统计值/亿元	位次	统计值/亿元	位次	统计值/亿元	位次
杭州青山湖高端装备	75.78	12	65.34	11	57.49	6	270.35	5
舟山船舶装备	15.62	24	13.59	23	5.75	23	22.11	24
永康现代农业装备	61.22	14	47.29	13	52.78	8	136.79	16
湖州现代物流装备	80.60	10	72.67	9	31.05	13	297.79	4
宁波杭州湾高性能新材料	303.35	1	292.76	1	292.28	1	779.88	1
诸暨现代环保装备	96.07	4	65.37	10	66.89	4	246.37	8
余杭生物医药	90.50	7	80.91	8	52.50	9	198.41	11
绍兴现代医药	40.54	19	34.07	18	3.90	24	70.84	19
台州现代医药	86.83	8	81.58	7	34.99	12	256.54	7
嘉兴南湖	95.87	5	86.11	3	69.39	3	354.79	2
宁波江北光电新材料	45.20	17	31.80	19	29.46	14	188.48	13
乌镇大数据	113.31	3	85.62	4	37.88	10	224.29	9
丽缙智能装备	26.51	21	19.62	22	19.81	17	59.64	20
义乌信息光电	55.11	15	38.05	16	24.29	15	128.93	18
嘉善通信电子	95.16	6	84.36	6	60.35	5	268.84	6
长兴新能源	51.32	16	41.84	14	24.25	16	179.64	14
乐清智能电器	136.32	2	128.34	2	129.59	2	333.73	3
平湖先进装备智造	36.72	20	24.20	20	18.38	18	51.21	21
安吉绿色制造	68.66	13	60.22	12	13.03	20	145.70	15
杭州紫金港数字信息	24.65	23	23.34	21	15.99	19	43.45	22
瑞安智能成套装备	85.38	9	84.42	5	55.92	7	218.16	10
江山智能装备	25.79	22	11.19	24	10.02	21	43.13	23
建德功能性新材料	76.44	11	39.46	15	9.42	22	132.65	17
宁波梅山先进制造	43.15	18	35.41	17	35.82	11	188.54	12

表 2-4-16　2019 年各创建中省级高新技术产业园区经济增长情况

园区名称	规上工业增加值		高新技术产业增加值		装备制造业增加值		新产品产值	
	增长率/%	位次	增长率/%	位次	增长率/%	位次	增长率/%	位次
杭州青山湖高端装备	13.1	6	15.6	9	16.4	7	19.0	10
舟山船舶装备	-8.1	24	2.6	19	-20.4	24	-32.6	24
永康现代农业装备	10.8	11	13.5	10	10.4	13	27.2	6
湖州现代物流装备	11.9	9	15.9	8	15.7	9	21.9	8
宁波杭州湾高性能新材料	-3.4	22	-2.6	23	-3.8	22	-4.1	21
诸暨现代环保装备	7.8	17	2.0	21	3.9	19	2.8	20
余杭生物医药	17.1	2	20.2	3	21.2	5	32.4	2
绍兴现代医药	9.2	14	11.3	12	6.0	17	29.2	5
台州现代医药	-4.3	23	-4.4	24	-18.1	23	-22.5	23
嘉兴南湖	15.9	4	19.3	4	19.8	6	19.6	9
宁波江北光电新材料	5.0	20	2.2	20	2.2	21	6.8	17
乌镇大数据	12.0	8	16.1	6	41.2	2	3.3	18
丽缙智能装备	9.9	12	10.0	13	11.4	12	17.0	13
义乌信息光电	12.5	7	20.3	2	44.0	1	22.9	7
嘉善通信电子	17.1	3	15.9	7	24.3	4	17.3	12
长兴新能源	8.3	16	12.7	11	12.9	11	3.1	19
乐清智能电器	9.7	13	10.0	13	10.2	15	14.9	14
平湖先进装备智造	-0.5	21	-0.9	22	2.9	20	-6.0	22
安吉绿色制造	7.1	18	8.0	15	14.0	10	18.0	11
杭州紫金港数字信息	11.5	10	17.0	5	15.9	8	29.6	4
瑞安智能成套装备	6.1	19	5.8	18	7.2	16	9.0	15
江山智能装备	8.8	15	7.1	17	10.4	13	7.3	16
建德功能性新材料	15.3	5	7.5	16	4.2	18	31.0	3
宁波梅山先进制造	19.5	1	30.1	1	28.8	3	53.4	1

第五章　农业与农村科技

2019年，浙江省科技厅按照“十三五”农业科技规划安排，在厅党组的正确领导和科技部农村司的业务指导下，分工负责、协同配合，较好地完成了年度工作任务。

一、参与国家农业农村中长期和“十四五”规划工作

省科技厅加强与农村司、农村中心的日常业务工作对接，配合农村司做好国家农业科技“十四五”规划的前期调研准备工作，安排未来食品前沿技术与产业发展专题调研活动等。浙江省有5名专家参与2035中长期发展规划前期研究工作。

二、深化布局农业重点研发计划项目

（一）组织实施年度重点研发专项计划

围绕浙江省农业发展需要解决的关键技术问题、行业和产业发展中的技术难题、引领性技术的储备和突破等主题，在面向全省范围征集项目指南的基础上，先后组织人员赴省农业农村厅、浙江农林大学调研、座谈，多次召开会议专题研究项目指南编制事项，围绕特色农业资源保护和开发利用、生态农业创新、现代农机装备、农产品质量安全、营养健康食品开发与保鲜物流等领域编制重点研发专项申报指南27项。组织专家分专业、分领域对171项竞争性分配项目进行答辩评审，择优推荐54个年度重点研发计划项目立项。加强重大项目的中期检查和绩效督查工作，农业领域项目实施基本顺利。省科技厅多处室联合支持的“高密度全龄人工饲料工厂化养蚕”项目基本攻克了全龄人工饲料工厂化养蚕的世界性难题。该项目系统集成品种、饲料、生产工艺、防病体系、环境控制、人工智能等多项创新技术，开创出一套标准化、集约化、规模化、常年化、可复制的现代化养蚕新模式。用人工饲料替代桑叶，减少桑叶用量，大量节约桑园面积；打破了养蚕季节性，实现365天连续生产；在可控环境下高密度常年饲养，养蚕用房利用率提高500倍以上；提高养蚕的劳动生产率，200名员工即可达到平时10万农民的饲养量；同时，茧丝品质达国标5A级以上。“通用型全喂入联合收割机研制”项目成功研制了具有自主知识产权的高性能通用型全喂入联合收割机，实现了“一机多用”目标。该项目总研发投入576万元，省级研发补助160万元，项目实施期间已销售2800多台新研发设备，新增产值2.3亿元，新增利税1200万元，实现了1元研发投入新增39元销售收益、新增7.5元利税的高回报率，创造了显著的经济效益与社会效益。

（二）持续推进育种专项有效实施

育成并通过国家、省审（认）定农业新品种40个，获品种权保护品种32个。拍卖或转让企业新品种52个，创收1423万元。争取国家级计划项目42项（含课题），合同

经费约1.97亿元。育种专项历年育成的114个品种被列入2019年度浙江省主导品种,37项技术被列入2019年度浙江省主推技术,分别占全省主导品种的77.6%、主推技术的38.1%。获授权发明专利50件,发表SCI论文80篇。省农科院"蛋鸭种质创新与产业化"成果获国家科技进步奖二等奖。该项目构建了集"品种—旱养—加工—推广"于一体的良种良养环保型蛋鸭产业链,有效地解决了污染这个瓶颈问题,近三年在22个省市区累计推广新品种6.71亿只,占全国蛋鸭总饲养量的72.63%,新增经济效益22.9亿元,间接经济效益124.2亿元。创新"金融+种业"发展之路,罗氏沼虾新品种创制及SPF苗种繁育技术以2500万元作价入股到浙江省水产种业公司,建立了新型的"育繁推一体化"成果转化模式。创建灵芝仿野生高效栽培技术,攻克关键技术瓶颈,年创产值超过5亿元。

三、进一步深入推进科技特派员制度

(一) 贯彻落实科技特派员制度15周年座谈会精神

进一步完善浙江省特派员制度和管理工作机制,细化了特派员"双向选择"机制的操作办法。在省政府办公厅指导下,起草了《贯彻落实车书记、袁省长在省科技特派员工作15周年总结表彰会上讲话的工作计划》,办公厅以《重点工作和主要事项交办单》发相关地方和单位落实。

(二) 首次开展科技特派员第三方绩效评价

对团队和个人科技特派员工作展开评估。在市县组织验收的基础上,邀请技术专家和财务专家对125个团队科技特派员项目实施情况进行了评估。由各市科技局(委)牵头,指导县(市、区)科技局会同派驻乡镇对345名省派个人特派员项目实施情况进行了评估。

(三) 进行新一轮科技特派员选派工作

征集市县(包括产业创新服务综合体)对省派科技特派员的专业需求,发动高校、院所、骨干龙头企业推荐拟派科技特派员人选。在市县对接的基础上,按需选派356名省派个人科技特派员、150个团队科技特派员(包括在26个产业创新服务综合体里选派工业团队科技特派员)。

(四) 完成科技特派员评选工作

完成第十三批优秀科技特派员和科技特派员工作先进单位的推荐工作,108名优秀科技特派员和30个科技特派员工作先进单位受到省委办公厅、省政府办公厅发文表彰。

(五) 积极开展科技特派员制度20周年系列活动

按科技部要求对浙江省开展科技特派员工作的成效、特色做法及经验进行总结提炼,筛选一批科技特派员典型,通过《人民日报》《浙江日报》等各类媒体主动开展会前、会中和会后的宣传。主动对接,积极争取在全国科技特派员20周年会议上发声,浙江是唯一以省政府名义作典型交流发言的省份,相关工作受到刘鹤副总理的表扬肯定。

四、推动落实科技帮扶与脱贫攻坚

（一）推进平阳县水头镇同盟村对口结对帮扶工作

省科技厅多次赴扶贫点，研究制订结对帮扶工作方案，协调安排帮扶工作经费，确定专家服务组人员，联系落实人员协助完成帮扶规划等。落实安排今后5年的扶贫项目资金共计250万元，每年另安排不少于10万元帮扶资金用于村党建开支、低收入农户的增收致富及困难补助等。

（二）做好省政协送科技下乡到缙云、仙居工作

在缙云组织开展乡村振兴专题讲座、指导申报26县专项和省级星创天地等活动；在仙居组织开展杨梅病虫害防治专题讲座、指导省级农业科技园区申报国家农业科技园区以及26县专项申报等活动。支持省政协在缙云、仙居的科技下乡活动，各安排一项26县重点研发计划项目。

（三）完成山海协作相关工作

按照省山海协作领导小组2019年重点工作计划要求，突出科技赋能，推进科技进乡村，在高效生态农业上精准发力。围绕农业产业技术创新、"双创"基地建设、新品种科技成果转化等方面，支持26县所在高校、科研机构和企业申报省重点研发计划项目，支持衢州、丽水、舟山等地申报省级农业科技园区和创建星创天地，并积极配合科技部评估中心，推进浙江国家级农业园区载体的创建，助推全省农业产业向高端化、融合化、绿色化方向发展，进一步提升农业综合实力和产业竞争力。

五、持续完善农业科技创新载体建设

（一）积极推进农业科技园区建设

组织编撰浙江省《2018年度国家农业科技园区年度报告》；组织湖州、嘉兴、金华和萧山园区参加国家农业科技园区综合评估视频答辩，并配合科技部评估中心完成对湖州园区的实地考察。完成《2018年度省级农业科技园区调查分析报告》。创建省级农业科技园区6家、培育4家，全省省级农业科技园区已达42家。省级农业科技园区全年新增投资35.6亿元，较上年增长156.3%；园区共实现产值99.9亿元，较上年增长209.6%；利润9.0亿元，较上年增长79.2%；吸纳就业人数8790人，较上年增长315%；带动农民致富人数3.5万，较上年增长300.7%。

（二）进一步推进星创天地建设

开展浙江省国家级星创天地创新能力监测与评价工作，从创新创业环境、创新创业投入、创新创业绩效和自身创新潜力4个方面辅导督促53家国家级星创天地运营主体完成数据填报。创建省级星创天地42家，备案36家，全省省级星创天地达107家，提前超额完成到2020年创建100家省级星创天地的目标任务。

六、努力营造农业科技创新氛围

(一) 持续深挖宣传科技特派员工作成效

2019 年,浙江科技特派员工作先后被《人民日报》、人民网、《科技日报》《浙江新闻联播》、浙江在线、《创新浙江》等媒体宣传报道,产生了一定的社会影响。围绕科技特派员服务乡村产业振兴、抗台减灾等主题,省科技厅发动各市、县(市、区),涉农高校院所上报典型案例,通过《科技日报》、浙江在线、《创新浙江》《科技金融时报》等媒体进行广泛宣传。《人民日报》和《科技日报》分别在头版头条宣传了浙江科技特派员工作成效(如《浙江:数以万计科特派鼓起农民钱袋子》),《浙江日报》三分之二版面刊登《撒播科技的种子　给田野插上翅膀》,“学习强国”App 推出纪录片《追寻科技特派员的足迹》,《科技金融时报》、浙江在线、省科技厅官微等媒体推出 14 篇相关报道。

(二) 着力宣传育种专项实施成效

制定农业新品种选育专项实施成效宣传方案,围绕农业新品种选育取得的阶段性成效,从粮油、林特、水产等 9 大主导产业提炼典型案例,通过《创新浙江》、《科技金融时报》、《育种信息专报》等媒体宣传新品种选育成效。育种专项 8 个协作组共发布信息专报 18 份,在《创新浙江》《科技金融时报》刊登 5 期新品种选育成效的专题报道。

(三) 加强专项项目和载体实施绩效总结提炼和宣传

建立农业重大项目、载体实施绩效常规总结和宣传工作机制。重点农业企业研究院、县域创新示范县等创建成效获得科技部和省领导批示肯定,并被省委《浙江信息》、科技部《科技反映》录用。《浙江建设省重点农业企业研究院》分别刊发在国家科技部办公厅主办的《科技工作情况》第 26 期、《浙江信息》第 43 期、《科技决策参考》第 5 期上。

第六章　社会发展领域科技

2019 年，围绕民生科技创新发展主线，聚焦打造生命健康世界科技创新高地的中心目标，全省社会发展科技领域各项工作有序推进，圆满完成了全年的工作任务。

一、加快打造生命健康世界科技创新高地

（一）出台《关于加快生命健康世界科技创新高地的实施意见》

提出了建设生命健康“两地两区”的总体目标，以及加快生命健康科技创新发展的系列举措，为系统推进高地建设画好了“路线图”与“施工图”。

（二）开展生命健康领域关键核心技术梳理及部署

启动部署落实生命健康重大科技专项，重点支持优势科研院校、相关企业开展脑机融合、精准医疗、新药和医疗器械研发等关键核心技术攻关。

（三）加快推进临床医学研究中心建设

在长期重视临床医学科技创新二作的基础上，2019 年浙江成功获批 3 家国家临床医学研究中心，首次进入临床医学研究重大平台“国家队”。目前 3 家牵头单位已实质性启动建设工作，搭建了全国协同创新网络和管理组织。该项工作得到高兴夫副省长和成岳冲副省长的批示肯定。省科技厅在全国社会发展科技创新工作会议上做了典型交流发言。

（四）做好医疗器械产业精准对接精准服务

根据浙江特色与基础，聚焦微创器械、影像设备、慢病管理和远程病理四大方向，开展国产医疗设备区域应用示范配置、服务模式解决方案研究，加快信息技术支撑平台建设和 5 个基层示范点建设。截至 2019 年年底，已形成涵盖 22 家国产企业的 39 种示范产品目录及其配置解决方案，已实现 10 余种国产创新医疗设备在医疗机构的推广应用，覆盖基层医疗机构 500 余家。

二、持续提升重大项目实施绩效

（一）科学凝练项目申报指南

2019 年共征集项目需求 500 余条，分层次、分领域组织专家召开编制工作座谈会，编制申报指南，突出引领性、前瞻性和颠覆性。

（二）认真抓好项目合同签订

举办了科技项目管理培训班，对 2019 年度和 2020 年度立项的省重点研发计划项目负责人及有关依托单位经办人员进行了系统培训，在合同内容、日常管理、经费支出等方面明确了要求，统一了做法。

（三）逐个开展项目启动咨询

对 2019 年度新立项的项目逐一开展启动咨询，组织专家为项目组上门服务 40 余次，对每个项目的总体设计与路径提出针对性的意见建议，帮助课题组完善技术方案。

三、深入推进区域可持续发展建设

（一）开展省级可持续发展创新示范区建设

开展第二批省级示范区建设，遂昌县、新昌县、湖州市南浔区列入第二批省级可持续发展创新示范区建设名单，杭州市临安区列入第二批省级可持续发展创新示范区培育名单。

（二）积极支持湖州市创建国家可持续发展议程创新示范区

根据袁家军省长和高兴夫副省长对浙江申报国家可持续发展议程创新示范区工作的批示精神，组织开展推荐遴选工作，推荐湖州市按照"'绿水青山就是金山银山'理念引领区域可持续发展"建设主题进行申报。

四、强化科技支撑美丽浙江建设

聚焦小流域水土污染、废水高效处理、土壤污染防治、固废综合处置、空气污染控制等突出问题，对科技支撑的需求和关键核心技术难题，主动设计一批技术攻关项目。积极融入长三角一体化发展，以建设绿色美丽长三角、改善区域生态环境质量为核心，以推动环保科技成果转化应用为主线，协同开展长三角区域生态环境联合研究中心建设。在省环境科学研究院设立长三角联合研究分中心，启动实施长三角区域生态环境共性关键技术攻关和示范工作。开展三改一拆、五水共治、垃圾分类等省委、省政府重点工作的首轮督查，聚焦科技治水和垃圾综合处置，做好基层服务工作。

第七章　基础研究与应用基础研究

2019年，浙江省着力支持前沿基础研究和应用基础研究，注重发现和培养科技人才，充分发挥自然科学基金的基础性引领作用。全省争取到国家自然科学基金项目2163项、直接资助经费达12.56亿元，均创历史新高；原创成果产出快速增长，共有获资助项目超过9000篇原创论文在SCI、SSCI、EI等顶级期刊发表，3位省杰青获教育部高等学校科学研究优秀成果自然科学奖一等奖。基础研究总体水平持续位于全国前列。

一、基础研究政策

为贯彻落实《国务院关于全面加强基础科学研究的若干意见》（国发〔2018〕4号）文件要求，2019年10月，浙江省出台了《浙江省人民政府关于全面加强基础科学研究的实施意见》（以下简称《意见》）。《意见》主要内容由总体要求（包括指导思想、总体目标）、政策举措和保障措施三部分组成。总体要求部分，明确了到2022年、2035年、21世纪中叶基础科学研究工作的总目标，围绕平台和设施体系、科研成果、研究人员、经费投入等4个方面提出具体目标。政策举措部分，针对浙江基础科学研究"痛点""难点"，围绕完善基础研究布局、优化实验室建设体系、壮大基础研究人才队伍、激发创新主体研究活力、促进基础研究和应用研究融通、提高基础研究开放合作水平等6个方面，提出了19条政策举措。保障措施部分，为优化基础研究发展机制和环境，提出加强基础研究统筹协调、鼓励形成多元化投入格局、突出原始创新导向的考核评价、加强科研诚信建设、构建良好的创新环境和氛围等5条措施。

《意见》有几个亮点：一是对标先进，大幅提升基础研究经费投入比重，提出2022年全省基础研究经费投入占研发经费投入比重提高一倍以上；二是启动建设省实验室，优化实验室建设体系，以启动建设省实验室为突破口，构建由国家实验室、国家重点实验室、浙江省实验室、省级重点实验室等共同构成的多层次、宽领域、特色优势明显的实验室体系，实现到2022年国家级科技创新基地达到40个以上，创建浙江省实验室10个；三是引育基础研究类新型研发机构，壮大基础研究力量，培育新型研发机构100家；四是引导多元化投入，优化基础研究机制环境，明确加快形成基础研究多元化投入格局，通过完善财税、金融等方面的政策措施，引导有条件的企业开展基础研究，鼓励企业或行业组织等与省自然科学基金建立联合基金，对投入5000万元以上的联合资助方可给予基金冠名权。

二、自然科学基金项目基本情况

（一）受理与资助的项目数量

自浙江省自然科学基金委员会办公室（以下简称"省基金办"）启动2020年度浙

江省基础公益研究计划申请的集中接收工作以来，共受理 277 个依托单位 11794 份申请书，涉及的主持或参与科研人员 48527 人。经评审，2020 年度省自然科学基金资助各类项目 1776 项，其中：探索项目青年类项目 733 项，探索项目一般类项目 745 项，重点项目 91 项，省杰出青年科学基金项目 74 项，联合基金 82 项，学术交流项目 51 项（图2－7－1）。

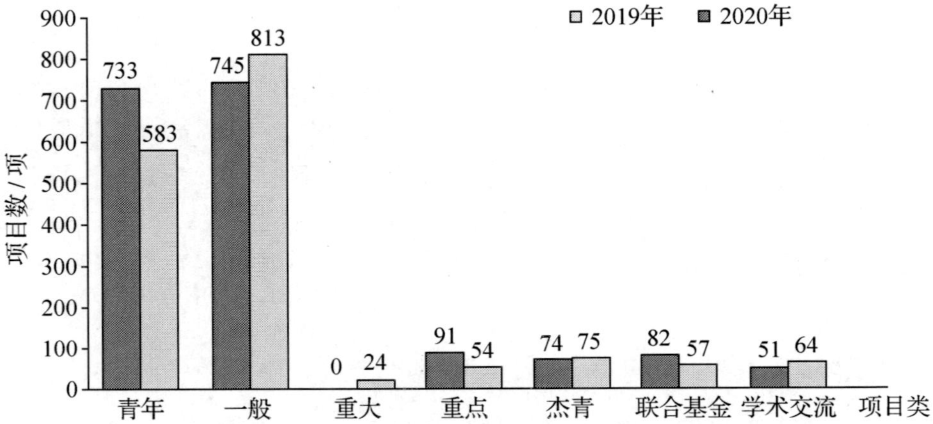

图 2－7－1　2019—2020 年浙江省自然科学基金各类项目资助情况比较

（二）资助项目整体情况

2020 年度省自然科学基金计划资助经费 20945 万元，比 2019 年同比增加 0.24%。

1. 项目各科学领域分布情况。除学术交流项目外，在其他所有类型的资助项目中，数学与物理科学 85 项，占 4.93%；化学科学 142 项，占 8.23%；生命科学 241 项，占 13.97%；地球科学 54 项，占 3.13%；工程与材料科学 274 项，占 15.88%；信息科学 194 项，占 11.25%；管理科学 129 项，占 7.48%；医学科学 606 项，占 35.13%（图 2－7－2）。围绕重点领域资助 50 万以上的基础研究项目 45 项，其中数字经济和生命科学等领域 30 项、人工智能等领域 15 项。

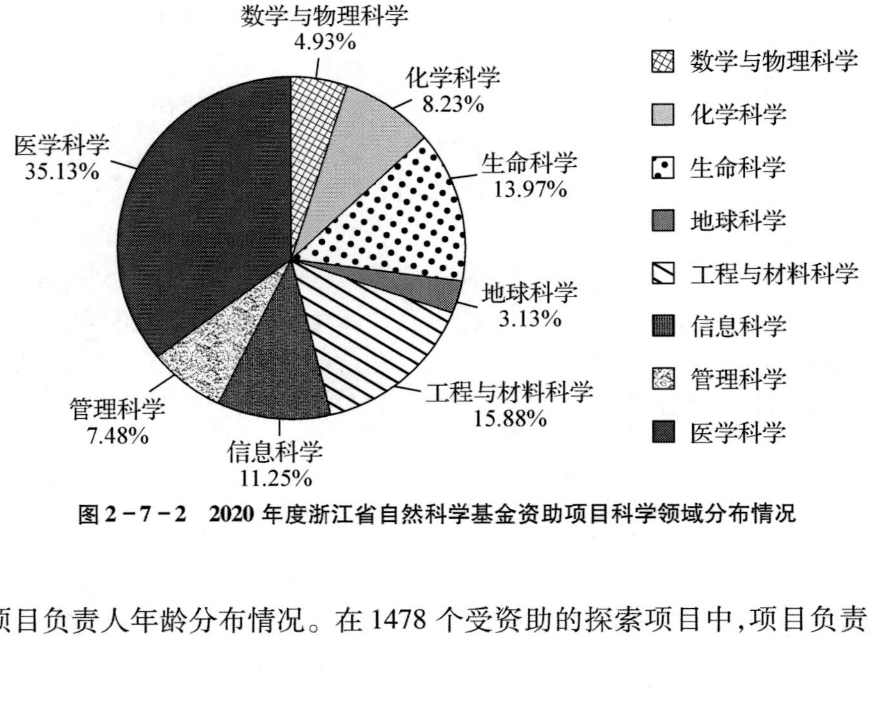

图 2－7－2　2020 年度浙江省自然科学基金资助项目科学领域分布情况

2. 项目负责人年龄分布情况。在 1478 个受资助的探索项目中，项目负责人年龄在

35 岁以下(包括 35 岁)的 842 项,占 56.97%;项目负责人年龄在 36 至 45 岁(包括 45 岁)之间的 503 项,占 34.03%;项目负责人年龄在 46 至 55 岁(包括 55 岁)之间的 114 项,占 7.71%;项目负责人年龄在 56 岁以上(包括 56 岁)的 19 项,占 1.29%(图 2-7-3)。

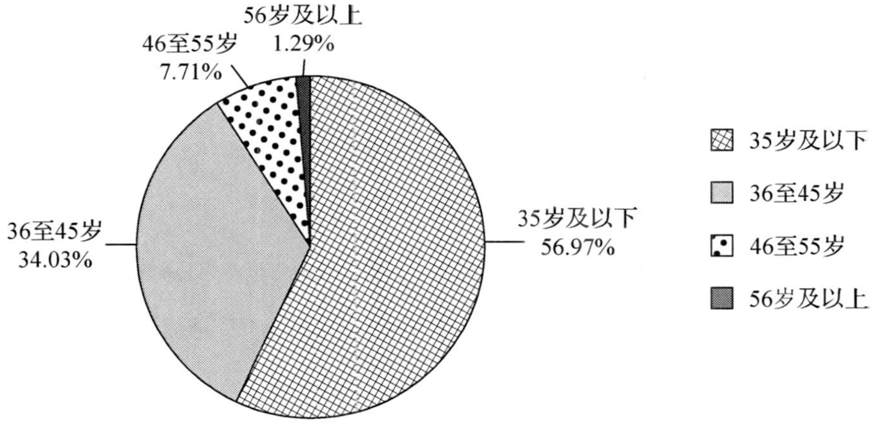

图 2-7-3 2020 年度浙江省自然科学基金探索项目的项目负责人年龄分布情况

3. 项目负责人学位分布情况。除学术交流项目外,其他所有类型受资助的 1725 个基金项目中,项目负责人为博士的有 1453 人,占 84.23%;硕士 252 人,占 14.61%;学士 18 人,占 1.04%;其他 2 人,占 0.12%(图 2-7-4)。

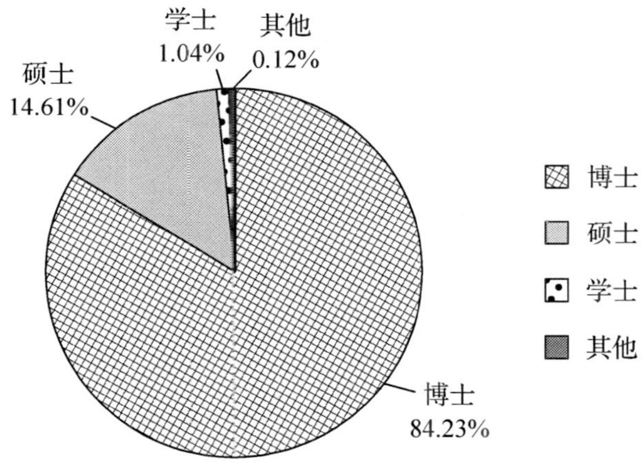

图 2-7-4 2020 年度浙江省自然科学基金资助项目负责人学位分布情况

4. 各类依托单位获得资助情况。按依托单位性质统计,所有获资助项目分布在 118 个依托单位中,比去年增加 10 个单位。其中:44 家高等院校获得 1519 项,占 85.52%;31 家科研院所获 138 项,占 7.78%;其他机构获 119 项,占 6.70%(图 2-7-5)。

5. 各单位资助项目分布情况。2020 年度浙江省自然科学基金项目立项情况见表 2-7-1。

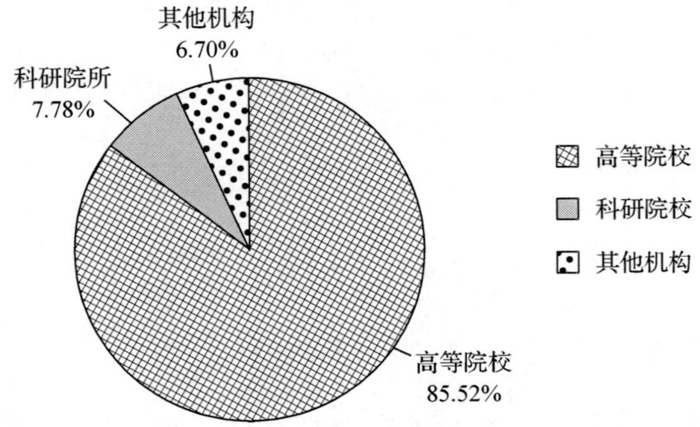

图 2-7-5 2020 年度浙江省自然科学基金资助项目依托单位分布情况

表 2-7-1 2020 年度浙江省自然科学基金项目立项情况汇总

（按资助项目总数排序）

（单位:项）

单位	一般	青年	重点	杰青	重大	北京	青山湖	药学会	华东院	数理医学	温州	台州	交流项目	小计
浙江大学	123	149	39	36	–	1	2	7	2	–	–	–	11	370
宁波大学	68	42	2	3	–	1	–	–	–	–	–	–	2	118
温州医科大学	62	38	–	2	–	1	–	1	–	–	10	1	2	117
浙江工业大学	65	27	7	4	–	–	1	–	–	–	–	1	1	106
杭州电子科技大学	39	33	5	1	–	–	2	–	–	–	–	–	3	83
浙江理工大学	35	29	4	2	–	–	–	–	–	–	–	–	2	72
浙江师范大学	33	24	4	2	–	–	–	–	–	–	–	–	2	65
中国计量大学	15	39	5	–	–	–	–	–	–	–	–	–	1	60
浙江中医药大学	28	26	–	1	–	–	–	1	–	–	–	–	2	58
浙江工商大学	21	25	1	1	–	–	–	–	–	–	–	–	3	51
杭州师范大学	25	17	–	3	–	–	1	–	–	–	–	–	–	46
浙江农林大学	12	21	7	2	–	–	–	–	–	–	–	–	1	43
嘉兴学院	17	19	1	–	–	1	–	1	–	–	–	–	1	40
台州学院	3	20	1	–	–	–	–	–	–	–	–	11	–	35
温州大学	19	10	5	–	–	–	–	–	–	–	–	–	–	34
杭州医学院	16	14	–	–	–	2	–	–	–	–	–	–	1	33
浙江省肿瘤医院	11	9	1	–	–	1	–	4	–	–	–	–	2	28
中国科学院宁波材料技术与工程研究所	5	9	–	5	–	–	–	–	–	–	–	1	3	23
浙江省农业科学院	8	11	1	–	–	–	1	–	–	–	–	–	1	22
浙江财经大学	12	7	2	–	–	–	–	–	–	–	–	–	–	21

续表

单位	一般	青年	重点	杰青	重大	北京	青山湖	药学会	华东院	数理医学	温州	台州	交流项目	小计
湖州师范学院	9	8	1	1	–	–	–	–	–	–	–	–	–	19
浙江海洋大学	10	7	–	–	–	–	–	–	–	–	–	–	2	19
浙江科技学院	7	6	1	–	–	–	–	–	1	–	–	–	1	16
宁波工程学院	11	3	–	1	–	–	–	–	–	–	–	–	–	15
西湖大学	–	10	–	5	–	–	–	–	–	–	–	–	–	15
绍兴文理学院	7	5	–	–	–	–	–	–	2	–	–	–	–	14
浙江省中医药研究院	3	3	–	1	–	–	1	2	–	–	–	–	1	11
浙江大学宁波理工学院	6	5	–	–	–	–	–	–	–	–	–	–	–	11
浙江大学城市学院	5	4	–	–	–	–	–	–	1	–	–	–	–	10
杭州市第一人民医院	3	4	1	–	–	1	–	–	–	–	–	–	–	9
中国水稻研究所	5	2	–	2	–	–	–	–	–	–	–	–	–	9
之江实验室	–	9	–	–	–	–	–	–	–	–	–	–	–	9
中国地质大学(武汉)浙江研究院	6	–	–	–	–	–	2	–	–	–	–	–	–	8
浙江树人大学	2	5	–	–	–	–	–	–	–	–	–	–	–	7
浙江医院	3	4	–	–	–	–	–	–	–	–	–	–	–	7
中国科学院大学宁波华美医院	2	4	–	–	–	–	–	–	–	–	–	–	1	7
浙江清华柔性电子技术研究院	1	6	–	–	–	–	–	–	–	–	–	–	–	7
浙江万里学院	3	2	1	–	–	–	–	–	–	–	–	–	–	6
丽水学院	4	2	–	–	–	–	–	–	–	–	–	–	–	6
自然资源部第二海洋研究所	2	2	–	1	–	–	1	–	–	–	–	–	–	6
浙江省台州医院	3	1	–	–	–	–	–	–	–	–	–	–	1	5
浙江省医学科学院	–	2	–	–	–	–	3	–	–	–	–	–	–	5
湖州市中心医院	1	3	–	–	–	–	–	–	–	–	–	–	1	5
丽水市中心医院	2	2	–	–	–	–	–	1	–	–	–	–	–	5
浙江西安交通大学研究院	1	2	–	–	–	–	–	–	–	–	2	–	–	5
金华市中心医院	1	3	–	–	–	–	–	–	–	–	–	–	–	4
湖州市第一人民医院(湖州师范学院附属第一医院)	–	3	–	–	–	–	–	–	–	–	–	–	1	4

续表

单位	一般	青年	重点	杰青	重大	北京	青山湖	药学会	华东院	数理医学	温州	台州	交流项目	小计
中国农业科学院茶叶研究所	1	3	–	–	–	–	–	–	–	–	–	–	–	4
温州职业技术学院	3	–	–	–	–	–	–	–	–	–	–	–	1	4
宁波诺丁汉大学	2	1	–	–	–	–	–	–	–	–	–	–	1	4
绍兴市人民医院	–	2	–	–	–	1	–	–	–	–	–	–	–	3
杭州市中医院	1	2	–	–	–	–	–	–	–	–	–	–	–	3
衢州学院	–	3	–	–	–	–	–	–	–	–	–	–	–	3
浙江省林业科学研究院	2	1	–	–	–	–	–	–	–	–	–	–	–	3
宁波财经学院	2	1	–	–	–	–	–	–	–	–	–	–	–	3
金华职业技术学院	–	1	–	–	–	–	–	–	–	–	–	–	1	2
浙江省疾病预防控制中心	2	–	–	–	–	–	–	–	–	–	–	–	–	2
浙江医药高等专科学校	–	2	–	–	–	–	–	–	–	–	–	–	–	2
杭州市肿瘤医院	–	2	–	–	–	–	–	–	–	–	–	–	–	2
台州市中心医院（台州学院附属医院）	–	1	–	–	–	–	–	–	–	–	–	–	1	2
浙江省水利河口研究院	1	1	–	–	–	–	–	–	–	–	–	–	–	2
宁波职业技术学院	–	2	–	–	–	–	–	–	–	–	–	–	–	2
中国科学院大学温州研究院（温州生物材料与工程研究所）	–	1	–	1	–	–	–	–	–	–	–	–	–	2
瑞安市人民医院	1	1	–	–	–	–	–	–	–	–	–	–	–	2
温州市中心医院	1	–	–	–	–	–	–	–	–	–	–	–	1	2
兰州理工大学温州泵阀工程研究院	–	2	–	–	–	–	–	–	–	–	–	–	–	2
国家林业和草原局竹子研究开发中心	–	2	–	–	–	–	–	–	–	–	–	–	–	2
象山县第一人民医院	1	–	–	–	–	–	–	–	–	–	1	–	–	2
杭州市儿童医院	–	1	–	–	–	–	–	1	–	–	–	–	–	2
浙江省气候中心	–	2	–	–	–	–	–	–	–	–	–	–	–	2
香港大学浙江科学技术研究院	–	–	–	–	–	–	2	–	–	–	–	–	–	2
北京航空航天大学杭州创新研究院	–	2	–	–	–	–	–	–	–	–	–	–	–	2

续表

单位	一般	青年	重点	杰青	重大	北京	青山湖	药学会	华东院	数理医学	温州	台州	交流项目	小计
浙江传媒学院	–	1	–	–	–	–	–	–	–	–	–	–	–	1
浙江水利水电学院	1	–	–	–	–	–	–	–	–	–	–	–	–	1
浙江省血液中心	1	–	–	–	–	–	–	–	–	–	–	–	–	1
宁波市疾病预防控制中心	–	1	–	–	–	–	–	–	–	–	–	–	–	1
同济大学浙江学院	–	1	–	–	–	–	–	–	–	–	–	–	–	1
丽水市第二人民医院	–	1	–	–	–	–	–	–	–	–	–	–	–	1
丽水市中医院	1	–	–	–	–	–	–	–	–	–	–	–	–	1
舟山医院	–	1	–	–	–	–	–	–	–	–	–	–	–	1
台州市第一人民医院	1	–	–	–	–	–	–	–	–	–	–	–	–	1
浙江工业职业技术学院	–	1	–	–	–	–	–	–	–	–	–	–	–	1
浙江省计量科学研究院	–	1	–	–	–	–	–	–	–	–	–	–	–	1
浙江省海洋水产研究所	–	1	–	–	–	–	–	–	–	–	–	–	–	1
中国人民解放军联勤保障部队第九〇三医院	–	1	–	–	–	–	–	–	–	–	–	–	–	1
杭州市红十字会医院	1	–	–	–	–	–	–	–	–	–	–	–	–	1
嘉兴市中医医院	–	1	–	–	–	–	–	–	–	–	–	–	–	1
浙江省特种设备检验研究院	–	1	–	–	–	–	–	–	–	–	–	–	–	1
宁波市北仑区人民医院	–	–	–	–	–	1	–	–	–	–	–	–	–	1
浙江省气象科学研究所	–	1	–	–	–	–	–	–	–	–	–	–	–	1
温州市中医院	1	–	–	–	–	–	–	–	–	–	–	–	–	1
金华市农业科学研究院	–	1	–	–	–	–	–	–	–	–	–	–	–	1
浙江省亚热带作物研究所	1	–	–	–	–	–	–	–	–	–	–	–	–	1
杭州市农业科学研究院	–	1	–	–	–	–	–	–	–	–	–	–	–	1
温岭市第一人民医院	–	1	–	–	–	–	–	–	–	–	–	–	–	1
台州市立医院	1	–	–	–	–	–	–	–	–	–	–	–	–	1

续表

单位	一般	青年	重点	杰青	重大	北京	青山湖	药学会	华东院	数理医学	温州	台州	交流项目	小计
宁波卫生职业技术学院	–	1	–	–	–	–	–	–	–	–	–	–	–	1
长兴县人民医院	–	–	–	–	–	–	–	1	–	–	–	–	–	1
浙江省气象台	1	–	–	–	–	–	–	–	–	–	–	–	–	1
淳安县第一人民医院	–	1	–	–	–	–	–	–	–	–	–	–	–	1
杭州市妇产科医院	1	–	–	–	–	–	–	–	–	–	–	–	–	1
东阳市人民医院	–	–	–	–	–	1	–	–	–	–	–	–	–	1
浙江大学台州研究院	–	–	1	–	–	–	–	–	–	–	–	–	–	1
浙江省安全生产科学研究院	–	–	–	–	–	–	1	–	–	–	–	–	–	1
上海财经大学浙江学院	1	–	–	–	–	–	–	–	–	–	–	–	–	1
温州康宁医院	1	–	–	–	–	–	–	–	–	–	–	–	–	1
温州大学新材料与产业技术研究院	–	–	1	–	–	–	–	–	–	–	–	–	–	1
杭州市萧山区第一人民医院	–	1	–	–	–	–	–	–	–	–	–	–	–	1
乐清市人民医院	–	–	–	–	–	1	–	–	–	–	–	–	–	1
温州商学院	–	1	–	–	–	–	–	–	–	–	–	–	–	1
浙江衢化医院	1	–	–	–	–	–	–	–	–	–	–	–	–	1
中国电建集团华东勘测设计研究院有限公司	–	1	–	–	–	–	–	–	–	–	–	–	–	1
浙江大学舟山海洋研究中心	–	1	–	–	–	–	–	–	–	–	–	–	–	1
衢州市人民医院	–	–	–	–	–	–	–	1	–	–	–	–	–	1
温州市人民医院	–	1	–	–	–	–	–	–	–	–	–	–	–	1
三门县人民医院	–	1	–	–	–	–	–	–	–	–	–	–	–	1
浙江外国语学院	1	–	–	–	–	–	–	–	–	–	–	–	–	1
浙江金融职业学院	–	1	–	–	–	–	–	–	–	–	–	–	–	1
合计	745	733	91	74	0	12	17	20	6	0	13	14	51	1776

三、获得国家自然科学基金项目概况

2019 年浙江省获国家自然科学基金项目和经费数均创历史新高。据统计，共获国家自然科学基金各类资助项目 2163 项，直接经费达 12.56 亿元、居全国第 6 位，比 2018 年上升 1 位。获批项目数和资助经费均创历史新高，较 2018 年度分别增长 5.72% 和

19.73%。其中入选国家杰青12人、国家优青28人，比上年度增长100%和55.56%。浙江大学陈云敏院士牵头的“多相介质超重力相演变”项目为浙江首次获批国家自然科学基金基础科学中心项目，直接经费达8000万元。

四、国家自然科学基金区域创新发展联合基金

省政府和国家基金委签署浙江省加入国家自然科学基金区域创新发展联合基金协议，2020—2024年共同投入8亿元，重点围绕数字经济和生命健康等相关领域发展需求，吸引和集聚全国优秀科学家开展跨区域、跨行业、跨学科的基础研究和应用基础研究。通过公开征集、专家咨询等方式，编制完成区域创新发展联合基金基础研究5年发展规划和2020年度项目指南。两化融合联合基金深入实施，2019年共安排资助项目21项、经费5000万元，其中省内单位主持17项，占81.95%；多单位合作研究比例占资助数85.71%，特别是省内外合作研究比例占资助数63.64%，充分发挥了吸引国内一流研究人才、加快培养浙江科研人员的作用。

五、省自然科学基金联合基金

坚持推进以财政投入为主体、社会多元参与的基础研究投入机制。2016年起，先后与青山湖科技城管委会、浙江省药学会、华东勘测设计院、台州市政府、温州市生物医药协同创新中心、北京中卫生物科研转化研究中心等共同设立省内联合基金，累计资金规模达到6100万元。2019年确定资助省内联合基金共82项，吸引合作方投入309万元。

六、科技成果培育及转化应用

一是2019年国家杰青浙江行。深化与国家基金委战略合作，承办“2019国家自然科学基金杰出科学家浙江行”活动，集聚院士、长江学者、国家杰青等近200位全国杰出科学家代表，组织数字经济和科学仪器研制等领域的48个项目进行路演、240多项成果现场展示，600多名省内代表参加对接，得到高兴夫副省长的批示肯定。

二是培育高水平科技成果。据统计，1274个结题验收项目共发表论文6912篇，出版专著98部，获专利授权1669项，获各类科技奖励198项。如省杰青王浩华在《自然物理》《科学》等顶级杂志发表文章，其成果之一“20比特纠缠态的制备”打破了量子纠缠比特数目的世界纪录，标志着中国在量子计算方面迈入世界第一梯队。

三是支持两化融合联合基金项目加快在浙江转化应用。16项优秀成果已在企业中示范应用并在2019年中国浙江网上技术市场活动周集中展示，得到国家自然科学基金委李静海主任、高瑞平副主任的充分肯定。

七、基金管理服务

（一）注重培养优秀青年科技人才

一是加强支持杰出青年科学家。共资助省杰出青年基金项目74项，支持培育一批国内外科技前沿的优秀学术带头人。2019年12项国家杰青项目中有10位项目负责人曾获得省基金资助。

二是注重发现培养青年科技人才。设立省自然科学基金探索项目，整合一般、青年项目，进一步支持青年科研人员面向科学前沿开展自由探索。2019年立项项目中，负责

人具有博士学位的占 84. 23%、硕士学位的占 14. 61%；探索项目负责人年龄在 35 岁及以下的超过一半以上，年龄在 36 至 45 岁之间的占 34. 03%。加大对未获过省级及以上科技计划的青年科研人员的支持力度，项目资助数达 733 项、比上年增长 25. 73%。

（二）完善项目立项管理机制

一是落实三评改革精神。简化申请材料，不再要求青年探索项目列出参与者，不再要求省杰青项目申请时提供专家组推荐意见。落实代表作评价制度，项目申请人和参与者简历中所列成果数量进一步减少到 5 篇，资助强度 10 万元的项目预期成果最高不超过 2 篇 SCI 论文。

二是完善评审机制。制定《省基础公益研究计划评审细则》，明确项目评审的流程、责任、评审内容和依据及公示反馈等各项要求。加强专家抽取、信息保密、会议评审等关键环节的风险点排查和防范工作，通过二级学科代码匹配方式提高项目评审分组精准度。

（三）加强省基金管理机构建设

经省政府同意，对第七届浙江省自然科学基金委员会委员进行调整。根据省科技厅厅属单位改革要求，进行浙江省自然科学基金委员会办公室的机构改革工作。

第八章　科技合作与交流

2019 年，浙江积极推动国内外科技交流合作，搭建对接交流平台，建设创新合作载体，形成多层次、宽领域的开放合作格局。

一、国内科技合作与交流

（一）深化与大院名校的科技合作

1．完善顶层制度设计。制定印发《浙江省引进大院名校共建高端创新载体实施意见》，在引进方向、载体类型、共建方式、支持政策等方面做出明确规定。

2．深化与清华大学、中国科学院等大院名校的合作。省政府与清华大学合作协议及浙江清华长三角研究院系列合作协议续签。与中国科学院共建中国科学院肿瘤与基础医学研究所。在双创活动周期间，与中国科学院联合举办了“创客之夜”专场活动（图 2－8－1）。

图 2－8－1　2019 年全国双创活动周中国科学院创客之夜（杭州）活动在未来科技城举办

3．积极引进共建一批高端创新载体。省政府与中国工程院签署协议，推进中国工程科技发展战略浙江研究院建设；与天津大学正式签署战略合作协议，天津大学浙江研究院落地启动建设。

（二）加强长三角区域科技合作

1．联合举办首届“长三角一体化科创成果展”。2019 年长三角地区主要领导座谈会期间，一市三省科技部门成功举办首届“长三角一体化科创成果展”。浙江省共组织了 104 件科技成果参展，其中数字经济成果占比超过六成，较好体现了浙江数字经济领域的科研实力和发展水平。

2. 成功举办中国科学院半导体研究所科技成果专场路演活动。4 月 28 日在嘉兴首届长三角全球科创项目集中路演活动期间，成功举办中国科学院半导体研究所科技成果专场路演活动，组织了 14 个与浙江数字经济发展需求高度契合且成熟度较高的成果转化项目，其中 10 个项目达成初步合作意向。

（三）加强科技援助与交流

省科技厅先后赴新疆、吉林、重庆、四川、西藏、青海等地开展科技对口援助。与新疆科技厅、兵团指挥部科技局签订战略合作协议，进一步深化合作内容和工作机制。加大对口支援科技项目支持力度，组织 2020 年对口援助项目专家论证，立项 8 个，项目资金共 510 万元；通过验收的 4 个 2019 年度科技援助项目，共开发、优化产品生产技术工艺 11 项，建立产品生产线 3 条，经济社会效益显著。强化对口支援地区科技创新人才交流培养，先后举办四川、青海、西藏、新疆等地科技管理干部培训班，培训人员 150 人次。

（四）积极组织参与国内科技交流活动

省科技厅组织高校院所、企业等参加 2019 中国国际智能产业博览会、柴达木矿产资源开发暨新材料博览会、第 21 届深圳高交会等展会，为省内单位寻找合作伙伴搭建平台。6 月，与吉林省科技厅共同主办“吉浙携手科技创新　助力双创共赢升级”主题峰会（图 2－8－2），浙江多家单位与吉林有关单位签订合作协议。

图 2－8－2　“吉浙携手科技创新　助力双创共赢升级”主题峰会在长春举行

二、国际、港澳台地区科技合作与交流

（一）部署实施全球科技精准合作

11 月 9 日，成功举办 2019 中国（浙江）全球科技精准合作交流会暨"一带一路"国际科学组织联盟青年科学家研讨会（图 2－8－3），时任浙江省省长袁家军、中国科学院白春礼院长出席开幕式，诺贝尔化学奖得主巴瑞·夏普利斯、图灵奖获得者惠特菲尔德·迪菲等来自 30 多个国家和地区的专家学者、青年科学家代表、国际科技组织负责人约 500 人参加会议。会上，"'一带一路'新兴技术创新与孵化战略合作""共建中意心血管联合医学实验室""乌克兰科学院巴顿焊接研究所浙江研究中心"等 41 个国际合作项目进行了现场签约，项目涵盖机构合作、共建载体、人才引进、联合技术研发等多方面内容，集中体现了浙江科技精准合作的特色与成效。

图 2－8－3　2019 中国（浙江）全球科技精准合作交流会暨"一带一路"国际科学组织联盟青年科学家研讨会在杭州召开

（二）拓展政府间科技合作关系

2019 年，省科技厅与英国中部地区、塞尔维亚、巴西巴拉那州 3 个国家和地区新签署了科技合作备忘录。在政府间双边科技合作框架下，通过联合产业研发计划等项目支持省内创新主体与海外开展联合研发、技术成果转化、人才引进等工作，促进海外创新资源与浙江的对接。

（三）加快推进国际科技合作载体建设

2019 年共新建省级创新载体 52 家，包括新认定省级国际科技合作基地 36 家，其中高校院所类基地 22 家，企业、园区及中介机构类基地 14 家；新创建培育省级海外创新孵化中心 11 家，其中创建单位 5 家，培育单位 6 家；新奖励海外研发机构 5 家。2019 年对 2018 年组织认定的 14 家省级海外创新孵化中心开展绩效评价，14 家海外

孵化中心储备了海外科技项目 1158 个、人才 841 位，引入了海外科技项目 50 个、海外创新创业人才 22 位，涵盖数字经济、生命科学、能源环境、材料科学等高科技领域。

（四）搭建国际科技对接交流平台

成功承办第四届中国—中东欧国家创新合作大会，第 32 届浙江国际科研、医疗仪器设备技术交流展览会（图 2－8－4），美国凯特琳大学智能驾驶及先进材料技术交流会，浙江—芬兰技术对接会，第 40 届智能制造与设计国际会议等活动，为省内企业搭建国际创新资源对接平台。

图 2－8－4　第 32 届浙江国际科研、医疗仪器设备技术交流展览会在杭州国际博览中心举办

第九章　科技宣传与普及

2019 年，全省坚持以习近平新时代中国特色社会主义思想为指导，以党的十九大和省第十四次党代会精神为遵循，围绕"'八八战略'再深化、改革开放再出发"这一主题，不断完善科技宣传机制，夯实科技宣传阵地，提高科技宣传实效，普及科学知识，弘扬科学精神，为浙江超常规推进创新强省建设，实现高质量发展、高水平全面建成小康社会，提供了强有力的科技舆论支撑。全年在中央及省市级主流媒体刊发科技新闻稿件 1300 余篇，科技宣传与普及成效进一步提升。

一、科技宣传

（一）加强协作，形成科技创新宣传强大合力

围绕科学技术奖励、"最多跑一次"改革、两大高地建设、产业创新服务综合体建设、科技特派员、网上技术市场活动周等全省科技重点热点工作，通过新华社、《浙江日报》、浙江在线、《科技日报》《人民日报》《光明日报》、浙江发布等媒体，发布了一批有思想、有深度、有影响力的报道。新华社多篇反映浙江科技创新主题的内参稿件获得中央相关领导批示肯定。《浙江日报》头版刊发科技创新为主题的新闻报道共计 71 篇，其他版面重点报道共计 103 篇，其中整版专题报道较往年增长近 30%。浙江新闻

科技日报

SCIENCE AND TECHNOLOGY DAILY

习近平致信祝贺2019中国海洋经济博览会开幕强调

让世界各国人民共享海洋经济发展成果

浙江：数以万计科特派鼓起农民钱袋子

大国重器亮相 中国海洋第一展

消散的蘑菇云 永远的爱国心

——写在我国第一颗原子弹爆炸成功五十五周年之际

图 2－9－1　《科技日报》头版头条刊登浙江科技特派员工作

App发布科技创新重点报道共计215条，其中阅读量达20万+新闻共18条，较往年增长2.5倍。《科技日报》共刊发各类涉浙新闻报道167篇（图2-9-1），较往年增长30%左右；《科技日报》官微推送浙江科技创新内容10余条，部分推文阅读量破万。与《浙江经视》联办“创新浙江”电视栏目，与浙江在线联办“浙江科技新闻网”，产生良好宣传效果。

（二）主动策划，加大超常规推进创新强省建设的宣传力度

紧扣浙江省重点科技工作，主动加强宣传策划，先后组织数字经济看浙江、全省产业创新服务综合体建设、“海外学子浙江行”等媒体采风活动，召开深化“最多跑一次”改革媒体吹风会，浙江省科学技术厅与浙江日报社联合组织开展2019“长三角一体化创新”媒体采风调研活动（图2-9-2），在新华社、人民网、《中国青年报》等中央和省级主流媒体发表新闻报道近一百篇。在2019年全国双创活动周举办期间，提前策划主动作为，在新华社、人民网、中央财经频道、央视网、经济日报等中央和省级主流媒体平台，累计发表科技新闻宣传报道200余篇，提升了浙江科技工作在全国的影响力。此外，浙江省科学技术厅还组织主创团队深入全省11个地市20余家产业创新服务综合体进行拍摄，历时数月制作全省产业创新服务综合体宣传片，在全省产业创新服务综合体建设现场推进会上播放，获广泛好评。

一体化创新 长三角的速度与激情(一)
上海：触摸资源集聚的脉动
江苏：感受创新转化辐射波
一体化创新 长三角的速度与激情(二)
安徽：寻找科研前沿的澎湃动能
以供给侧改革思路建设长三角科技创新体系
浙江：体验数字化的无限可能

图2-9-2　《浙江日报》两个整版专题报道“长三角一体化创新”情况

（三）创新形式，增强重大主题报道传播力和影响力

围绕“不忘初心，牢记使命”主题教育，采用新华网记者驻点的方式，通过手机微视频、网页小专题和图刊等形式，报道省科技厅主题教育工作的特色和亮点，推动主题教育入脑入心。组织《浙江日报》和浙江新闻联播先后四次报道省科技厅主题教育开展情况和成果，在浙江在线开设“不忘初心、牢记使命”专题网页，进一步扩大主题教育在浙江科技圈的社会影响力。围绕建国70周年这一重大主题，积极组织主流媒体策划推出“我和我的祖国·科技创新接力创新谈”“科技人的奋斗芳华”等专栏，以及

《科技局长话创新》系列访谈节目，通过音频、视频、深度报道等多种表现方式，讲述浙江科技人的奋斗故事，弘扬爱国奋斗精神，传播量超过 200 万。同时，《人民日报》“共和国发展成就巡礼——浙江篇”系列推出专版报道《创新赋能高质量发展》，《科技日报》“共和国发展成就巡礼”专栏推出《浙江：创新激荡钱江潮》重大主题报道，《科技金融时报》推出《壮丽 70 年 奋斗新时代——高质量发展的浙江实践》专题，都产生了较好的社会反响（图 2－9－3）。

图 2－9－3　浙江新闻客户端和《科技日报》报道浙江科技创新工作

（四）加快融合，不断壮大科技宣传舆论主阵地

主动适应媒体融合发展趋势，积极发挥新媒体在科技宣传中的作用。《创新浙江》官方微信制作更加注重融媒化，2019 年共推送微信 1016 条，总用户数 4.6 万多人，继续稳居“国内省市科技政务新媒体榜单”前三位。顺应事业单位机构改革需要，组建省科技宣传教育中心，围绕省委、省政府和省科技厅中心工作，组织开展科技宣传等工作。

（五）搭建平台，提升“科技新浙商”等宣传品牌

精心策划、认真组织开展第十届“科技新浙商”评选活动（图 2－9－4）。创新奖项设置，专门设立“科技新浙商致敬十年特别奖”，并首次按行业进行颁奖。除电视媒体、新媒体和路牌推广外，还通过钱塘江岸主题灯光秀、地铁口主题海报等方式进行多样化传播。通过央视新闻移动网、中国蓝 TV 等平台直播晚会，80 多万人次进行了收看。晚会相关视频还在新浪微博、爱奇艺、优酷等多个网络平台进行同步传播，进一步弘扬了新时代科技新浙商的创新创业精神。组织策划第三届“最美浙江人 · 最美科技人”学习宣传活动。

图 2－9－4　11 月，第十届“科技新浙商”颁奖典礼在杭州举行

二、科技普及

（一）成功举办科技活动周

5 月 19 日至 26 日，以“科技强国　科普惠民”为主题，在全省各地同步举行科技（科普）活动周。本届活动周以“大规模、群众性”为特点，以人民群众喜闻乐见的形式突出科技成果展示、科技支撑美好生活体验展示、科技成果惠民展示和科技服务乡村振兴战略展示。省特检院将特种装备普法科普流动宣传车开到现场展示互动，深受群众喜爱。通过科技活动周，进一步扩大了科普传播力（图 2－9－5、图 2－9－6）。

图 2－9－5　群众积极参与科技活动周开幕式

图 2－9－6　开幕式上的机器人吸引了广大群众观看

（二）积极组织参加全国科普讲解大赛

通过组织参加全国科普讲解大赛，广泛传播科学思想。经各市各部门推荐，全省最终有 3 人入围以"科技强国 科普惠民"为主题的全国科普讲解大赛，并获得优秀奖。

（三）参与组织第二届全国防震减灾知识大赛

为提升全民防灾减灾能力和素养，参与组织了第二届全国防震减灾知识大赛（浙江省选拔赛）。活动以"防震减灾　知识先行"为主题，旨在进一步增强群众防灾减灾意识，提高防灾避灾能力，减少灾害损失。

第十章　科技管理

一、科技计划管理

（一）持续深化体制机制改革

1. 深化科研管理体制改革。印发《关于深化项目评审人才评价机构评估改革 提升科研绩效的实施意见》，完善项目过程管理机制，开展经费包干制改革试点，全面推行首席专家负责制；推行"里程碑式"的关键节点管理，赋予科研主体更大的自主权。印发《浙江省科技发展专项资金管理办法》《浙江省重点研发计划暂行管理办法》《关于进一步完善省级科技计划体系 创新科技资源配置机制的改革方案（试行）》，建立健全以诚信为基础、绩效为目标、激励为导向、规范为保障的科技计划体系和资源配置机制。

2. 推进"科技大脑"建设。深化科技领域"最多跑一次"改革，推进政府数字化转型，加强业务流程再造和数据共享，构建"政策法规、办事大厅、决策支撑、科技监管"四大模块的"科技大脑"，实现全部科技业务事项"一网打尽"。省科技厅本级56个办事事项网办率100%、掌办率98%、零跑率98%、承诺办理时限压缩率63%、材料电子化率100%，领跑全国。"科技大脑"自2019年7月1日上线发布至年底，共有334.62万总访问量，新注册用户26790名。

3. 完善督查激励制度。组织申报国务院"实施创新驱动发展战略、推进自主创新和发展高新技术产业成效明显""改善地方科研基础条件、优化科技创新环境、促进科技成果转移转化以及落实国家科技改革与发展重大政策成效明显"两项督查激励考核，分列全国第一、第二，为全国首个同年获两项科技创新督查激励的省份。印发《全面加快科技创新　推动高质量发展"五倍增、五提高"指标分解》，制定《"实施科技新政、构建十联动创业创新生态系统工作成效明显的设区市"督查激励措施配套实施办法》，开展省政府督查激励评价工作，杭州、宁波、嘉兴获省政府督查激励。

（二）大力推进项目协同攻关

1. 组织实施重点研发计划项目。制定2020年度省重点研发计划实施方案和项目指南，通过择优委托、竞争性分配等方式组织实施371项省重点研发计划项目，"两大高地"项目立项数和补助资金数占比均超过70%。下达2019年度省级新产品试制计划三批共15916项。围绕"两大高地"，提出"双尖双领研发攻关计划"，明确攻关的主要方向、主要任务、主要成果、优势单位和领衔专家。

2. 深入实施重大科技专项。推荐申报国家重大科技专项24项、国家重点研发计划157项，推荐政府间、战略性国际科技创新合作项目124项。截至2019年年底，已争取国家各类科技项目经费17.5亿元（含国家自然科学基金经费）。

（三）扩大全社会研发投入

1. 全面推广企业研发项目信息管理系统。在嘉兴试点的基础上，省科技厅会同税务和统计部门印发《关于开展服务企业创新研发专题活动推广应用企业研发项目信息管理系统的通知》，召开大规模的视频培训大会，在全省全面推广应用企业研发项目信息管理系统，有效解决“企业研发项目鉴定难、研发费用归集难、加计扣除核算难、税收优惠兑现难”的“四难”问题，基本实现项目鉴定“一网办结”、研发数据“一网生成”、研发管理“一网联动”、研发企业“一网尽统”。自 2019 年 8 月全省推广以来，已有 2 万多家企业使用该系统，享受加计扣除额 370 多亿元，激励企业投入研发经费 510 多亿元。

2. 研究出台研发经费提升专项行动方案。实施《关于深入开展全社会 R&D 经费调查　服务创新主体享受创新政策的工作方案》《浙江省全社会研发投入提升专项行动方案》，从政府、企业、高校、科研院所、社会等多层面协同发力，扩大研发投入。全省 R&D 经费投入 1669.8 亿元左右，增长 15.5% 左右，占 GDP 比重达 2.68% 左右；科技进步贡献率达 63.5% 左右，科技创新支撑经济社会作用进一步增强。

二、科技创新人才与团队

2019 年，新引进培育领军型创新创业团队 27 个，突出数字经济、生命健康、先进制造三大主攻方向。入选科技部科技创新创业人才 33 名，创新人才培养示范基地 4 个，分别居全国第一和第二位，获时任浙江省省长袁家军批示肯定。组织实施省“万人计划”杰出人才、科技创新领军人才、科技创业领军人才的遴选工作，选拔杰出人才 12 人、科技创新领军人才 60 人、科技创业领军人才 25 人。入选国家引才计划的外国专家人数连续 6 年居全国第一位。省级引才计划入选者中外国人才占比逐年增加。5 名外国专家荣获中国政府友谊奖，为历年最多。新引进资助海外工程师 169 名，较去年增长 11.2%，呈现出外国高端人才加速集聚的良好态势。按计划组织实施“万名国际化人才培训工程”，全年共择优组织选派 2534 名科技人才、技能人才和企业经营管理人才出国（境）培训。对外国人来华工作许可业务进行流程再造，修订完善服务指南，扩大“容缺受理”范围，多个许可事项在全国率先实现“零跑”。绍兴柯桥打造外国高端人才创新集聚区的案例入选 2019 全国人才工作优秀案例。

三、科技成果与奖励

（一）获 2018 年度国家科学技术奖情况

2019 年 1 月 8 日，2018 年度国家科学技术奖励大会在北京举行。浙江省共获得 25 项国家科学技术奖，其中浙江省主持完成的获奖项目 7 项，参与完成的获奖项目 18 项。

获奖项目中，由浙江省主持完成的包括国家技术发明奖二等奖 3 项，国家科学技术进步奖一等奖 1 项、二等奖 3 项；参与完成的包括国家技术发明奖二等奖 4 项，国家科学技术进步奖二等奖 14 项。25 个获奖项目，涉及生命健康、建筑工程、农业等多个领域，其中 10 项涉及民生领域，占浙江省获奖项目的 40%。

（二）2018 年度省科学技术奖评审情况

2019 年 5 月 14 日，2018 年度浙江省科学技术奖励大会在杭州举行。2018 年度浙江省科学技术奖共 298 项，其中一等奖 28 项、二等奖 95 项、三等奖 175 项，近三年共产生直接经济效益 2918 亿元、间接经济效益 3578 亿元。对 298 项获奖项目进行分析得出，浙江省在基础研究、应用技术突破等方面均取得了明显的进步，形成了多项达到国际先进水平的科技成果，“互联网 +”和生命健康两大世界科技创新高地建设成效显现，浙江省经济社会高质量发展的科技新引擎正在加快形成。总的来说，2018 年度浙江省科学技术奖获奖项目呈现以下主要特点：

1. 一批数字经济技术瞄准科技前沿达到国际领先水平。人工智能、大数据、云计算等数字经济领域核心技术日新月异，浙江省企业和高校院所始终瞄准世界科技前沿，研发具有领先水平的先进技术。

2. 基础研究水平持续提高。在 28 项一等奖获奖项目中，自然科学奖达 7 项。浙江省首个大科学装置超重力离心模拟与实验装置建设成果显现，产生了 1 项一等奖获奖项目。

3. 主攻方向高水平成果量质齐升。生命健康领域科研成果在全部建议授奖项目中占比达 33. 1%，其中一等奖获奖项目 10 项，占比达 35. 7%，项目水平达到国际先进甚至领先水平，产生了显著的经济社会效益。本次增选的数字经济领域获奖的 26 个项目获授权发明专利 336 项，平均每个项目拥有近 13 项；获软件著作权和集成电路设计等其他知识产权 214 项，平均每个项目超过 8 项。

4. 企业创新主体地位不断巩固。在所有获奖项目中，企业为第一完成单位的项目 131 项，占比 43. 8%；民营企业为第一完成单位的项目 96 项，占比 32. 1%；产学研合作项目 190 项，占比 63. 5%；近三年产生直接经济效益 2773 亿元。

四、科技金融

（一）加速省创新引领基金实质运行

召开省创新引领基金第一次联席会议，印发《浙江省创新引领基金运作方案》，举行省创新引领基金启动仪式，开展子基金征集，完成第一批、第二批子基金（分别申报 106 家、67 家）征集工作，第 2 批立项的 15 家已进入尽责调查程序。预计财政总投资 9 亿元左右，带动社会资本投入 40 亿元左右，有效缓解科技型企业融资难题。对接国新集团，完善基金组建方案，积极争取国家科技成果转化引导基金在浙江省设立子基金。

（二）完善创投支持政策

省科技厅会同省发改委、省创投协会制定《关于加快推进科技创业投资高水平发展的若干意见》，召开长三角创投峰会，支持浙江省创投行业持续健康发展。省科技厅会同银保监局下发《关于进一步提升科技型中小微企业金融服务质效的通知》，加大对科技型中小微企业的支持力度。

五、创新券推广应用

2019 年，全省新增创新券发放额 16. 1 亿元，使用额 10. 7 亿元，服务企业 3. 2 万次。截至 2019 年年底，全省创新券累计发放额达 39.8 亿元，使用额达 26.1 亿元，服务企业达 12 万次。

（一）指导各地落实创新券政策

充分发挥市、县（市、区）主体作用，引导各地加大政策支持力度，服务中小微企业创新创业活动。比如，温州市、金华市、衢州市 3 个市本级以及嘉善县、长兴县、江山市等 16 个县（市、区）修订完善了创新券管理办法，明确提出支持本地企业使用创新券去省外机构寻求服务。嘉善县、平阳县等将创新券兑付周期缩减为 1 个月。衢州市本级、嘉善县等已推动实现无纸化兑付。

（二）积极开展创新券政策宣传

一是省市县联动做好政策培训。省科技厅在积极配合省创新政策巡讲的基础上，会同各市科技局共同开展政策解读和系统操作实务培训。2019 年，赴丽水、金华、湖州等地为约 500 人次开展培训。二是强化问题导向，制作服务手册。通过共性问题梳理，制作《全省各县（市、区）创新券政策要点》《创新券政策指引手册》《创新券系统企业操作指南》《创新券系统载体操作指南》等服务手册，为企业常态化解决问题。三是省科技厅会同创新载体共同开展产业专题培训。会同浙江省纺织测试研究院共同为纺织服装企业使用创新券开展专题培训。

（三）共同推动长三角创新券通用通兑

围绕长三角一体化发展国家战略，以需求为导向、共建为手段、共享为核心，积极探索推进长三角区域创新券通用通兑。一是充分依托浙江科技大脑创新资源地图，积极引入长三角其他地区优质创新资源。2019 年，共引入沪苏皖 1700 多家机构的 1.8 万余台（套）仪器设备，支持近 500 家企业通过创新资源地图寻求优质服务 1500 多次，创新券支持达 0.2 亿元。二是积极会同沪苏皖完善“长三角科技资源共享服务平台”，为长三角创新券通用通兑提供技术支撑。三是积极推动长三角一体化示范区创新券通用通兑试点，探索鼓励相关地区建立科技创新券财政资金跨区域结算机制，建立健全财政资金风险管控体系，为长三角全区域推广提供试点经验。

六、科研诚信

加快推进科研诚信体系建设，建立包括信息采集、信用评价、监管应用、监测分析

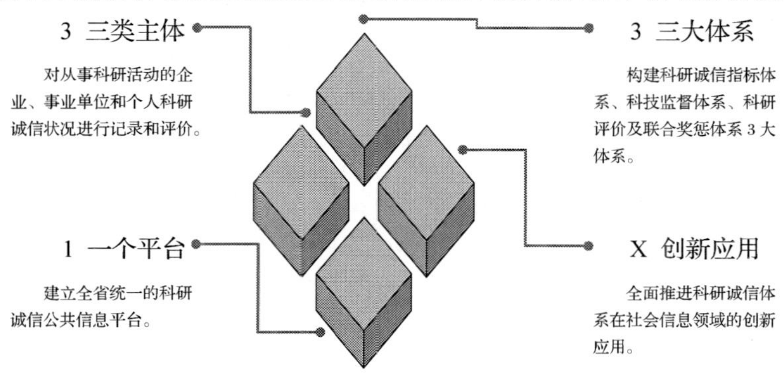

图 2－10－1　浙江科研诚信建设“331X”总体技术框架

功能模块的科研诚信信息系统平台，编制《浙江省科研诚信信息系统建设工作方案》，构建浙江科研诚信建设“331X”总体技术框架（图 2 - 10 - 1）。构建针对各类诚信主体的科研诚信评价指标体系。建立科研诚信红名单和严重失信名单（黑名单），对因失信被纳入黑名单的单位和个人实施“一票否决”。

七、党建与监察

（一）开展“建设清廉机关、创建模范机关”活动

1．省科技厅制定开展“建设清廉机关、创建模范机关”活动暨“凝聚创新力量，展现科技新姿”主题活动实施方案，先后组织召开 2 次会议进行动员部署。

2．针对“双建”推进情况，省科技厅适时研究出台《“建设清廉机关、创建模范机关”考评管理办法（试行）》，明确对党忠诚、为民服务、担当有为、求真务实、清正廉洁“五个模范”创建具体任务，建立“123”动态考评机制，即以 1 个“模范指数”作为衡量依据，设置处室（单位）和党员 2 套“双建”考核评价指标，争取 3 年上台阶，通过开展多元化结果评价、线上线下同步评价等，全面科学考核“双建”成果，推进“双建”工作制度化规范化。

（二）开展“不忘初心、牢记使命”主题教育

1．抓谋划部署。省科技厅对中央、省委有关文件和会议精神先学一步、深学一层，建立起“三沟通”机制（加强与指导组、厅领导、领导小组办公室成员的沟通），确保主题教育方向正确、工作有效。研究制定《关于开展“不忘初心、牢记使命”主题教育的实施方案》，围绕四项重点举措，先后细化学习教育、专项整治等专项方案。组织召开主题教育工作会议，进行全面部署。

2．抓一体推进。省科技厅强化学习教育、调查研究、检视问题、整改落实“四位一体”统筹推进。在学习教育方面，通过党组带头学、个人自主学、专家辅导学、创新形式学等形式，组织开展 6 次专题学习会、2 次实地参观，每天推送一期主题教育“微党课”；建立周五专题研讨制度，围绕初心使命、党的政治建设等 13 个主题开展 8 次专题研讨会，进一步加深了对习近平新时代中国特色社会主义思想的理解，提高了运用党的创新理论指导实践、推动工作的能力。在调查研究方面，深入开展“调研解难题、深化‘三服务’”活动，组织召开 2 次厅领导调研成果交流会、1 次深化“三服务”比学比做专题交流会，并形成 13 项“三服务”改革创新举措，结合学习调研成果，组织开展专题党课活动，厅领导、党组织书记人人上了一次专题党课。在检视问题方面，通过建立清单对照找、突出重点专项找、线上线下全覆盖找等多形式多渠道，广泛征集 168 条意见建议，并逐条做了梳理分析；具体安排对照党章党规找差距的学习活动，组织党员干部深入学习《党章》《准则》《条例》，并组织召开专题会议进行逐项说明。在整改落实方面，研究制订细化的主题教育“8 + 4”专项整治，实行每个专项整治“一个分管领导、一个工作专班、每周一报告”的推进机制，以自我革命精神严肃认真开展整改。

3．抓工作落地。制定省科技厅主题教育领导小组及办公室工作规则，细化 3 方面 18 条具体任务，召开 2 次厅主题教育领导小组会议和 3 次领导小组办公室会议，确保各项工作有序有力推进。实施“月计划、周安排、日推进”工作机制，开展 2 次督导检查，确保各项工作“不虚”“不空”“不偏”，迅速落地见效。

（三）提升基层党建工作质量

1. 加强理论学习，省科技厅制订《党组理论学习中心组和处级干部理论培训计划》，把11个学习重点细化为13项具体学习任务，并推动落实。组织开展庆祝新中国成立70周年活动，营造了浓厚氛围。聚焦学习贯彻十九届四中全会和省委十四届六次全会精神，以专家辅导、交流研讨、个人自学等形式组织厅系统处级以上干部开展不少于3天的集中培训，形成了提升科技创新治理效能的意见建议。深化"新时代大学习·跟着总书记读好书活动"，引导每名党员每年至少读1本党的理论著作、处级干部撰写1篇学习思考调研文章。推动运用好"学习强国"平台，每周推送一期"创新微党课"，每天发布一条应知应会。

2. 夯实组织基础，适应省科技厅机构改革，及时调整厅机关和厅属单位党组织设置，新成立机关支部8个，3家厅属单位升为党总支，党组织书记均由处室（局）主要负责人（党员）担任，进一步压实基层党建和党风廉政责任。严格落实"三会一课"、主题党日活动等支部组织生活制度，重点强化对支部主题党日活动、党员领导干部双重组织生活等组织生活的指导。进一步规范党费使用管理，推动厅属（代管）单位党组织全部建立党费对公账户或依托行政经费账户设立党费专门科目，规范会计核算。保障党建活动经费，向厅属（代管）单位党组织下拨党费65万余元。规范党建工作台账管理，对厅机关支部工作记事簿进行抽查，指导和规范组织生活记录。督促厅机关支部做好支部工作交接和支部工作台账的整理归档工作，建立台账统一保管机制。

3. 加强思想和文化工作，建立谈心谈话"三谈"机制，及时掌握党员干部思想状况，帮助纾解困难。建成省科技厅党群活动中心，打造党建工作新阵地。组织开展青年论坛、科技朗读者等文体活动，进一步增强凝聚力，激发干事创业的活力。

（四）开展"三服务"工作

制定《深化"三服务"　助推"十联动"工作方案》，聚焦科技系统当前存在的形式主义突出问题，以及科技企业、科研人员和基层科技部门重点关注的领域，以减轻科技企业、科技人员和基层科技部门在项目申报、实施管理、政策兑现三方面的负担，优化技术攻关、科技合作、科技金融三方面的服务，强化"科技大脑"、创新创业平台、科技人才三方面的支撑等"三减三优三支撑"为重点，建立了"五机制一平台"，即"月展示、季汇报、年考核"推进机制、"三张清单"管理机制、"领办销号"解决机制、"首问负责制"和省市县三级联动机制，以及在线三服务"云端"解疑释惑平台，实现线上线下全覆盖征集、随时随地全方位解难。推出为基层减负八条举措，确保调研有成果、服务出效果，让创新主体有实实在在的获得感。制定《实施"双百"专项行动　深化"三服务"助推"十联动"工作方案》，以产业创新服务综合体为关键载体，全厅一盘棋，省市县三级联动，精准服务企业，推动产业创新发展。2019年，共开展"三服务"256批次，办结事项267个，形成典型案例21个。

（五）实施"反腐倡廉无盲区"专项行动

1. 落实全面从严治党工作责任。省科技厅制定《党建工作要点》和《党风廉政建设工作要点》。召开全面从严治党工作会议，签订《全面从严治党和意识形态工作责任书》，落实一把手负总责、分管领导各负其责、班子成员齐抓共管的责任体系。坚持定期分析制度，每季度组织召开廉情分析会，突出问题导向，分析排查存在的问题，明确具体整改措施。

2. 坚决整治形式主义官僚主义。根据中央、省委和省纪委关于做好“基层减负年”工作的部署要求，制定《省科技厅为基层减负的八条举措》。坚持逢节必提、逢节必查，在中秋国庆期间，组织开展 2 次检查。

3. 强化纪律教育和纪律执行。以“九个一”为重点扎实开展警示教育月活动，组织召开厅系统警示教育大会，观看专题警示教育片，排查出廉政风险点 61 个、制定防控措施 60 条。对照省委办公厅《关于 2018 年度全省落实全面从严治党主体责任综合情况的通报》的 5 方面 17 类问题，组织开展自查；对照纪检监察组提出的政治生态整改事项，按月推进整改。对“绿色立项”项目专家认证、科技大市场及网上技术市场、数字经济领域科技奖励综合评审等开展监督执纪 12 次。制定《中共浙江省科学技术厅党组巡察工作实施办法（试行）》，推动厅属单位主体责任的落实。

4. 开展智慧监督。以嵌入式风险防控为理念，构建“全流程、全对象、信息化、痕迹化”的智慧监督平台，对权力事项运行存在的廉政风险信息进行自动识别、提醒，实现智能预警；可实现对省科技厅 10 余类评审（涉及财政资金 20 亿左右）的全程监控；通过举报信息匹配、权力运行事项工作方案审核等形式，对存在异议的业务流程节点进行锁定，实现强制性流程阻断。

第三部分

地 市 篇

Science
Technology

第十一章　杭州市

2019年，杭州市深入贯彻党中央、国务院和省委、市委决策部署，聚焦“三个高新”，以国家新一代人工智能创新发展试验区创建、新制造业计划和“国高全”三年倍增计划为抓手，做“干好一一六、当好排头兵”的科技创新施工队，各项科技工作平稳推进，为杭州经济高质量发展提供了动力支撑。

2019年，杭州市实现高新技术产业增加值2178.43亿元，同比增长8.5%，占规上工业增加值61.7%；新产品产值率42.8%；全年发明专利申请量和发明专利授权量分别为43356件和11748件，同比增长18.7%和14.4%。累计拥有市级以上企业技术中心749家，其中国家级42家，国家技术创新示范企业11家，省级技术创新示范企业11家；科技企业孵化器178家，其中国家级41家，省级92家，国家级科技企业孵化器数量居省会城市和副省级城市第一位；众创空间180家，其中省级132家；全国首批15个小微企业创业创新基地城市示范绩效评价，杭州市位列第一；继续获得浙江省委、省政府“科技特派员工作先进单位”表彰。

一、以高能级平台为引领，集聚创新创业资源

2019年，杭州市成功创建国家新一代人工智能创新发展试验区，成为继上海、北京之后批复的第三批试验区（图3－11－1）。批复后，杭州市在前期主动谋划、充分准备的基础上，迅速发布《杭州市建设国家新一代人工智能创新发展试验区行动方案》和《若干政策》，举办启动仪式，召开动员大会，形成全市上下同心协力推进试验区建设思想认识和良好氛围，实现试验区建设的良好开局。积极向科技部争取，将杭州城西科创大走廊纳入杭州国家自主创新示范区建设范围；扎实推进“三名工程”，浙江省首个国家重大科技基础设施项目、全球容量最大的超重力离心模拟与实验装置启动建设；新引育中科院肿瘤与基础医学研究所、浙大国际科创中心、工信部电子五所服务型制造研究院、中国空间技术研究院杭州中心、中科院上海光机所杭州分所、中科院计算技术研究所杭州分所等一批高水平科研院所；与美国加州大学伯克利分校Citris中心达成落地萧山区意向；之江实验室、阿里达摩院和西湖大学建设有序推进。

图 3 - 11 - 1　杭州建设“国家新一代人工智能创新发展试验区”动员大会

二、以企业培育为主导，赋能“新制造业计划”

2019 年，杭州市围绕战略性新兴产业培育和未来产业发展方向，抢抓 5G、AI、区块链等风口，制定或修订科技赋能“新制造业计划”一揽子政策 12 个，通过科技型创新企业主体“梯级”培育、研发投入、成果转化激励和产业平台建设等，重点扶持集成电路、人工智能、生物医药等新制造业企业发展，振兴实体经济。将“市高新技术企业”纳入“雏鹰计划”培育体系并给予 20 万元补助，提升“微成长、小升高、高壮大”的科技型创新企业梯次培育质效。2019 年，杭州市新培育“雏鹰计划”企业 813 家、市高新技术企业 773 家、省科技型中小企业 2630 家、市高新技术企业研发中心 390 家，累计分别达 4540 家、7430 家、13737 家和 2023 家，(国家)科技型中小企业当年入库 2985 家；完成国高企申报、辅导和预审，向科技部申报国高企 2787 家，其中新认定 2068 家，创历年来新高。杭州市制造业领域拥有国家高新技术企业超过 1100 家；新培育 4 家省创新型领军企业，累计 11 家，占全省三分之一；新增省级、市级产业创新服务综合体 7 家、17 家，累计分别达 13 家和 33 家，居全省第一。

三、以数字经济为重点，促进科技成果转移转化

2019 年，杭州市围绕数字经济和新制造业计划，新修订《杭州市科技成果转化资金管理办法》，设立杭州市科技成果转化专项资金，对企业购买高校院所科技成果并实现产业化的，按不高于成交额 50% 的比例给予最高不超过 50 万元的补助，全面促进科技成果转移、转化和产业化。2019 年，杭州市加快科技成果拍卖市场化进程，全年组织拍卖活动 11 场次，拍卖成交 69 项，成交金额 8772.8 万元，分别比去年增长 175%、68% 和 51%；全年认定登记合同 4356 项，共计 215.96 亿元，合同登记量位列全省首位，占全省技术合同的 25%。杭州市技术输出合同 10339 项，共计 266.42 亿元，技术吸纳合同 9478 项，共计 343.24 亿元，累计成交 14585 项，共计 476.26 亿元，同比增长 29%、33% 和 25%（图 3 - 11 - 2）。杭州市进入城市大脑系统登记的发明专利产业化

数547项，平均新增产值3238.32万元，平均新增利润1150.15万元。获省科技成果奖86项，占全省近三分之一，获奖项目近半集中在数字经济领域，对促进数字经济发展的支撑作用明显。

图3－11－2　杭州市2019年技术经纪人培训班开班

四、以孵化载体为依托，拓展创新创业空间

杭州市的双创载体已经向专业化、国际化、品牌化发展，提出“民办＋公助”的孵化器建设模式和“空间＋基金”众创空间准入标准，形成“人才＋资本”的创业模式，孵化服务能力、海外对接能力和连锁运营能力有效增强。2019年，杭州市新增市级众创空间42家（累计180家）、省级32家（累计132家）；新增市级孵化器37家（累计178家）、省级17家（累计92家）、国家级9家（累计41家）。新增国家级孵化器占全省的60%，国家级孵化器数量连续多年位居全国省会城市和副省级城市第一位。拓展海外科技孵化、双招双引，仅美国硅谷孵化器就累计引进落地企业42家、国际人才超过100名，累计对接服务国际创新企业、海外高层次人才超过600次。硅谷钱塘中心建设有序推进，于2019年12月正式营业。同时，支持银江、六和桥等杭州本土科技孵化企业在墨尔本、新加坡、巴塞罗那、硅谷圣何塞等新设立5家海外创新孵化中心，进一步集聚海外创新资源，为海外创新项目人才提供一站式落地服务。

五、以协同创新为路径，助推区域交流合作

积极贯彻落实党中央、国务院关于长三角一体化决策部署，加快G60科创走廊建设，协同杭州都市圈各城市融合发展，主动开展科技创新协同、科技公共服务平台、技术转移体系和品牌科技交流活动等对接。一是推进长三角一体化建设深入化，建立中科院上海分院国家技术转移中心（杭州）等载体，启动长三角集成电路领域科技创新一体化发展规划，研究“长三角区域科技资源开放共享机制”和“长三角区域创新券通用通兑机制”，梦想小镇沪杭创新中心、上海交大科技园汽车孵化器等合作载体先后设立，天境生物等重大项目落地实施。二是推进G60科创走廊科技融合常态化，成立“长三角G60科创走廊院士联合工作站”，联合举办科技成果拍卖会，召开“G60科创

走廊新材料产业技术创新联盟第一次成员大会暨新材料产业高峰论坛”；通过科学仪器开放共享和科技创新券互认互通的试点方案，整合6000多项科技服务、价值逾87亿元的近万台（套）设备共享，实施创新券通用通兑。共发放创新券5.26亿元，确认使用3.33亿元，同比增长57.96%和28.57%。三是推进杭州都市圈科技工作对接定期化，黄山市科技局领导两次带队来杭对接科技资源，签订杭黄两地科技合作协议；召开2次杭湖嘉绍衢黄六市科技局局长联席会议，共商都市圈新一轮科技合作大计；衢州、黄山两地与杭州科技合作进入新时段。

六、以环境建设为保障，打造最优双创生态圈

一是打造人才生态最优城市。出台《关于服务“六大行动”打造人才生态最优城市的意见》《关于全面提升杭州市领军型创新创业团队引进培育计划的实施意见》等配套文件，加大人才引育力度，优化人才生态；成立“杭州国际人才俱乐部”，扩大外国高层次人才“一卡通”服务范围、内容，杭州市审批通过各类“外国人来华工作许可”事项7538件，同比增加14.2%，占全省近三分之一，其中A类近10%。互联网人才和海外人才净流入率继续位居全国榜首，连续9年入选“外籍人才眼中最具吸引力的中国城市”（图3-11-3）。二是提高科技金融质效。修订《杭州市创业投资基金管理办法》，与国开行、北京银行等联合开发科技金融产品。财政新注入科技金融资本金10亿元，市引导基金资本金规模扩大至30.31亿元；累计36家企业上市、5家企业成长为独角兽企业；开展担保和周围业务，累计为近1300家企业融资周转101亿元，连续6年保持零风险损失，担保和周转两项业务累计为中小企业降低融资成本6亿元，缓解了科技企业融资难融资贵的问题。三是完善“双创”生态环境。参与2019年全国大众创业万众创新活动周有关工作，完成科技创新创业高峰论坛（图3-11-4）、中国科学院创客之夜（杭州）、国家专业化众创空间座谈会3项国家部委活动对接落地，组织各区、县（市）举办341场地方特色活动，直接参会人数超过6.8万人。在《国家创新型城市创新能力监测报告（2019）》和《国家创新型城市创新能力评价报告（2019）》中，杭州市创新能力评价均位居第二位。

图3-11-3 杭州市为获得“钱江友谊使者”的外国专家授牌

图 3-11-4　2019 科技创新创业高峰论坛成功举行

七、以科技惠民为抓手，助力乡村振兴发展

开展“百千万”蹲点调研和“走亲连心三服务”工作，当好科技“店小二”，进村入企服务人次与力度为历年之最。修订出台《杭州市科技特派员工作管理办法》，加大了科技特派员项目资助力度，进一步调动科技特派员工作积极性，精心选派第八批科技特派员 50 名。通过实施 165 项农社科技项目、“科技下乡”和“联乡结村”等举措促进乡村振兴。为杭州市域范围用户免费提供文献下载资源服务，累计受理科技文献使用申请注册用户 2244 个，科技文献全文总下载 387 万篇次，日均下载量 1.18 万篇。

撰稿人：施勇峰（杭州市科技信息研究院）

第十二章　宁波市

2019年，宁波市坚持以习近平新时代中国特色社会主义思想为指导，深入贯彻落实全国、全省科技工作会议精神，深入实施“六争攻坚、三年攀高”行动，以“科技争投”为主要抓手，做深做实科技创新“栽树工程”，加快建设国家自主创新示范区，各项工作取得明显成效，为经济社会高质量发展提供了强有力的科技支撑。

2019年，宁波市完成技术交易额216.4亿元，同比增长57.5%，是2017年的2.65倍，提前1年实现科技争投“三年倍增”目标；高新技术产业投资同比增长13.3%，快于工业投资同比增速2.8个百分点；实现高新技术产业增加值2142.9亿元，同比增长7.4%，占规上工业增加值的比例提高到53.7%。

一、创新平台建设开创新局面

宁波市政府与温州市政府签署《关于加快宁波温州国家自主创新示范区高质量发展战略合作框架协议》（图3-12-1），印发《宁波国家自主创新示范区发展规划纲要（2019—2025年）》。市级层面成立甬江科创大走廊指挥部，基本完成甬江科创大走廊发展战略、空间规划及产业规划编制，初步明确甬江科创大走廊研究院集聚区选址。甬江实验室建设方案加快论证，力争打造成为浙江省实验室。宁波市委、市政府主要领导亲自挂帅、亲自推动，制定出台产业技术研究院建设发展“1+N”行动计划与政策

图3-12-1　宁波市、温州市签署国家自主创新示范区战略合作框架协议

文件，初步形成“边建设、边引进、边出成果”的良性机制，新建产业技术研究院9家，全市累计达到68家（图3-12-2，图3-12-3）。围绕时任浙江省委书记车俊提升“六个度”的要求，大力支持产业创新服务综合体建设，累计培育市级以上产业创新服务综合体33家，其中省级13家、市级20家，服务覆盖全市60%的高新技术企业。

图3-12-2　5月，时任浙江省委书记车俊考察杭州湾新区吉利汽车研究总院

图3-12-3　时任浙江省委副书记、宁波市委书记郑栅洁调研宁波工业互联网研究院

二、创新主体培育迈上新台阶

推荐2610家符合条件的企业备案省级科技型中小企业，累计备案突破1.5万家，持续领跑全省。新增省高成长科技型中小企业268家、累计1133家，择优入库国家科技型中小企业超过2000家。制定《宁波市加快高新技术企业培育发展攻坚行动方

案》，提高企业科研活动管理水平，有效组织排摸申报高新技术企业，新认定高新技术企业 815 家，总量突破 2000 家，达到 2149 家。宁波水表（集团）股份有限公司、宁波容百新能源科技股份有限公司、宁波柯力传感科技股份有限公司、锦浪科技股份有限公司和宁波长阳科技股份有限公司 5 家高新技术企业在沪深股市上市，其中 2 家在科创板上市。

三、科技人才管理工作迈出新步伐

本轮机构改革中，外国专家局职能划入科技部门，进一步强化科技部门人才管理职能。出台顶尖人才科技项目资助管理办法，建立顶尖人才引进落地的分类支持机制，立项支持 4 名顶尖人才，吸引 36 名申报顶尖人才科技项目。加大高端科技人才团队培养力度，入选科技部创新人才推进计划 9 名，新增省"万人计划"12 名、省领军型创新创业团队 6 个，创历史最好水平。宁波市 1 名科技人才当选为乌克兰国家工程院外籍院士，实现海外院士自主培养"零"的突破。新引进海外工程师 175 名，累计突破 2000 名，1 名外国专家获中国政府友谊奖。

四、科技合作交流取得新进展

抢抓长三角一体化发展新机遇，完善科技领域专项合作机制，以落实沪甬科技合作协议为重点，建立上海、杭州等"科技飞地"，举办沪甬科技合作、南京高校专场科技成果推介会，促成 15 个高技术项目现场签约。深化拓展国际科技合作，举办 2019 中芬合作平台高层会谈等系列活动。以举办第八届中国创新创业大赛（宁波赛区）、第四届中国（宁波）创新挑战赛等重大活动为契机，加强科技成果推介与对接，营造良好的"双创"氛围（图 3－12－4）。

图 3－12－4　宁波市政府与天津大学在省人民大会堂签署合作协议

五、科技惠民水平实现新提升

强化科技支撑乡村振兴，自主研发的"甬优"系列杂交水稻、瓜类砧木等成为全国性品种，并在延边、黔西南等地区推广试种。新备案省级星创天地 4 家，2 名科技特派员获全国科技特派员制度推行 20 周年总结大会通报表扬。强化科技支撑民生改善，牵头承担"新型 MRI 梯度匀场系统研发"等国家重点研发计划项目 3 项，开发出国内领先的经导管人工三尖瓣膜转换系统、单腔镜手术机器人等，建立首批市临床医学研究中心3家。

六、科技创新生态充满新活力

打造科技大市场2.0版，举办科技成果与技术需求双向对接系列活动47场，促成合作意向207项，其中产业技术研究院参与活动13场，达成合作意向58项（图3－12－5）。加大对早期创新项目的天使投资支持力度，宁波市天使投资引导基金跟投项目20项，累计245项，吸引社会资本投资3亿元，累计26.5亿元。完善自主创新产品推广应用机制，编制重点自主创新产品推荐目录，成立宁波市科技创新与产业应用联盟，首批成员单位162家。

图3－12－5　2019年宁波产业技术研究院首场科技成果推介会举办

撰稿人：陈志伟（宁波市科学技术局）

第十三章　温州市

2019年，温州市科技创新工作以国家自主创新示范区建设作为高质量发展主战场，全面推动环大罗山科创走廊建设，加强创新平台建设，强化政产学研合作，扶持高新技术产业发展，加快构建区域创新体系，科技创新对产业创新、社会发展的引领作用持续增强。全市实现高新技术产业增加值630.4亿元，增长7.7%，高于规上工业增加值增速0.1个百分点，占规上工业增加值的56.83%；规上工业研发费用增长18.6%，规上工业研发费用占营业收入的2.72%，居全省第一；高新技术产业投资增速达23.8%，高于工业投资12.8个百分点；新增省科技型中小企业2213家，居全省第三；新增高新技术企业550家，居全省第二；实施发明专利产业化项目544个，实现技术交易总额210亿元，使用创新券4.3亿元，提前超额完成全年任务。

一、科技创新平台建设打开新格局

围绕温州国家自主创新示范区、环大罗山科创走廊两大核心平台，实施专项攻坚，全力推进温州市科技创新工作。自创区建设高标准推进。全力推进自创区“128”体系建设，对自创区建设再部署、再推动，自创区发展规划纲要、环大罗山科创走廊建设规划经市委市政府审议，已报省部研究。实施八大专项攻坚行动。全年打造高能级创新平台14个，招引落地创新型重大科技项目51个，认定创新型领军企业18家，推进突破性改革举措20个；建设开放型合作基地17个，引培高水平科技人才团队21个。十大核心指标快速提升。自创区实现高新技术产业投资增速19.9%，技术交易额增速144.9%，超出高线目标105个百分点；新增高新技术企业305家，占全市的55.5%；新增省科技型中小企业1124家，占全市的50.8%；创投机构投资总额5.99亿元，新增省级以上创新载体35家，引育高层次人才2355人，分别完成年度标线任务的199.7%、205.9%和235.5%。制定出台智能装备、生命健康两大主导产业培育方案。推动高新区“进等升位”，2019年国家高新区在全国排名第90位，实施“一区多园”建设模式，29项指标实现高位提升。精准谋划科创走廊建设。以科创走廊“2+6+3”行动体系为指导，组建市级自创区（科创走廊）建设专班，制定科创走廊建设三年行动计划，梳理重点任务清单100条，启动交通路网建设、环境整治提升、重点区块打造“三大会战”。

二、科技创新主体培育体现新气象

（一）培育壮大科技企业

实施科技企业新“双倍增”行动，建立高新技术企业和省科技型中小企业后备库。全年新增省科技型中小企业2213家，累计8429家，新增量全省第三；新增高新技术企业550家，新增量全省第二；新增省高成长科技型中小企业179家。德力西电气有限公司、浙江华峰新材料股份有限公司入选第二批省创新型领军企业名单，累计达到4家。

（二）引进共建高能级创新平台

温州市国家大学科技园扩建开园，与国内双一流大学深度对接，努力打造"研究院经济"的新高地，中国科学院大学、浙江大学、华中科技大学温州研究院等创新平台加速成果落地（图3－13－1、图3－13－2）。中国科学院大学温州研究院新引进4个国内顶尖创新团队，导入6个中科院系重点研发项目；浙江大学温州研究院引进32位高层次人才，创新中心入驻5个项目；北京航空航天大学浙江新能源汽车研究院技术转移中心和新能源汽车实验室启动实质性建设。温州医科大学附属眼视光医院获批国家临床医学研究中心，温州大学"城镇水污染生态治理技术国家地方联合工程研究中心"获批建设。

图3－13－1　温州市国家大学科技园扩建开园

图3－13－2　浙江大学、温州市战略合作签约仪式暨浙江大学温州研究院签约仪式

（三）引育高水平科技人才团队

出台柔性引才措施，推荐申报创新人才培养示范基地1个。浙江中创生物医药有限公司中创生物分子诊断创业团队入选省领军型创新创业团队。温州医科大学校长李校堃当选为中国工程院院士。协办世界青年科学家峰会，加快“一器一园一基金”建设。承办中国·温州民营企业人才周活动，160多个人才项目达成合作。

三、科技创新合作开拓新模式

（一）加快融入长三角一体化

与上海嘉定率先实施高质量科技创新系列行动，联合举办第二届长三角科技产业博览会，推动上海创新载体纳入浙江省科技创新云服务平台，实现创新券互通互兑。上海应用技术大学签约入驻国家大院名校温州联合研究院。与杭州签订《关于深化数字经济全面合作促进经济高质量发展战略合作协议》，推进杭州和温州两大都市区更加紧密协同发展，深化数字经济领域全面合作；与宁波签署《关于加快宁波温州国家自主创新示范区高质量发展战略合作框架协议》，两地科技部门建立“共干、共守、共商、共享、共克”的联席会议机制。

（二）深化科技对外开放和国际人才科技合作

深化中意人才交流合作试点，举办意大利时尚设计人才专场对接会。启动与德国科技人才项目合作，浙江中德智能制造研究院落地浙南产业集聚区。“人才周”期间邀请海内外高层次人才500余人，以“人才设摊、企业赶集”形式促进海内外智力资源和温州产业深入对接。全年新发放外国人来华工作许可证355张。

（三）加快打造“科技飞地”

温州（嘉定）科技创新园正式开园，奔腾激光（温州）有限公司等21家企业入驻（图3－13－3）。乐清南翔科创合作基地、瑞安（安亭）飞地创新港等“科技飞地”先后揭牌运营，已在上海、杭州等地建成“科技飞地”近10家，总建筑面积超2.1万平方米，吸引50余家单位入驻，集聚各类人才300余人。

图3－13－3　温州（嘉定）科技创新园正式开园

四、科技创新改革探索新路子

（一）借力自创区政策优势，实施突破性改革举措

锚定科技产业发展重要领域和关键环节，结合自创区发展实际，推广实施20项突破性改革举措，高新区依托“中国眼谷”项目探索“政产学研医”多元主体协同发展新模式。高教园构建校地人才合作共引共享机制，破解引才难、育才难、留才难困局。瑞安园以“财政专户资金竞争性存放”助推投贷联动，支持企业创新。

（二）深入推进科技金融融合，探索技术产权证券化试点

发布《温州市财政支持深化民营和小微企业金融服务综合改革试点实施方案》，鼓励技术产权资产证券化。引入兴业证券等机构起草技术产权资产证券化融资计划，谋划发行全国首单技术产权债券融资产品。

（三）推进科技领域“最多跑一次”改革，厅市联动建设“科技大脑”

推进政府数字化转型，市科技部门与中国移动达成战略合作，组建工作专班建设“温州科技大脑”，打造智能化系统，汇聚全市科创资源数据。目前科技专家库系统和项目验收系统已上线试运行，实施科研诚信管理。

（四）突破民营企业创新发展瓶颈，推动科技金融综合改革

探索开展“投贷联动”，累计设立科技支行8家。市科投基金设立20支科创子基金，总规模达35.6亿元，累计在投项目38个。推广科技企业专项贷款保证保险和科技担保贷款，新增贷款企业65家，贷款金额1.5亿元。2019年温州科技金融中心累计举办路演活动92场，382个项目参演，促成融资合作18例。

五、科技创新生态促进新发展

（一）加速科技成果产出转化

获国家科技进步奖二等奖1项、省科学技术奖25项，获奖水平居地市前列。科技成果拍卖成交23项，金额5748万元。温州市技术合同交易额达210亿元，居全省第三。科技成果转化指数由全省第七位上升到全省第四位。

（二）营造创新创业氛围

完善以专业化众创空间、新型孵化平台、综合性加速器为支撑的孵化链条，新增省级众创空间3家、省级孵化器1家、省级星创天地4家。设立高层次人才创新创业投资基金，解决人才创业融资难问题。成立温州人才服务银行，为高层次人才提供综合金融服务。

（三）全面兑现科技惠企政策

推广应用“企业研究开发项目信息管理系统”，组织系统推广应用培训会9场，培训企业超2500家，系统应用企业达2200家，用户量和活跃度跃居全省第三。2019年，

享受研发费用加计扣除企业数和加计扣除额分别大幅增长 63.56% 和 86.58%，享受研发后补助企业数和金额分别增长 75% 和 66%。

（四）不断提升科技惠民水平

加快国家农业科技园区建设，完善园区建设规划和办理办法，一批农业新品种通过审定，5 家农业创新型企业入驻园区。新选派科技特派员 47 名，同时温州市获评第十三批省科技特派员工作先进单位。组织开展科技下乡活动 5 场、市青少年科技夏令营活动 2 期，实施 10 项市中小学校科技创新项目。

六、科技创新资源集聚实现新突破

（一）产业创新服务综合体建设完善

7 家单位入选第三批省级产业创新服务综合体创建名单，数量与杭州并列全省第一。全年新增省级产业创新服务综合体 9 家，累计达 11 家。新增市级产业创新服务综合体 9 家，市级及以上产业创新服务综合体达到 32 家。建立激励淘汰机制推进综合体硬件设施建设，加快创新资源集聚耦合，切实服务产业、企业发展和新旧动能转换。

（二）创新型重大科技项目招引落地

结合高新技术产业招商地图招引科技项目，国家综合物流信息平台揭牌并实体化营运，天心天思集团总部揭牌落地，国家北斗产业基地、中国电子（温州）信息港、浙江万信电气智能医保装备等项目启动建设。"中国眼谷"累计入驻贝瑞基因、清大视光等 30 个项目。君康国际健康产业、中国长城（温州）自主创新基地等项目签约落地。

（三）基础研究体系不断健全

加快省部共建眼视光学和视觉科学国家重点实验室、交通安全应急信息技术国家工程实验室温州分实验室等重点实验室建设。围绕智能电气、工业机器人、激光与光电、新能源汽车、生命健康五大产业 13 个细分领域，实施市重大科技创新攻关项目 64 项。

撰稿人：夏拓坚（温州市科学技术局）

第十四章 嘉兴市

2019年，嘉兴市围绕全面落实长三角一体化发展首位战略，深化区域创新体系副中心建设，加快打造面向未来的创新活力新城，全市各项科技创新指标均达到历史最好水平，稳居全省第一方阵。全社会R&D经费支出占GDP比重达2.95%，列全省第二位；高新技术产业增加值1206亿元，同比增长9.8%，占规上工业增加值比重57.96%，总量、增速、占比均列全省第三位；高新技术产业投资495.2亿元，列全省第二位，增长35.8%；新认定国家高新技术企业数实现两年翻一番；全市中高端人才净流入率位居全国第四位，科技条线重点人才考核指标均列全省前三。

一、创新主体培育有新突破

（一）科技企业认定创历史新高

新认定国家高新技术企业523家，列全省第三位，累计1752家；新增省科技型中小企业1041家，创历史新高，累计4641家；新认定省高成长科技型中小企业136家；共有11家企业入围全省高新技术企业百强榜，列全省第三位。

（二）研发活动覆盖率大幅提升

开展规上企业研发活动、研发机构全覆盖专题调研和推进行动（图3－14－1、图3－14－2），嘉兴市规上企业开展研发活动占比59.45%，较上年提升27.55个百分点；亿元以上企业研发机构设置率69.9%，较上年提升24.4个百分点。

图3－14－1　嘉兴市推进企业科技创新加强研发机构设置专题工作会议

图 3－14－2　时任嘉兴市副市长洪湖鹏带队赴企业开展专题调研

（三）企业创新能力迈上新台阶

嘉兴市万人发明专利达到 33.04 件，列全省第四位；专利权质押融资登记额 33.4 亿元，列全省第二位，占全省总量的四分之一。在全国创新创业大赛总决赛中，浙江赛思电子科技有限公司斩获电子信息行业成长企业组一等奖、浙江锋源氢能科技有限公司斩获新能源及节能环保行业初创企业组一等奖，占全国总数的六分之一。

二、创新平台打造有新提升

（一）推进 G60 科创走廊嘉兴段建设

发布《嘉兴 G60 科创走廊建设规划》，明确了嘉兴 G60 科创走廊"一城两带"的总体定位，"一核引领、两翼联动、多点支撑"的科创平台空间布局以及"未来产业、新兴产业、特色产业"三位一体的产业发展体系。

（二）加快推进高新区建设

嘉兴科技城加快推进国家双创示范基地建设，获得国务院督查激励；获批创建海盐核电关联省级高新技术产业区，实现省级以上高新区县（市、区）全覆盖，全市共有省级以上高新区 8 家。

（三）深化院地合作模式

加快推进清华长三角研究院、中科院浙江应用技术研究院等一批重点创新平台建设。嘉兴市与省科技厅、清华长三角研究院签订《合作协议》（图 3－14－3），围绕科创平台建设、科技孵化与产业对接、人才引进合作、生态文明建设等领域，全面拓展深化合作。

（四）推进孵化机构建设

浙江欧美生物科技产业园被认定为国家级科技企业孵化器；新增省级科技企业孵化器1家、省级众创空间8家；对全市市级孵化机构进行年度绩效考评，其中3家市级孵化器和1家众创空间被评为优秀。

图3－14－3　嘉兴市与省科技厅、清华长三角研究院签订《合作协议》

三、科技成果转化有新成效

（一）打造全球科创路演品牌

成功举办首届长三角全球科创项目集中路演活动（图3－14－4），其中院士、诺贝尔奖获得者、图灵奖获得者的项目14个，国家级高端人才项目118个，海外项目近200个，吸引了软银国际等470多家全球知名投融资机构，签订落地项目385个、意向项目436个，金额达336亿元，落地项目签约率32.8%，其中5000万元以上的项目128个。高兴夫副省长作出“活动成效显著，这是全球精准合作的一大创举”的重要批示。

（二）持续跟踪项目落地

持续跟踪路演活动项目落地工作，确保每个项目均有平台承接，每个专家均有专人对接，开展专题督查调研，重点排查项目落地情况，实地检查协调项目推进工作，已有184个项目取得了实质性进展，其中新开工运营项目90个，新注册项目64个。

图 3－14－4　首届长三角全球科创项目集中路演活动开幕式

（三）打造创业者峰会品牌

举办 2019 创业者峰会暨科技创新项目路演活动（图 3－14－5），首次以“主题百人会＋国际合作”形式精准连接全球创新网络，吸引 451 个高端科创项目参加路演，签约 228 项，签约率达 50.5%，签约总金额 148.2 亿元，亿元以上项目 34 个，其中国际合作项目签约 76 个，金额 26.02 亿元。110 名国家特聘专家参会，63 个特聘专家项目、257 个博士以上项目参加路演。院士及特聘专家科创项目路演占比 15%，博士以上高层次科创项目路演占比 57%。成立 7 个“百人会技术转移中心”，承接“全球科创百人会”路演落地项目。

图 3－14－5　2019 创业者峰会暨科技创新项目路演活动开幕式

四、创新人才集聚有新亮点

（一）探索建立“科创百人会”引才机制

先后举办航空航天、生命健康、人工智能、半导体、智能传感等领域的科技创新百人会活动，共205个科创项目参会展示，现场签约项目74个，其中国家特聘专家项目34个，占全部签约项目的46%。截至目前，国家特聘专家项目已有31个落地，意向对接项目52个。

（二）探索“人才飞地”引才模式

以“人才飞地”模式在沪杭等地积极布局建设域外孵化器，大力引育科技创新人才项目。在上海正式成立嘉善国际创新中心，建筑面积1.7万平方米，打造“前台在上海、后台在嘉善”的协同创新模式。桐乡已建设深港、上海两大创新中心，引进并签约落地百亿级项目“威富智慧产业基地项目”。

（三）不断优化人才服务体系

强化人才创业融资扶持，依托“投、贷、券、保”等金融工具多管齐下，联动支持顶尖人才、高端人才创业创新。深化人才领域“最多跑一次”改革，通过简政放权和部门联动，着力破解外国人来华工作许可办理多次跑、来回跑、多头跑的问题。

五、创新生态打造有新进展

（一）完善创新政策体系

围绕加快建设长三角创新活力新城，聚焦数字经济、航空航天、人工智能、生命健康、集成电路五大重点领域，出台新一轮科技创新政策。提出“双百双千”计划，即三年内，全市统筹100亿元以上的财政和国有资金，1000亿元以上的产业引导基金，引育100个以上高端人才团队，推动1000项以上的高层次科创项目落地。

（二）推进科技创新普惠政策精准落实

率先搭建“企业研究开发项目信息管理系统”，并在全省推广应用，将申报所需要时间从约30个工作日减少到约3个工作日。冯飞副省长在全省工作会议上对嘉兴探索的企业研发经费归集模式给予充分肯定。

（三）开展产业创新服务综合体建设

全面贯彻落实省、市产业创新服务综合体现场推进会精神，深入推进产业创新服务综合体建设（图3－14－6）。新创建省级产业创新服务综合体6家，新认定市级产业创新服务综合体11家。全市已创建、培育产业创新服务综合体24家，其中省级12家，数量列全省第二位。

图 3－14－6　产业创新服务综合体现场推进会

撰稿人:甘人杰(嘉兴市科学技术局)

第十五章　湖州市

2019 年，湖州市科技创新工作以"不忘初心、牢记使命"主题教育为引领，大力实施科技创新加速行动，为高质量赶超发展提供了强有力的科技支撑。科技部最新发布的国家创新型城市分类评价中，湖州市位列 19 个支撑绿色发展型城市首位，创新潜力居全国第 26 位。

一、优化创新创业生态

（一）全面深化科技创新加速行动

制定科技创新加速行动年度实施方案和重点任务安排，通过考核引导和督查推进，全面实施科技创新加速行动各项重点工作。全市全年高新技术产业增加值增长 10.4%，列全省第一位，高于规上工业增加值增幅 2 个百分点；高新技术产业投资增长 48.1%，列全省第二位。全面实施产业技术创新机制改革工作，在全省率先启动创新券长三角跨区域通用通兑试点，共发放创新券 1 亿元，使用 5800 万元，均位居全省第 4 位。长兴县、安吉县获批国家创新型县。德清县获批科技部全国县域首个国家新一代人工智能创新发展试验区。

（二）积极推进厅市会商工作机制构建

湖州市政府与浙江省科技厅签订了科技工作会商议定书（图 3－15－1），成为全省第三个与省科技厅开展会商的地市，在推进科技创新改革试点、打造各类高能级创新平台、高质量建设南太湖新区等方面开展科技合作。全年争取省级以上财政资金 2.29 亿元，增长 60.08%，创历史新高，列全省第二位。

图 3－15－1　湖州市政府与浙江省科技厅签订科技工作会商议定书

（三）深入开展科技“三服务”活动

全年走访服务科技型企业、众创空间等 1200 多家次，发放科技政策汇编 2000 多册，面向企业开展专题培训 6 场，将科技创新政策送至基层和企业一线，帮助企业解决实际问题，问题办结率、满意率均为 100%，营造了浓厚的创新创业氛围（图 3－15－2）。

图 3－15－2　时任湖州市科技局局长王志芳带队赴企业开展“三服务”活动

二、提升创新平台能级

（一）推进高新区高质量发展

2019 年，湖州莫干山国家高新区全国综合排名由上一年度第 83 位上升至第 73 位。南浔智能机电高新区创建为省级高新区，实现省级以上高新区区县全覆盖。全市 5 家省级以上高新区全年实现规上工业增加值 326 亿元，同比增长 10. 3%，高于省平均增幅 3. 8 个百分点；实现高新技术产业增加值 252 亿元，同比增长 13. 1%，高于省平均增幅 5. 2 个百分点；实现装备制造业增加值 126 亿元，同比增长 14. 0%，高于省平均增幅 6. 3 个百分点。

（二）加快建设产业创新服务综合体

制定出台《湖州市产业创新服务综合体建设行动计划》和管理办法，完善工作机制，强化资金保障。新增省级产业创新服务综合体 4 家（创建类 3 家、培育类 1 家），累计 9 家，已实现省级综合体区县全覆盖，全年共服务企业 3. 2 万家次，引导研发投入 67. 5 亿元，相关产业营业收入超 2600 亿元。吴兴童装产业创新服务综合体得到时任浙江省委书记车俊的肯定。新增国家级科技企业孵化器 1 家，累计 8 家；新增省级科技企业孵化器 3 家，累计 7 家。

（三）全力推进众创空间提质增效

制定出台支持众创空间发展补充意见。建立季度评价机制、动态管理机制以及年度考核机制。召开全市众创空间建设运营专题研讨班。新建众创空间91家，累计206家。新增省级众创空间备案26家，居全省第三位。全市众创空间新增主营业务收入32.1亿元，上缴税金15097万元；新增入驻"双创团队"1775个，其中高层次人才创业项目77个；新增"双创"人数6612人，其中大学生3995人。

三、加快创新主体培育

（一）梯度培育科技型企业

突出"抓早、抓小"，深入实施工业"高技术、高成长"企业倍增暨科技型企业培育三年行动计划。全市300家"双高"培育企业主营业务收入增幅达24.2%，高于全市规上工业企业19.1个百分点；利税增幅达33.8%，高于规上工业企业27个百分点。培育"瞪羚"企业148家。浙江东方基因成为全市首家科创板上市企业。大力培育国家高新技术企业，新增高新技术企业179家，累计达938家，对首次认定的高新技术企业给予30万元奖励。新认定省科技型企业657家，累计3153家。

（二）加快建设研发机构

引导企业加大创新投入，开展规上企业研发投入"清零"行动，逐步提高企业研发机构设置率。新认定浙江爱诺生物医药研究院、浙江省隆泰新型医用敷料省级企业研究院、浙江省太平微特电机研究院等28家省级企业研究院，列入数居全省第五。新认定锐格智能物流装备、冠利新型医用包装材料、先锋软件信息系统集成、东成生物培养基等67家省级高新技术企业研究开发中心，列入数居全省第二。新认定市级研发中心136家。

（三）创新方法攻克技术难题

探索建立"征集企业技术难题、精准梳理问题清单、创新方法应用辅导、专家分析问诊把脉、探寻解决方法路径、整合资源协同创新、集中力量联合攻关"七大招式，将原有"孤岛式"创新串联为"链条式"创新，层层递进解决企业核心技术问题。举办技术难题专家诊断会，邀请专家就各技术问题现场"问诊把脉"，为企业"一对一"诊断分析，形成了7大技术领域51家企业60个重点问题清单（图3-15-3）。召开创新方法应用推广培训班，培养本地企业技术研发人员创新思维，掌握创新方法应用工具，培育182名国家一级创新工程师。

四、深化政产学研合作

（一）举办科技交流活动

举办第十届政产学研合作大会。与上海交通大学、同济大学等7所高校签订合作共建技术转移中心协议，签订各类科技成果转化项目110项，签约金额51.94亿元（图3-15-4）。举办与吉林大学、哈尔滨工业大学等高校专场对接交流会，参加了第三届陕西“一带一路”科技创新创业博览会、G60科创走廊系列活动等。

图3-15-3 湖州市举办技术难题专家诊断会

图3-15-4 湖州市召开第十届政产学研合作大会

（二）加快地校合作

新建省级重点实验室2家。新引进清华大学、上海交通大学、德国杜伊斯堡—埃森大学等国内外大院名校，合作共建材料设计与产业创新联合研究中心、工程创新中心、联合实验室等各类科技创新载体32家，其中以政府为主体引进18家，以企业为主体引进14家，涉及新能源汽车及关键零部件、高端装备、金属新材、绿色家居、现代纺织等领域。通过成果拍卖、技术转让、技术合作、委托开发等形式，实施科技成果转化项目139项，新增产值30.04亿元，新增利税9.23亿元。实施发明专利产业化项目244项，共涉及授权发明专利273项，新增产值79.81亿元，新增利润9.74亿元。完成技术交易额73.98亿元。浙江惠嘉生物科技股份有限公司与浙江大学等单位联合实施的“猪健康养殖的饲用抗生素替代关键技术及应用”项目荣获国家科学技术进步二等奖。

（三）加快高层次人才引进培育

实施南太湖精英计划3.0版。入选省领军型创新创业团队2个、“南太湖精英计划”创新团队18个。入选国家“万人计划”3人、浙江省“万人计划”科技创新创业人才5人。培养“南太湖特支计划”科技创新创业人才38名。

五、推进科技惠民富民

（一）全力争创国家可持续发展议程创新示范区

省政府推荐湖州创建国家可持续发展议程创新示范区，目前已完成科技部召开的两次推进会和实地考察，进入最终评审环节。南浔区可持续发展创新示范区列入第二批浙江省可持续发展创新示范区建设名单，至此已有省可持续发展创新示范区2个，占全省总数的四分之一，居全省第一位。

（二）建设农业科技平台

农业科技平台支撑能力不断加强，湖州国家农业科技园区在2019年度国家农业科技园区综合评估中获评优秀。长兴县生态循环农业科技园区成功列入2020年度省级农业科技园区创建名单，累计创建省级农业科技园区6家。新增省级星创天地4家，累计16家。新增市级众创田园（星创天地）20家。

（三）推进农社领域科技创新

农社领域新立市级重点研发计划项目12项、市级攻关和公益性项目220项，新立省级重点研发计划项目7项、省级公益技术应用研究项目23项（其中农业领域项目8项、社会发展领域项目10项、实验动物4项、分析测试1项）。完成德清县住建局承担的省级科技惠民项目“县域农村生活污水管网系统长效运维信息化平台建设”和安吉县生态环境局承担的国家级科技惠民项目“农村生活污水处理技术集成示范”等国家、省、市级科技项目验收。成功举办2019年湖州市科技活动周暨第十六届科普节活动。

撰稿人：华云飞　张敏（湖州市科学技术局）

第十六章　绍兴市

2019 年,绍兴市围绕打好以“两业经”“双城计”“活力城”为重点的高质量发展组合拳,全面实施科技新政,加快国家创新型城市建设,为经济社会高质量发展提供有力支撑,设区市科技进步监测评价由全省第七位上升至第二位。

一、强化统筹协调,凝聚科技创新合力

(一) 加强统筹领导

结合机构改革,市县两级均成立党政“一把手”任组长的市委(区委、县委)科技创新委员会,定期研究科技创新重大事项、重大政策、重大项目、重大改革举措。及时贯彻落实省委、省政府决策部署,市委常委会、市政府常务会议第一时间传达学习全省科学技术奖励大会和全省产业创新服务综合体建设现场推进大会等会议精神,研究贯彻落实意见。

(二) 全面落实省“科技新政 50 条”

制定出台《绍兴市加快科技创新的若干政策》(绍兴“科技新政 20 条”),针对绍兴科技短板,更大力度支持高新技术企业培育、创新平台建设,鼓励企业加大研发投入。全面落实创新普惠性政策,2019 年企业研发经费加计扣除 103.83 亿元,同比增长 22.64%;高新技术企业所得税减免 22.12 亿元,同比增长 15.8%。

(三) 加大政府科技投入

建立科技财政资金投入稳步增长机制,2019 年市本级财政科技拨款 10.31 亿元,同比增长 139.2%,占财政经常性支出的 11.02%;全市科学技术支出 46.9 亿元,增长 48.5%,占一般公共预算支出的 7.32%。以政府投带动社会投,充分激发企业、高校、科研院所等创新主体和社会力量创新投入的积极性。

(四) 加强目标责任制考核

市委科技创新委员会制定《2019 年创新型城市建设暨科技进步目标责任制考核办法》,召开 2019 年度科技工作述职评议会,组织科技企业、科技人才对区、县(市)委书记抓科技创新工作进行面对面评议,推动形成市县联动、部门协同的创新工作格局。

二、强化主体培育,激发企业创新活力

(一) 实施科技型企业“双倍增”计划

建立健全高新技术企业后备库和科技型中小企业数据库,加强培训辅导,实施申

报“一站式服务”。2019年共认定高新技术企业542家；新增科技型中小企业1202家、省高成长科技型中小企业180家。2019年全市高新技术产业投资额增长率为43.4%，高新技术产业增加值708.22亿元，同比增长7.6%。

（二）实施规上企业研发活动和研发机构“两个全覆盖”计划

建立倒逼推动机制，把企业开展研发活动与建设研发机构作为科技资源配置的前置。2019年开展研发活动的规上工业企业2412家，增长28.1%，占规上工业比重达50.59%。制定《绍兴市企业研究开发中心认定管理办法》，新认定省级重点实验室2家、省级企业研究院16家、省级高新技术企业研究开发中心49家。认定市级企业研发中心135家，总量达到977家。

（三）加快人才智力集聚

推进浙江省外国专家工作站试点城市建设，推广工作站“一站一人一批项目”运行模式，新建10家省级外国专家工作站，实施引智项目156项，柔性引进海外工程师近200人。柯桥区“打造外国高端人才创新集聚区”案例入选全国人才工作优秀案例。组织开展“外国专家绍兴行”系列对接活动。围绕新材料、智能制造等领域，邀请西班牙、德国、白俄罗斯、乌克兰等国家院士领衔的专家团队来绍兴开展科技对接活动，达成合作项目33个。

（四）积极推进海外创新载体建设

制定《绍兴市科技全球精准合作开放行动计划》，梳理汇总精准合作重大需求目录，鼓励龙头企业与海外顶尖创新机构开展多领域、全方位的紧密合作。日本福井海外创新孵化中心列入省创建名单，高壁垒仿制药及改良型新药国际科技合作基地（京新药业）列入省级国际科技合作基地；深化中国—乌克兰、中国—俄罗斯、中国—白俄罗斯、西班牙加泰罗尼亚等国际技术转移中心建设。

三、强化平台建设，优化创新资源配置

（一）实体化推进绍兴科创大走廊建设

成立以市委书记、市长为组长的建设领导小组，抽调11位年轻干部组建工作专班，实体化运作，编制落实绍兴科创大走廊建设规划，形成“一个核心、七大平台、十大标志性工程、百项千亿重点项目”的布局。主动对接G60、杭州城西、宁波甬江三大科创走廊，举办绍兴科创大走廊合作推进会（图3-16-1），与杭州城西、宁波甬江两大科创走廊签订合作协议，启动镜湖科技城、滨海科技城建设，推进新昌杭州紫金科创港、杭州滨江“诸暨岛”“上虞号”等“研发飞地”建设。

（二）推进高新区和科技特色小镇建设

积极探索“政区合一”“一区多园”等模式，推进高新区争先进位，新昌高新区位居全省省级高新区首位，柯桥高新区、嵊州高新区、绍兴高新区、诸暨高新区分别位列第10、17、19、20位。加快科技特色小镇建设，集成电路小镇被列入国家集成电路产业创新中心和省首批“万亩千亿”新产业平台，e游小镇、智能装备小镇被命名为省特色

图3-16-1　绍兴科创大走廊建设现场推进会召开

小镇。

（三）加快产业创新服务综合体建设

贯彻落实全省产业创新服务综合体建设现场推进会精神，市委、市政府专门召开全市产业创新服务综合体建设推进大会，按照“传统块状经济、现代产业集群全覆盖”目标，完善综合体建设布局规划，市、县两级在建综合体17家，绍兴黄酒、医疗器械等5家综合体新列入省级创建或培育名单，全市综合体共引进高层次人才、团队351个，集聚科研院所、检验检测、知识产权、科技金融等创新服务机构628家，服务中小微企业达4.4万家次。

（四）加快产业创新研究院建设

按照“一个产业一个研究院”的模式，制定《绍兴市引进共建研究院管理办法（试行）》，采取“一院一策”方式，加快创新载体引进落户。新引进上海大学、天津大学、东华大学等8家高校共建研究院，引进国家技术转移东部中心绍兴分中心等2家著名技术转移机构，共引进专家院士团队34个，组织开展“大院名校”绍兴行系列科技对接活动，达成合作项目225个。大力发展市场化、专业化、集成化的众创平台，新增省级众创空间28家。

四、深化科技体制改革，激发区域创新动力

（一）总结推广科技创新“新昌模式”

加强绍兴全面创新改革省级联系点建设，制定实施《2019年全市推广新昌经验暨全面创新改革联系点建设重点工作任务清单》，全面推进20条重点改革举措，总结提炼并形成科技创新“新昌模式”，并全域推广“新昌模式”。

（二）推进科研诚信制度化建设

贯彻省委《关于进一步加强科研诚信建设的实施意见》等文件精神，制定出台《绍

兴市科技计划项目科研诚信管理暂行办法》，规定了10类一般失信行为、14类严重失信行为，并实行科研失信单位和个人“黑名单”动态管理。印发《关于建立科技中介服务机构诚信工作机制的通知》，加强对科技中介服务机构的诚信管理。

（三）积极推进政府职能转变

深化“项目评审、人才评价、机构评估”改革，印发《关于加快落实赋予科研机构和人员更大自主权有关文件的通知》。制定科技服务领域深化“最多跑一次”改革行动方案，以“四简四优”为突破口，全面推广“企业研发项目信息管理系统”，推动项目评审、企业申报、机构评估等事项网上集成化管理，精简申报材料，减少填报内容，压缩评审时间1/3以上。

五、强化科技成果转化，完善创新服务体系

（一）加强生命健康科创基地建设

对标全省生命健康科创高地建设，积极布局创新资源，滨海新区高端生物医药入选省“万亩千亿”新产业平台，浙江医药股份有限公司和明峰医疗系统股份有限公司获批省级重点实验室。浙江医药股份有限公司新昌制药厂和诸暨市国伟禽业发展有限公司2项成果获2019年度国家科学技术进步奖二等奖；振德医疗用品股份有限公司、浙江震元制药有限公司和绍兴市中医院3项医药类成果分获2018年度浙江省科学技术进步奖二、三等奖。德琪（浙江）医药科技有限公司项目获国家新药创制科技重大专项立项支持。

（二）实施科技助力乡村振兴战略

制定出台《绍兴市创新驱动乡村振兴科技行动计划（2019—2022）》，新认定国家级“星创天地”4家，省级“星创天地”4家，新增市级农业重点企业研究院5家，嵊州陌桑高科股份有限公司“工厂化养蚕”入选2019全国十大颠覆性创新榜单和浙江省重大标志性成果。大力推进科技特派员工作，全市先后下派科技特派员团队90余支、科技特派员600多人，累计实施科技项目640多项，项目总投资达1.5亿元，引进新品种1433个，推广新技术925项，培训农民40余万人次，辐射带动160余万人。

（三）推进可持续发展实验区和创新示范区建设

结合区域特点，创新发展思路，探索发展模式，制定出台《实验区建设发展规划及建设重点项目》等，新昌县获评浙江省第二批可持续发展创新示范区创建单位。推进“水环境原位生态修复污染河道治理技术开发及应用研究”等攻关项目，组建科技治水专家团队，组织开展“科技治水专家基层行”活动。

（四）深化科技成果转化服务

按照高新技术企业全覆盖要求，组织开展“千企大走访”活动，摸排提炼企业技术需求495项，征集高校、科研院所各类科技成果1106项，举办各类科技对接活动33场，达成意向项目合作131项。推动科技市场与人才市场整合，建立技术交易、管理服务和考核评价等一整套标准化运营规则，并通过贯标验收。积极融入区域技术市场网

络,加入长三角区域技术市场联盟。组织企业参加科技成果竞价(拍卖)、技术难题竞标10项。实施发明专利产业化项目187项,实现技术交易额56.2亿元。

撰稿人:王表(绍兴市科学技术局)

第十七章　金华市

2019年，金华市科技局以开展“不忘初心、牢记使命”主题教育为主线，以国家创新型城市创建为引领，以“晒拼创”和“十百千万”竞赛活动为抓手，坚持创新驱动发展战略，深度融入长三角G60科创走廊，贯彻落实省市“科技新政”，为全力打赢“九场硬战”，打造全省重要增长极和第四大都市区提供有力的科技支撑。

一、积极对接G60科创走廊，全方位融入长三角一体化发展

（一）深化规划对接

2019年，市领导带队7次赴长三角G60科创走廊联席会议办公室（以下简称“G60联席办”）和芜湖等地对接，会同G60联席办对金华科技创新工作开展调研摸底8次，共同参与《长三角G60科创走廊建设方案》等3个规划的编制（图3－17－1）。

图3－17－1　2019长三角G60科创走廊联席会议座谈会

（二）深化产业对接

牵头成立G60首个产业联盟——新材料技术产业联盟，组织119家企业、17个园区、11名专家参与G60科创走廊14个产业和园区联盟，在上海开展“标准地”招商推介，推动G60城市达成7个产业合作项目建设。

（三）深化创新资源对接

大力推进在上海、杭州建设异地研发机构，婺城、浦江、开发区先后在沪杭建设 8 家异地科创飞地。牵头协调金华市金投集团有限公司等 4 家国资公司推进长三角 G60 金华（上海）科创中心建设。承办首届长三角 G60 科创走廊人工智能展示与对接活动。成立长三角 G60 科创走廊第一个高校院所联盟，组建专家团队服务重点细分行业。

（四）深化服务对接

实现长三角 G60“一网通办”窗口在全市县覆盖，提供信息推送服务 11492 次、异地证照办理 23 次、咨询服务 1319 次。推进长三角 G60 科创走廊九城市间大型仪器设备共享共用、创新券互通互认，全年市外共享大型仪器设备 5688 次，使用资金 470 余万元。

二、积极推进国家创新型城市建设，全力打造区域协同创新体系

（一）大力贯彻实施“科技新政”

牵头制定“九大行动”实施方案，贯彻实施“科技新政”，国家创新型城市研究课题通过科技部验收。搭建监测平台，完善数据采集手段，全面推广企业研发项目信息管理系统，全力抓好 R&D 经费统计。

（二）着力构建高能级科创平台

全力推进国家高新区创建，市领导先后 3 次赴科技部汇报对接，省政府发函恳请科技部优先支持金华高新区升级。省级高新区建设全面提速，兰溪功能性新材料高新区获批创建，东阳磁性电子产业高新区创建取得实质性进展。义乌森山健康、武义有机茶药、磐安中药材省级农业科技园区成功创建，取得历史性突破。

（三）加快推进金华科技城建设

探索县市共建机制，加快推进金华科技城共建项目评审落地，全市推荐共建项目 58 项，15 项通过初审初评。新落地浙江龙芯智慧产业园、交投智能物流装备产业孵化园、城投科技孵化园等一批高能级优质科创平台项目。

三、积极集聚高端创新资源，全面优化主体培育和科研体系

（一）高质量培育创新主体

累计培育省创新型领军企业 3 家。2019 年新认定国家高新技术企业 343 家（净增 320 家），国家高新技术企业累计 999 家，境内外上市国家高新技术企业累计 21 家，新三板数字经济企业 6 家。新增科技型中小企业 1096 家，累计达 3920 家。

（二）加快建设产业创新服务综合体

启动建设产业创新服务综合体 29 家，其中省级 7 家，实现县（市、区）全覆盖。

（三）加强创新资源共建共享

四川抗菌素工业研究所金华分所、上海交大义乌智能技术研究院等8个高水平研发机构正式挂牌运营。新建市级以上众创空间（星创天地）、科技孵化器创新载体41家，新认定市级以上研发机构172家。

四、积极推进科技体制改革，全链条优化创新创业生态

（一）强化政策引导

全面落实“科技新政50条”，出台《金华市人民政府关于深入实施创新驱动发展战略推动高质量发展的若干意见》，聚焦招院引所、招才引智、研发投入等九大重点，进一步加大政策扶持力度。

（二）搭好科技交流合作平台

全力办好第18届中国·金华工业科技合作洽谈会，组织企业“走出去”、高校院所“请进来”，邀请到会高校院所68家、专家教授近300人，近900家金华企业参加现场洽谈（图3－17－2）。签订各类科技合作项目127项，协议总金额7.5亿元，比上届增长94.3%。“张榜招贤”、精准对接等活动达成合作意向88项，意向总金额2420万元。

图3－17－2　第18届中国·金华工业科技合作洽谈会开幕式

（三）加大科技金融保障

新修订《金华市区科技信贷管理办法》，信贷总规模从5亿元增加到10亿元，企业最高贷款额度提高到300万元/家，努力帮助科技型中小微企业解决“担保难”和“融资贵”两大难题。共设立科技投资风险基金16只，总规模15.4亿元。

撰稿人：方玉婷（金华市科学技术局）

第十八章　衢州市

2019 年，衢州市科技工作聚焦发展数字经济智慧产业和美丽经济幸福产业，紧紧围绕市委“1433”发展战略体系，持续增强科技创新实力，为“活力新衢州、美丽大花园”建设提供有力的科技支撑。

一、持续优化政策环境，营造良好创新生态

（一）修订完善科创大专项政策

加大对研发投入和重大研发项目的支持力度，设立数字经济科技攻关专项，打通重大研发项目与科技攻关项目补助经费统筹使用。取消企业年度研发费用补助“年增5%”的门槛限制，将原来龙头标杆企业补助标准 6%、科技型中小企业补助标准 3% 统一调整为存量 5%、增量 10%，加大企业 R&D 经费支出补助力度。2019 年兑现科创大专项资金 6603.7 万元。

（二）纵深推进“最多跑一次”改革

从简化申报评审程序、管理验收程序、高企认定程序等 8 个方面着手，对 30 个事项进行了“颗粒化”细化，确定 9 个事项实行掌上办理。完善衢州市“科技大脑”，新增 3 个市级科技业务模块，累计 5 个市级事项实现网上办理。

（三）推广应用“企业研发项目信息管理系统”

采用“集中 + 分片区”培训模式对全市规上工业、高新技术、科技型中小企业实现培训全覆盖，减轻企业填报计算负担，实现企业研发费用加计扣除申报表“一键生成”。2019 年年底，全市已有 1552 家企业上线，其中市本级高新技术企业、规上工业企业上线率为 100%，项目数 3543 个，全省排名第 6 位。

二、加快建设创新平台，增强区域创新能力

（一）建立“双创”平台运营管理新机制

制定出台《衢州市创新创业平台运营方案和衢州市创新创业平台项目决策咨询服务制度》，重新确定“双创”平台功能定位，把招引成熟项目作为重点，推动两端打通落户。建立市领导小组、园区管理委员会、专业化团队三级管理运营体系，实行园区化管理、产业化定位、专业化运营、政策化配套。建立项目决策咨询、政策保障、基金导入、绩效考评、退出管理五大机制，有序推进各平台管理权移交和园区管委会组建。2019 年入驻创新平台的高端引才项目 76 项，其中数字经济项目 53 项，并以项目引进了一批高端人才。

（二）全面推进产业创新服务综合体建设

市政府召开全市产业创新服务综合体建设工作推进会，有序推进原有4家省级产业创新服务综合体建设，争取到7500万元建设经费。2019年新增产业创新服务综合体6家，其中省级3家、市级4家（表3-18-1）。

表3-18-1 衢州市2019年新增省、市级产业创新服务综合体

序号	名　称	备注
1	浙江省衢州市空气动力装备产业创新服务综合体	省级
2	浙江省柯城柑橘产业创新服务综合体	省级
3	浙江省衢江区高性能纸及纤维复合新材料产业创新服务综合体	省级、市级
4	衢州市数字经济产业创新服务综合体	市级
5	衢州市龙游轨道交通装备产业创新服务综合体	市级
6	开化县钱江源生态健康产业创新服务综合体	市级

（三）推进省级高新区建设

指导各县（市、区）创建省级高新区，在2018年实现县域省级高新区"零"的突破后，2019年再添1家龙游精密高端装备制造园区，衢江区启动省级高新区申报创建。

三、大力培育创新主体，增强主体创新能力

（一）加大创新主体培育力度

深入实施科技企业"双倍增"行动计划，组织开展多场科技新政解读和高新技术企业申报业务培训，新增国家高新技术企业98家，再创历史新高。继续实施"双百"科技型中小企业"登高"计划，新认定省科技型中小企业217家。新增省级企业研究院4家、省级高新技术企业研发中心11家、市级重点企业研究院4家。

（二）推进科技金融助企发展

2019年市科技金融合作贷款向市本级46家科技型中小企业发放贷款1.8亿元，为全市103家高新技术企业减免所得税1.8亿元，为550家企业兑现研发费用加计扣除优惠政策，减免税款4.3亿元。同时，加强创新券政策推广应用，全市发放科技创新券3604万元，使用1913万元，有效激发衢州市科技型中小微企业创新活力。

四、持续推进产学研合作，增强创新资源集聚力

（一）稳步推进浙江大学工程师学院衢州分院和浙江大学衢州研究院建设

浙江大学工程师学院衢州分院和浙江大学衢州研究院（以下简称浙大衢州"两院"）人员已基本配备到位并正常运转，小试实验室过渡用房、中试实验实训基地和新校址建设等项目均已正常开展，同时安排1000万元科研经费支持浙大衢州"两院"28个新材料和数字经济等领域项目的技术攻关与成果转化。2019年9月，浙江大学工程师学院衢州

分院 2019 级硕士研究生开学典礼和浙江大学衢州研究院第二次理事会顺利召开，浙江大学党委书记任少波和衢州市委书记徐文光出席开学典礼，首批 26 名学生入学，浙江大学 26 个科研团队签约入驻浙大衢州“两院”。

（二）持续推进与高校院所对接合作

2019 年 7 月，衢州市与中科院广州电子技术有限公司签订合作共建中科广电衢州研究院有限公司协议（图 3－18－1）。8 月 29 日，中科广电衢州研究院有限公司完成注册并注入 200 万资金，各项工作有序开展。继续加强与中科院宁波材料所、上海复旦大学、浙江工业大学等高等院校的合作交流，支持创新主体与大院名校共建实验室、重点企业研究院等科研机构，努力提升科技成果转化的层次与水平。及时兑现东南数字经济发展研究院 200 万元的科技专项补助经费，为衢州市数字经济“一号工程”的“一号院”建设夯实基础。

图 3－18－1　中科广电衢州研究院有限公司签约仪式

（三）进一步拓展区域合作领域

主动对接 G60 科创大走廊相关单位及成员城市，积极推动衢州市加入 G60 科创大走廊联盟。继续深化山海协作“升级版”，参与 2019 年杭州都市圈科技合作工作，12 月 26—27 日，举办杭州都市圈第七次科技局长联席会议（图 3－18－2）。

图3-18-2　杭州都市圈第七次科技局长联席会议召开

五、实施民生科技行动，提升科技惠民水平

（一）创新驱动乡村振兴

圆满完成创新驱动乡村振兴"3+4"专项计划，多措并举助力"乡村振兴大讲堂"建设，精心制定"乡村振兴讲堂"课程模块方案，为发展美丽经济幸福产业提供科技支撑。柯城区石梁镇城西村的"高糖优质柑橘新品种明日见的引进与示范"项目和七里乡大头村的"荷兰博陇（37—94）辣椒引进示范推广"项目入选2019年度省"百村引智示范项目"。

（二）农业创新平台多点开花

衢江区省级农业高科技园区全自动生态养殖等基础设施建设不断完善，已启动申报国家农业科技园区，江山市贺村农业科技园区入选2020年度省级农业科技园区拟创建与培育名单，江山冒个泡猕猴桃电商星创园和常山县一乐大学生创业园入选2020年省级星创天地备案名单。

（三）防震减灾成效凸显

加强防震减灾科普教育基地建设，市中小学素质教育实践学校创建国家级防震减灾科普教育基地，浙江奕宸文化艺术有限公司被认定为浙江省防震减灾科普教育基地。乌溪江地震台站完成"三化"改造。"5·12"期间组织开展宣传资料发放、举办讲座等"防灾减灾日"系列宣传活动，加强防震减灾科普宣传。

六、坚持引育用并举，夯实科技人才队伍

（一）多举措推进高端人才引育

组织东南数字经济发展研究院、浙江华友钴业股份有限公司、浙江开山压缩机股份有限公司等赴重庆、深圳参加中国智博会、国际人才交流大会，帮助衢州市企事业单位拓宽引进海外高层次数字经济人才的渠道。新引进国外智力专家 38 人，组织申报省级引进外国智力项目 23 个。11 月 3—6 日，衢州市联合浙江大学在衢州举办“2019 年全国化学工程前沿博士生学术论坛”，共有 125 名博士参会，7 位参会博士在论坛现场与多家单位进行签约，20 余位博士与衢州龙头企业初步达成合作意向。

（二）强力培育本地人才

突出导向作用，深入企业指导，筛选顶尖人才。2019 年有 1 人入选科技创新领军人才、2 人入选科技创业领军人才，评选出第四批市重点创新团队 10 个，支持集聚培养一批领军人才及其团队。认真开展衢州市首批“首席技术官”考核工作，遴选衢州市第二批企业首席技术官 62 名。

（三）加强科技特派员管理和选派

组织开展省科技特派员绩效评估，2019 年衢州市有 15 名科技特派员获评省级优秀科技特派员、3 家单位获评浙江省科技特派员工作先进单位。征集新一批特派员重大战略需求，与省科技厅积极对接，最大限度满足各县（市、区）需求，争取到省个人特派员名额 65 人，团队科技特派员名额 15 个共 95 人，产业创新服务综合体工业团队科技特派员 2 个共 15 人。

撰稿人：毛晓翠（衢州市科学技术局）

第十九章 舟山市

2019 年，舟山市科技系统深入学习贯彻习近平新时代中国特色社会主义思想和党的十九大精神，按照创新驱动发展战略要求，围绕“八八战略”再深化、改革开放再出发主线，积极贯彻落实科技新政，以“创新舟山”建设为主抓手，进一步加强谋划、主动布局，以钉钉子精神狠抓落实，科技创新质效齐升，为本地区经济高质量发展提供强劲的动力支撑。

一、2019 年省对市科技创新考核主要指标

2019 年，新增科技型中小企业 171 家，同比增长 4.91%；新增高新技术企业 49 家，同比增长 13.95%。规上工业高新技术产业增加值 91.89 亿元，同比增长 1.4%，高新技术产业投资增幅 12.8%。全市有效发明专利拥有量 2471 件，同比增长 21.07%；PCT 国际专利申请量 8 件，同比增长 166.67%。技术交易总额达 70.16 亿元，同比增长 307%（表 3－19－1）。

表 3－19－1　舟山市各县（区）2019 年科技创新主要指标完成情况表

考核指标	2018 年全社会 R&D 经费/亿元			2018 年全社会 R&D 人员/人			2019 年高新技术企业/家			2019 年科技型中小企业/家		
	2018 年目标	全年统计数据（完成比例）		2018 年目标	全年统计数据（完成比例）		2019 年目标	全年统计数据（完成比例）		2019 年目标	全年统计数据（完成比例）	
全市	16.1	11.0	68.32%	4200	3800	90.48%	44	49	111.36%	150	171	114.00%
新城管委会	/	/	/	/	/	/	/	6	/	9	10	111.11%
集聚区管委会	/	/	/	/	/	/	/	6	/	11	11	100.00%
普—朱管委会	/	/	/	/	/	/	/	1	/	2	2	100.00%
定海	6.5	5.7	87.69%	1850	2017	109.03%	14	17	121.43%	44	50	113.64%
普陀	5.2	3.8	73.08%	1420	1105	77.82%	14	14	100.00%	44	57	129.55%
岱山	3.5	1.2	34.29%	500	456	91.20%	9	5	55.56%	30	31	103.33%
嵊泗	0.2	0	0.00%	30	13	43.33%	2	0	0.00%	10	10	100.00%

二、“创新舟山”建设统筹推进

围绕“创新舟山”建设“一条主线”，全面实施《“创新舟山”建设三年行动计划》，充分发挥“创新舟山”建设领导小组办公室牵头作用，完善考核机制，合力抓好 46 项工作任务的有效落实。

三、创新主体引培有新实效

（一）科技企业"双倍增"有新成果

建立健全科技企业梯度培育机制，实施"科技型中小企业帮扶三大行动计划"。首次推行高新技术企业培育入库制度，全年新增高新技术企业 49 家，累计达 180 家；新培育认定省级科技型中小企业 171 家，累计达 910 家。

（二）招才引智有新成效

聚焦海洋特色产业和系列国家战略加快落地的需求，外引内育"两手抓"，"万人计划"等省级及以上领军人才自主引育达 12 人，远超上年入选数；新引进省引才计划外国专家 4 人，为历年之最；自主培育省"万人计划"杰出人才 1 人，实现零突破。成功举办第三届新区全球海洋经济创业大赛，实施"5313"行动升级计划等引才活动，新引进落户科技创业领军人才企业 27 家。主动接轨上海、宁波等地，引进海外人才智力 1292 人次，入选省海外工程师 5 名，实施省级引智项目 10 个。

（三）企业研发体系建设有新举措

首次开展市级产业创新研究院建设，聚焦船舶与海工等六大重点产业和螺杆、汽船配、贻贝三大区域特色产业，新布局建设市级产业创新研究院 10 家，助推海洋产业健康发展（图 3－19－1）。

图 3－19－1 市委常委、市委组织部部长蒲晓斌调研舟山海洋输电工程技术实验室

（四）产业谋划快速推进

主动谋划舟山新材料产业和高技术服务业发展路径，提出发展重点方向和招商地图，制定新材料等重点产业领域的扶持政策；新引进中科探海（苏州）海洋科技有限责任公司的水下全景智能声学成像装备项目、浙江华蕴海洋工程技术服务有限公司的舟山海洋工程技术服务平台项目等海洋高技术产业平台和海洋高技术服务业项目。

四、创新平台建设有新进展

（一）高能级创新平台建设顺利推进

国家高新区创建已经进入待批复环节；摘箬山海洋科技示范岛成功列入教育部野外科学观测研究站；浙江海洋大学成立全省首个 5G 海洋联创中心。

（二）省级产业创新服务综合体实现翻番

2 家产业创新服务综合体成功入围省级创建名单，全市已创建省级产业创新服务综合体 4 家，共整合科技服务人员 1000 余名、科研设备 9.7 亿元，对外服务企业超 5000 家次以上（图 3－19－2）。

图 3－19－2　舟山现代海洋产业创新服务综合体正式运行暨运营管理中心启动仪式

（三）创业孵化平台建设持续提升

普陀湾众创码头升级为全市首个国家级创业孵化示范基地，创客码头获评省级优秀众创空间。全年新培育市级科创园区 2 家、市级众创空间 3 家，截至目前，全市共有省级科技企业孵化器 5 家、市级科创园区 5 家、市级以上众创空间 18 家，全市创新创业承载面积达 40 万平方米，孵化创业企业（团队）860 个。按照“舟山特色＋杭城支撑”的定位，位于杭州的 4000 余平方米舟山首个“人才飞地”开园运行，截至 2019 年年底，已有 15 家企业入驻。

（四）省级科技创新载体建设取得实效

新增省级星创天地 2 家，累计 5 家；集聚渔农业创业主体 50 家，成果转化和示范基地 3000 多亩，培训渔农民 2000 多人（图 3－19－3）。定海区远洋渔业特色农业科技园区成功列入 2019 年度省级农业科技园区创建计划，通过建设将集聚相关科技企业 100 家以上、科研机构 10 家以上，成为辐射和带动全市远洋渔业产业实施技术集成转化应用的重要平台。

图 3 - 19 - 3 农技专家深入星创天地开展“三服务”

五、科技攻关和成果转化有新提升

（一）科技攻关稳步实施

全年组织实施各级各类科技项目 692 项，其中省级及以上项目 475 项。新组织实施省重点研发计划项目 11 项，市级重点项目 6 项。围绕海洋新能源开发，浙江舟山联合动能公司争取到国家部委“兆瓦级舟山潮流能并网示范工程”项目，已并网发电 120 万千瓦时，持续运行 39 个月，成为世界上首座实现兆瓦级潮流能发电商业化示范工程。围绕支撑自贸区建设，自主设计、自行建造的船用燃料供油“舟山船型”首制船开工，船型改进属国内首创。

全省首座大型智能深水网箱“嵊海一号”在嵊泗县花鸟岛附近海域投入试验（图 3 - 19 - 4）。

图 3 - 19 - 4 “嵊海一号”投放入海

推动省海洋水产研究所联合日本东京大学在全球首次建立全雌黄姑鱼规模化培育技术标准体系，实现黄姑鱼规模化人工繁育。

在生物医药领域，全市首个仿制药获国家药监局批准，海力生制药有限公司生产的“蒙脱石散”通过国家药监局“仿制药质量和疗效一致性评价”，成为该类药全国第10家获批的药企，为全市生物医药产业发展树立了标杆。

（二）成果转化实现历史突破

全市全年技术合同成交总额超70亿元，增速居全省前列。舟山科技大市场发布科研院所技术成果161项，征集企业技术需求192项，9项技术需求参加第四届中国创新挑战赛（浙江），3项进入省百项技术需求名单。

六、科技合作交流有新气象

（一）国际合作交流有新突破

2019年，制定出台《关于鼓励企业设立海外研发机构的若干政策》，鼓励企业“走出去”，集聚利用海外创新资源，提升企业研发国际化水平。舟山银美汽车内饰件有限公司成功设立舟山首个企业海外研发机构；浙江国际海运职业技术学院成为全省第一家获评省级国际合作基地的高职院校。新引进省引才计划外国专家4人，取得历史性突破；新入选省海外引智项目10项，入选率居全省前列。联合举办首届国际海洋技术会展、第八届国际水下技术学会技术会议等10场高层次交流会。

（二）国内合作交流有新实效

制定并启动实施《舟山科技全面融入长三角一体化接轨上海、宁波行动计划》，稳步推进《舟山市推进长三角一体化发展行动计划》及《宁波舟山一体化发展行动计划》的实施，启动“水下结构物智能清洗机器人研制”等11项区域创新研发项目，累计实施区域性创新研发项目63项，为促进全市产业发展提供了有力科技支撑。积极引进大院名校共建创新载体，出台《舟山市引进大院名校共建科技创新载体认定管理办法（试行）》，新引进同济大学、中国科学院长春应用化学研究所、海康威视等11家大院名校名企在舟山设立研发机构，创历史新高，全市已累计引进市外高校科研院所创新载体90家。

七、“双创”生态有新优化

（一）地方科技立法出台进程加快

出台舟山首部地方科技立法《舟山市科技创新促进条例》，为舟山“双创”环境优化提供法律保障。

（二）“六位一体“创新生态链高效打造

围绕“十联动”创业创新生态圈建设，聚焦海洋生物产业，高质量构建具有地方特色的“六位一体”创新生态链；创新科技特派员工作机制，选派15名特派员实行一对一企业派驻，首次实施首席专家制，聘请浙江海洋大学严小军教授等6名专家为海洋生物、石油化工等6大领域首席专家，为企业重大技术攻关提供支撑。

（三）“三定”工作法创新实施

深化“三服务”活动，创新实施定时、定人、定点的“三定”工作法，建立健全市领导联系帮扶重点科技型中小企业“白名单”制度、“5313”行动计划助创专员制度等，精准发挥政府服务企业、服务产业的效能。全年明确带队市领导 6 名，科技创新服务团队 8 个，企业科技特派员 15 人，重点产业首席专家 6 人，企业联络专员 50 人。梳理企业和产业发展技术需求 117 项，解决问题 108 项。组织专题培训和产学研对接活动 20 余次。支持科技企业和创新团队开展创新活动，全年发放创新券 2658.19 万元，确认使用 1989.34 万元。全面梳理关涉科技部门的办事项目，公布 28 项“最多跑一次”办事项目清单，持续深化科技领域“最多跑一次”改革。

撰稿人：远飞（舟山市科学技术局）

第二十章　台州市

2019年，台州市贯彻落实省“科技新政”，深入实施科技新长征，积极培育科技创新企业，建设创新创业平台，集聚科技创新要素，实施科技创新项目，科技创新对高质量发展的支撑引领作用进一步凸显。省级领军型创新创业团队新增数居全省第三位，国家高新技术企业新增数为历年最高，国家级孵化器和众创空间建设取得新突破，全市9个县(市、区)中有8个入选2019中国创新百强县(区)。

一、加强平台建设，提升区域创新驱动力

(一) 重大平台建设实现新突破

台州高新区被科技、发改等四部委列为国家高新区推荐单位呈报国务院等待批复。台州科技城科创综合区一期项目竣工，累计投资20多亿元，数字经济、智能制造等领域的项目陆续入驻。为加快实现县域省级高新区全覆盖，支持天台、玉环分别创建以高端装备制造、现代交通装备为主导的省级高新区。

(二) 创业创新服务平台量质提升

创建培育智能缝制装备、汽车零部件、生物医药等产业领域的省级综合体6家，新认定市级产业创新服务综合体12家。2019年4月，全省产业创新服务综合体建设现场推进会在台州召开，综合体创建工作得到省委、省政府主要领导的充分肯定(图3-20-1)。

图3-20-1　全省产业创新服务综合体建设现场推进会在台州召开

（三）孵化平台做优扶强

修订《台州市级科技企业孵化器认定管理办法》《台州市级众创空间认定管理办法》，规范对孵化机构的运行管理。组织开展培育科技企业孵化器、众创空间的培训，加快推进提档升级。新增国家级科技企业孵化器2家、省级科技企业孵化器3家、省级众创空间7家，全市省级及以上孵化器（众创空间）达37家。

二、狠抓主体培育，激发创新内生动力

（一）科技企业快速增长

实施科技企业“育苗造林”（第一期）计划，建立科技型企业数据库和高新技术企业后备库，择优扶持有潜力的科技型中小企业向高新技术企业发展，入库企业400家。部分县（市、区）根据实际提高高企补助标准，企业申报积极性进一步提升。全市新增国家高新技术企业191家、省级科技型中小企业753家。推荐省高成长科技型中小企业131家。分类指导、扶持企业建设各类研发机构，新增省级企业研发中心39家、省级企业研究院20家。

（二）技术攻关力度进一步加大

以项目实施为载体，围绕七大千亿产业集群培育，引导企业及公共创新服务平台攻克关键技术，征集实施汽车零部件、医药化工等领域的共性技术突破项目42个。数字经济、大健康等领域的18个项目被列入2020年省重点研发项目，争取省级资金补助6315万元。2019年，全市实现高新技术产业增加值669.53亿元。

三、深化开放合作，集聚高端创新要素

（一）合作交流持续深化

积极搭建成果转化通道，组织开展南非院士专家台州行、意大利专家台州行等12个系列100余场次对接交流活动。组织企业参加2019年浙江省科技成果竞价（拍卖）活动，共竞得科技成果16项，成交金额2179万元。深化校地、院地合作，新引进落户浙江工业大学台州研究院、中国科学院上海有机化学研究所黄岩创新中心、复旦张江研究院临海科技创新园等16家科创平台。出台《关于加强科创平台建设运行管理的意见》，修订《台州市级科技创新平台绩效考核评估办法（试行）》，建立健全科创平台引进管理体系和考核评价制度。

（二）科创“飞地”加快布局

积极融入长三角、对接北上广，重点围绕数字经济、医药化工等产业的创新资源引进，建设台州—上海创新中心、台州—杭州创新中心、南科大台州·深圳创新中心等“科创飞地”，部分研发项目入选台州“500精英计划高端人才项目”。积极融入国际，新建中国台州南非孵化器、台州西雅图海纳孵化器，海外孵化器为2019年台州国际人才合作洽谈大会甄选推荐了医疗器械、智能制造、生命科学等领域的科技项目26个（图3-20-2）。

图 3－20－2　2019 台州国际人才合作洽谈大会——南非孵化器项目专场路演活动

四、完善创新服务体系，提升创新环境吸引力

（一）成果转化服务体系进一步完善

加大科技经费扶持力度，进一步培育发展技术交易市场，活跃成果交易。依托市级科技大市场走访企业 721 家，征得技术需求 469 项，发布技术成果 1688 项。全市完成技术合同交易总额达 73.08 亿元，同比增长 15.3%。进一步扩大创新券使用范围，加大对高层次人才创业的创新券支持，全年发放创新券 5948 万元，企业接受服务次数居全省第二位。

（二）科技金融服务体系进一步完善

为弥补传统线下服务的局限，为科技企业投融资提供便捷的线上对接服务，启用"科技金融支持企业管理服务系统"。截至 2019 年年底，该系统注册企业 1075 家，认证投资机构 2837 家，上线企业服务类产品 1002 项，服务企业 400 多家次，对接融资额度 6000 万元左右。科技型中小企业信贷风险补偿基金累计授信 4.3 亿元，贷款总额达 5.9 亿元。23 家科技银行为 913 家国家高新技术企业、省级科技型中小企业提供资金服务 80.8 亿元。

（三）引才引智政策体系进一步优化

出台《人才国际化水平提升十条》《台州市外国专家工作站建设管理实施细则》《台州市外国高端人才创新集聚区实施意见》，3 个创新团队进入省级领军型创新创业团队行列，为历年最高。入选省"万人计划"人才 4 人。建立台州市外国高端人才创新集聚区，引进 1 项欧洲科学院院士项目，实现了海外院士团队引进"零突破"。调整壮大科技人才专家库，首批吸纳 582 位专家入库。

五、坚持惠民利民，提升科技惠民影响力

以科技创新助推乡村振兴，认真贯彻落实习近平对科技特派员制度推行 20 周年作出的重要指示精神，深入实施科技特派员制度，实施市级科技特派员专项 34 项，切实增强了农技示范推广效应。建强农业科创载体，新增省级“星创天地”4 家、省级农业科技园区 1 家。加强医疗卫生、治水治气、食品安全等领域的科技服务。积极展示科技创新成果，组织开展科技嘉年华、科普大讲堂等 12 项科技活动周系列活动，促进全民科学素养提升，激发社会创新活力。

撰稿人：莫斐（台州市科学技术局）

第二十一章　丽水市

2019 年，丽水市科技局认真贯彻落实市委、市政府的决策部署，大力弘扬和践行"忠诚使命、求是挺进、植根人民"的伟大浙西南革命精神，坚定不移贯彻新发展理念，始终坚持把创新引领作为推动丽水高质量绿色发展的第一动力和核心关键，积极推动 GDP 和 GEP 规模总量协同较快增长，GDP 和 GEP 之间转化效率实现较快增长，努力让"创新引领"在"两山"理念的生动实践中真正成为丽水实现绿色高质量发展的"金钥匙"。

2019 年，丽水市高新技术产业投资增速 53. 3% ，分别高于省、市年度目标 43. 3 和 41. 3 个百分点，增速位居全省第一。实现高新技术产业增加值 106. 2 亿元，同比增长 10. 2% ，比全省平均增速高 2. 2 个百分点，增速位居全省第二，占规上工业增加值比重 36. 7% 。实现规上企业研发经费 32. 5 亿元，同比增长 57. 1% ，增速位居全省第二，比全省平均增速高 35 个百分点。完成技术合同交易总额 6. 71 亿元，完成率 134. 2% 。国家高新技术企业、省级科技型中小企业的培育，省级产业创新服务综合体、省级企业研究院和省级高新技术企业研发中心的创建均创历史新高。

一、促改革，完善顶层规划设计

（一）出台科技人才两大新政

出台《关于推进科技创新引领高质量绿色发展的二十六条意见》（科技新政 26 条）和《关于加快集聚高层次科技创新创业人才推动高质量绿色发展的意见》（人才新政 15 条）。两个《意见》共涉及 100 多个政策点，是丽水迄今为止最大力度的人才科技政策创新，是原有人才与科技政策的"优化版、加强版、升级版"（图 3 - 21 - 1）。

图 3 - 21 - 1　人才与科技新政发布推介会

（二）研究起草《丽水市科技创新能力提升行动计划》

《行动计划》对全市科技创新长远定位、空间布局、战略路径、重点举措等进行了重新梳理，着力谋划一批科技创新工程、项目、载体和活动。

（三）“科技大脑”项目上线试运行

“综合集成的科技创新信息化服务平台”建设项目成功争取，成为省政府“最多跑一次”深化改革试点项目，数据中台、服务中台构建完成，科技数据仓建设实现了省、市、县（区）三级数据共享，决策系统基本构建完成，竞争情报系统、高新技术企业监测系统、政策匹配系统建设顺利推进。

二、搭平台，打造创新引领高地

（一）建成全市首个海外孵化器

在德国柏林建立“丽水·柏林·海纳孵化器”，该孵化器是丽水第一个海外科技创新孵化器，位于德国首都柏林市阿德勒斯霍夫科技园内，将借助浙江清华长三角研究院科研资质优势，吸引德国与欧洲科研机构、初创企业与中小企业对接丽水市场和资源，加大海外科技成果、技术和人才引进，更好为丽水高质量绿色发展提供科技创新支撑（图3－21－2）。

图3－21－2　在德国柏林挂牌“丽水·柏林·海纳孵化器”

（二）全力打造浙西南科创中心

启动浙西南科创中心建设规划编制，按照“一心一带三区多点”总体布局，集中集聚集约布局全市优质创新资源，形成“一心支撑”“区点联动”创新发展格局，全力打造

"人才集聚、产业兴旺、绿色发展"的丽水创新发展格局。"一心",即中心城市,着力打造浙西南科创中心。"一带",即丽水科创示范发展带,整合汇聚创新资源,支持莲都、青田、缙云全力打造全市创新发展"引领极"。"三区",即丽水科创协同发展区。围绕龙庆经典文创、遂松乡村振兴、云景特色风情三个聚落区块的特色发展推进,突出科技创新,积极构建各具区域特色的协同创新发展新机制。"多点",即丽水科技联动发展点,包括省级以上经济技术开发区、工业园区、农业园区等节点。

(三) 加快培育建设产业创新服务综合体

新建市级产业创新服务综合体 8 家,云和木玩、遂昌金属制品、庆元竹木列入省级产业创新服务综合体创建名单,创历年新高,共有 4 家综合体分别获得 2000 万元省级建设资金补助。时任浙江省委书记车俊在全省产业创新服务综合体建设现场推进会上对龙泉汽车空调产业创新服务综合体给予充分肯定(图 3-21-3)。2019 年,丽水各级综合体涉及的产业集群生产总值 547.53 亿元,研发投入 7.40 亿元,规上企业 274 家,高新技术企业 129 家,科技型中小企业 378 家。此外,还集聚了创新服务机构 49 家,引进各类创新平台 37 家,人才团队 26 个,服务企业 7226 次,全市综合体的科技服务能力显著增强。

图 3-21-3　龙泉汽车空调产业创新服务综合体

(四) 协同推进产业创新平台建设

与清华长三角研究院杭州分院、中国中医药研究促进会共同谋划打造全国传承振兴中药材产业示范地。谋划创建龙泉汽车空调省级高新技术产业园区,扎实推进缙云五金产业区省级高新区建设。

三、育主体,壮大创新企业集群

(一) 强化后备资源建设

重新梳理扩容高新技术企业培育库,着力推动一批科技型中小企业提升发展成为高新技术企业,一批规模以上工业企业提升发展成为高新技术企业,一批高新技术企业提升发展成为规模以上企业。新增国家科技型中小企业 90 家、国家高新技术企业 127 家、省级科技型中小企业 246 家、省高成长科技型中小企业 37 家。

（二）加大奖励扶持力度

对新认定的省级高成长科技型中小企业和省级科技型中小企业，分别给予10万元和5万元奖励。对新认定的国家高新技术企业和重新认定的国家高新技术企业，分别给予40万元和10万元奖励，对市外引进的国家高新技术企业，视同新认定的国家高新技术企业。对新认定的国家高新技术企业、省级科技型中小企业上年度获得的银行贷款，给予一定额度的贴息扶持。

（三）推进企业研发机构建设

围绕丽水市产业结构调整和高新技术产业发展的需要，积极引导企业建立研究院、研发中心，搭建高层次创新平台，提高企业科研软硬件水平。新增省级企业研究院11家、省级高新技术企业研发中心17家，省级企业研究院和省级高新技术企业研发中心创建均创历史新高。新增省级科技企业孵化器1家、省级众创空间3家。

四、重借智，强化科技开放合作

（一）谋求大融入

着眼接轨长三角、融入大上海，积极主动联络上海松江G60科创走廊联席会议办公室、上海普陀长三角产业创新城市联盟办公室、上海科技成果转化促进会等在沪组织，谋求挺进上海寻求深度合作。6月24日，在安徽铜陵召开的长三角产业创新峰会上，丽水市正式加入长三角产业创新城市联盟并成为9个发起城市之一。

（二）深化大合作

3月11日，丽水市政府与之江实验室、浙江清华长三角研究院签订了战略合作框架协议（图3－21－4）。与中科院半导体所共建中科先进半导体研究中心，与武汉大学签约共建武汉大学丽水研究院，与浙江清华长三角研究院共建科学家在线产学研服

图3－21－4　与之江实验室、浙江清华长三角研究院签订战略合作框架协议

务平台。首次与外国国家科学院——白俄罗斯国家科学院签订战略合作协议,组织俄罗斯院士丽水行等活动。建成全省首个联合海外孵化器,签订了海外引才工作总站合作协议、乌克兰海外研发中心合作协议、院士项目入驻协议。

(三) 推进大交往

与之江实验室、浙江清华长三角研究院达成共识,为丽水提供行业专家等支持,共同承办2019丽水"人才·科技"峰会。互派干部挂职交流,丽水派出的叶予彦、胡文君分别挂职担任国内合作部部长助理、国际合作部部长助理,浙江清华长三角研究院派出的郭冰、陆云亮分别挂职担任丽水市科技局农社合作处副处长、莲都区岩泉街道副主任。创建浙江大学龙泉创新中心、中国计量大学龙泉科创中心、浙江农林大学龙泉科技特派员工作站。

(四) 推广大服务

"三段六步法"产学研服务模式获得高兴夫副省长肯定批示,并要求全省推广学习。各大院名校共组织技术对接会13场次,涉及装备制造、带锯床、铅笔、轴承等行业,走访服务企业143家次,征集技术难题101项,成功对接36项,对接成功率达35.64%。

五、强服务,全力推动创新发展

(一) 注重科技招商

重点着眼"智能芯片产业园"和"生命健康产业园"的谋划建设,大力开展科技招商活动。围绕高新企业、研发机构、科研项目、科技人才四大板块,主动服务开发区和莲都区等经济建设主战场和主平台,努力做好"科技媒人"和"科技月老"。牵头发起引进上海原能集团,积极谋划丽水·上海原能细胞生命科技产业园。积极协同引进丽水市第一个半导体全产业链项目丽恒光微电子、丽水市第一家5G小基站类型项目香农通信、丽水市第一个芯片研究大院名所——中科院半导体研究所,以及光珀智能等"高精尖"项目,积极配合谋划打造设计、制造、封装全产业链的丽水半导体科技产业园。

(二) 推动研发投入

把"研发经费支出占比达到1.7%"作为引领丽水市科技工作的"牛鼻子"和"主抓手",在深入调研分析的基础上,开展全社会研发投入提升突破专项行动,制定出台研发投入后补助办法,引入第三方科技服务中介等一系列措施加以推进。全市规模以上工业企业技术开发费增速居全省第二。

(三) 发挥特派员作用

科技特派员工作继续走在全省前列,在科技特派员制度推行20周年总结会上,全国受表彰的92名科技特派员中派驻丽水市的有3名。继续推行"工业科技特派员制度",全市已选派175名工业科技特派员。

六、优环境，完善创新生态体系

（一）开展“三服务”专项行动

深入开展“三服务”活动和“精准服务企业、振兴实体经济”专项行动，进企业、送服务、解难题。丽水市科技局累计服务企业 333 家次，走访企业 874 家次，收集研发费用相关问题 597 个，解决问题 401 个。

（二）加大政策扶持力度

积极落实研发费用加计扣除、高企所得税减免等税收优惠政策，2019 年共兑现 2018 年度全市 495 家企业研发费用加计扣除 12.89 亿元，125 家国家高新技术企业所得税共计减免 1.89 亿元。促进科技资源开放共享，降低企业创新成本，2019 年发放科技创新券 2538.22 万元，确认使用 1728.88 万元。

（三）推动企业创新创业

高水平、高质量举办 2019 丽水“人才 · 科技”峰会，首次在海外（美国、德国）举办第二届高层次人才创业大赛分赛（图 3－21－5），评出“绿谷精英 · 创新引领行动计划”人才项目 37 个。浙江珏芯微电子有限公司、浙江方德机器人有限公司、浙江迈帝康医疗器械有限公司的 3 个项目从中国创新创业大赛浙江省赛区中脱颖而出，晋级全国总决赛。

图 3－21－5　丽水市第二届高层次人才创业大赛总决赛在丽水举行

（四）实现科研申请零次跑

推行部门之间和单位之间科研项目申请“一次不用跑”，项目承担单位只需在科技业务管理系统上提交相关电子材料，市科技局在审核后即拨付项目经费。

撰稿人：孟海燕（丽水市科学技术局）

第四部分

附　　录

Science
Technology

一、2019年浙江科技大事记

1月

1月2—3日　浙江省科技厅党组书记何杏仁带领厅办公室、条件处负责人赴台州开展服务企业、服务群众、服务基层'三服务"活动，通过深入一线、座谈交流，倾听基层意见建议，指导解决创新发展难题。

1月8日　国家科学技术奖励大会在北京举行。浙江省共有25项科技成果荣获2018年度国家科学技术奖，其中浙江省主持完成的获奖项目7项，参与完成的18项。主持完成的获奖项目包括国家技术发明奖二等奖3项，国家科学技术进步奖一等奖1项、二等奖3项。浙江大学是浙江省科技创新的领头羊和主力军，本次共主持完成获奖项目4项。浙大龚晓南院士领衔的科研团队完成的"复合地基理论、关键技术及工程应用"项目，荣获国家科学技术进步奖一等奖。

1月11日　浙江省科技厅召开新年第1次党组(扩大)会议，传达学习国家科学技术奖励大会和2019年全国科技工作会议精神，研究提出贯彻落实意见。厅党组书记何杏仁主持会议并讲话，厅长高鹰忠，厅领导宋志恒、曹新安等以及厅机关各处室、省基金办主要负责人等参加会议。会议还对全国县域创新驱动发展现场会精神进行了传达，并就浙江省如何进一步推进创新型县(市)建设工作做了部署和安排。

1月15日　浙江省科技厅厅长高鹰忠、省外国专家局局长厉勇率厅办公室、外专局相关负责人赴衢州走访慰问长期在巨化集团工作的西特里维、瓦吉姆等外国专家。在巨化集团，高鹰忠先后走访了科创中心、氟聚合物事业部等部门，看望了工作在一线的外国专家及团队，详细了解了他们在当地的工作和生活情况。高鹰忠代表省科技厅和省外国专家局对外国专家多年来为浙江经济社会发展做出的突出贡献表示感谢，并致以节日的问候，希望外国专家在新的一年里取得科研事业的新发展。

1月18日　南非院士专家代表团一行10人到访浙江省科技厅，省外国专家局局长厉勇会见代表团一行，并就进一步推动国际科技和人才合作进行了座谈。代表团成员主要来自南非科学与工业研究理事会(CSIR)、南非皇家科学院、南非西北大学等机构。

1月23日　2019年全省科技工作会议在杭州举行。会议以习近平新时代中国特色社会主义思想为指导，全面贯彻落实党的十九大、中央经济工作会议、全国科技工作会议和省委经济工作会议精神，总结2018年全省科技工作，研究部署2019年工作思路举措。厅党组书记何杏仁主持会议并讲话，厅长高鹰忠作2018年科技工作总结和2019年工作部署。

1月25日　浙江省科技厅会同省发改委、省教育厅、省财政厅、省人力社保厅、省审计厅、省国资委、省社科联、省社科院等相关部门组织召开专题会议，学习贯彻国务院办公厅日前印发的《关于抓好赋予科研机构和人员更大自主权有关文件贯彻落实工作的通知》精神，与省内8家高校和科研院所展开座谈，了解政策落实中的痛点、难点问题，研究部署下一步贯彻落实工作。

2 月

2 月 18 日 浙江省科技厅召开“科技大脑”建设工作推进会，厅长高鹰忠主持会议并讲话，时任省科技厅副厅长章一文、副厅长孟小军及全省 11 个市科技局主要负责人、厅机关处室、省外专局等主要负责人参加会议。在认真听取大家的意见建议后，高鹰忠指出，加快建设科技大脑是全省科技系统践行“八八战略再深化、改革开放再出发”的根本要求，是践行以人民为中心发展理念、深化“最多跑一次”改革的创新举措，也是推动政府数字化转型、引领“数字政府”建设的重要内容。

2 月 28 日 浙江省政府与中国工程院签署合作协议，共建中国工程科技发展战略浙江研究院，重点围绕生命科学、智能网联汽车等领域，致力于打造工程科技领域高端智库。中国工程院党组书记、院长李晓红，时任浙江省委副书记、省长袁家军为中国工程科技发展战略浙江研究院授牌。中国工程院副院长何华武、浙江省副省长高兴夫代表双方签署了《中国工程院浙江省人民政府共建中国工程科技发展战略浙江研究院合作协议》。这标志着中国工程科技发展最高水平的国家智库正式落地浙江，也标志着省院合作全面进入快车道。

浙江省科技厅召开机构改革干部大会。厅党组书记何杏仁出席会议并讲话，厅长高鹰忠主持会议，厅领导宋志恒、叶翠萍、厉勇，厅机关全体人员、厅属单位班子成员参加会议。何杏仁指出，机构设置和人员调整是机构改革的核心，全厅各级干部要进一步提高政治站位、强化政治担当，从讲政治的高度支持和服从改革大局，凝聚贯彻改革精神、落实改革举措的强大合力，改出新格局、改出新动力、改出新成效。

3 月

3 月 7 日 意大利国家研究委员会材料研究所所长斯坦法诺·法布里斯一行 3 人到访省外专局。省外专局局长厉勇会见代表团一行，双方就下一步开展科技人才合作事宜进行了交流座谈。厉勇对法布里斯所长一行访问浙江表示欢迎，并简要介绍了浙江的经济社会发展、科技人才政策和开展国际交流合作方面的情况。

3 月 12 日 新西兰驻沪总领事罗安竺(Andrew Robinson)一行到访省科技厅。省外国专家局局长厉勇会见代表团一行，并就进一步加强双方科技合作进行了交流探讨。新西兰驻沪总领事馆政策顾问沈敏敏、新西兰奥克兰大学创新研究院主席李思贝博士(Lisbeth Jacobs)，省外侨办、省科技厅科技合作处、省对外科技交流中心等部门相关人员参加座谈。

3 月 18 日 浙江省科技厅召开党组(扩大)会议，专题传达学习习近平总书记在全国两会期间的系列重要讲话精神。厅长高鹰忠讲话，厅党组副书记、副厅长宋志恒主持会议，厅领导、厅机关各处室、省外国专家局、省基金办、驻省财政厅纪检监察组主要负责人参加会议。会议传达了习近平总书记在全国两会期间的系列重要讲话精神，以及中共中央政治局常委、国务院副总理韩正参加浙江代表团审议时的讲话精神。会议同时传达了省委常委会学习贯彻习近平总书记全国两会系列重要讲话精神的具体要求。

3 月 19 日 浙江省外国专家局局长厉勇在杭会见 2018 年浙江省政府西湖友谊奖获奖者、美国科学院院士、生命科学专家查尔斯·康托先生，并为其补颁了西湖友谊奖奖牌和证书。“西湖友谊奖”是省政府为表彰在浙江省现代化建设中作出突出贡献的外国专家而设立的唯一奖项。该奖项自 1997 年设立以来，浙江省先后有 649 位外国专家获奖，其中 44 人经推荐获得中国政府友谊奖。

3 月 21 日　第 32 届浙江国际科研、医疗仪器设备技术交流展览会在杭州国[illegible]中心开幕。本次医展会由浙江省科学技术厅和浙江省卫生健康委员会主办，浙江省医卫生国际合作发展中心、浙江省对外科学技术交流中心等单位共同承办。

3 月 30 日　长三角柔性电子技术协同创新中心在杭州正式揭牌。创新中心的目标很明确，直指世界一流的柔性电子技术研发高地。启动仪式上，创新中心负责人、清华大学柔性电子技术研究中心主任冯雪教授表示，将建设一支由各个领域专家组成的高水平团队，以协同创新中心为核心，形成柔性电子技术高端创新技术带和产业集群。

4 月

4 月 11 日　浙江省政府在杭召开 2019 年全民科学素质行动计划实施工作电视电话会议，研究部署 2019 年全民科学素质行动计划纲要实施工作。副省长高兴夫出席会议并讲话。高兴夫在讲话中充分肯定了全省纲要实施工作，并就新一年的纲要实施工作提出了要求。

4 月 12 日　中国农业机械化科学研究院与浙江省农业科学院正式签约，成立浙江省农科院农业装备研究所和中国农机院浙江分院。“一所一院”两大平台定位围绕浙江及南方现代农业装备产业发展需求，瞄准国际先进技术，打造南方重要的现代农业智能装备创新与产业孵化基地。

4 月 19 日　浙江省创新引领基金启动仪式暨 2019 浙江基金创新峰会在杭州举行，浙江省科技厅党组副书记、副厅长宋志恒，省财政厅副厅长沈磊，省金融控股有限公司党委书记、董事长章启诚，省创投协会常务副会长邱飞章以及上海证券交易所、省股权交易中心、财通证券、浙商银行、建行浙江省分行、华瑞投资、浙商创投等多家金融、创投机构负责人出席了启动仪式。据悉，本次成立的省创新引领基金总规模 20 亿元，将重点投资数字经济、生命健康、人工智能、航空航天、新能源汽车、高端装备制造、绿色石化、新材料、清洁能源、节能环保、现代农业、新药创制、精准医疗等新兴产业领域，以及基于 5G 的移动互联、大数据行业应用、特色产业智能制造、环境治理、新兴农业集成创新应用、农业新品种新技术成果转化应用等。

4 月 29 日　全省产业创新服务综合体建设现场推进会在台州召开。时任浙江省委书记车俊在会上强调，要以习近平总书记关于科技创新重要论述为指引，以提升服务企业产业的实效为根本，加快打造具有诸多迭代效应的新型创新载体，更大范围、更高层次、更深程度推进产业创新服务综合体建设，为全省高质量发展提供有力支撑。时任浙江省委副书记、省长袁家军主持会议，陈金彪、周江勇、高兴夫出席。会上，台州市、杭州钱塘新区、宁波国家高新区、乐清市、德清县、诸暨市、龙泉市、省科技厅主要负责人做了交流发言。

5 月

5 月 9 日　全省工业和信息化科技全球精准合作大会在省人民大会堂召开。会议聚焦高质量、竞争力、现代化，全面实施工业和信息化、科技全球精准合作行动，大力引进技术、人才、资本和项目，培育发展新兴产业，改造提升传统制造业，为“两个高水平”建设作出新贡献。副省长高兴夫出席会议并讲话，省政府副秘书长董贵波主持会议，省科技厅厅长高鹰忠等作交流发言。会议现场，15 个重点项目进行了签约，涉及集成电路、高

[illegible]能源汽车、生物科技、新材料等新兴领域，总投资约 320 亿元。浙江大学、西湖端装[illegible]阿里达摩院等 7 家单位，围绕数字经济、生命健康等重点领域，签订了关键技术攻关任务书。

5 月 14 日　全省科学技术奖励大会在省人民大会堂举行。时任浙江省委书记、省人大常委会主任车俊出席，时任浙江省委副书记、省长袁家军讲话，陈金彪、朱国贤、黄建发、姒健敏、蔡秀军参加，高兴夫主持。车俊等省领导向 2018 年度省科学技术奖一等奖获得者、2017 年度市县党政领导科技进步与人才工作目标责任制考核优秀单位颁奖。省科学技术奖一等奖获得者、阿里巴巴集团技术委员会主席王坚发言。2018 年度浙江省科学技术奖共 299 项，其中一等奖 28 项、二等奖 95 项、三等奖 176 项，近 3 年共产生直接经济效益 2918 亿元、间接经济效益 3578 亿元。

5 月 19—26 日　由浙江省科技厅、中共浙江省委宣传部、浙江省科协等部门共同主办的 2019 年浙江省科技（科普）活动周，在全省各地同步举行，丰富多彩的科技（科普）活动陆续精彩上演。本届活动周主题为“科技强国科普惠民”。

5 月 21 日　浙江省科技厅厅长高鹰忠会见了奥地利共和国驻华全权公使（科技）及大使馆科技处主任张超一行。高鹰忠对张超一行的到来表示欢迎，并对他多年来一直致力于浙奥科技合作表达了感谢。高鹰忠向张超一行介绍了浙江省基本省情，特别是省委省政府以超常规力度打造创新强省的相关情况，重点介绍了浙江省以“三廊两区一带”、之江实验室、浙江大学、西湖大学等高能级平台以及高新技术、高新企业、高新平台为载体，打造“互联网 +”和生命健康两大高地的进展情况。张超对高鹰忠的热情接待以及省科技厅长期支持双方合作交流表示感谢，并介绍了奥地利的优势技术领域。张超表示，希望今后可以共同制定技术需求目录，让双方企业及科研机构互通有无，在浙奥合作的平台上结出更多硕果。

5 月 31 日　浙江省科技厅与温州市人民政府“厅市科技工作会商”工作会议在温州市举行。省科技厅厅长高鹰忠，温州市委副书记、市长姚高员出席会议并讲话。会上，省科技厅党组成员、副厅长孟小军宣读《浙江省科学技术厅 温州市人民政府科技工作会商制度议定书》，高鹰忠与姚高员签订了厅市科技工作会商制度议定书。此次会商，浙江省科技厅与温州市围绕高质量推进温州高标准建设新时代“两个健康”先行区、温州国家自主创新示范区、环大罗山科创走廊 3 个议题进行了战略对话、深入对接。

6 月

6 月 12 日　浙江省科技厅召开全厅系统“不忘初心、牢记使命”主题教育工作会议。会议深入学习贯彻习近平总书记在中央“不忘初心、牢记使命”主题教育工作会议上的重要讲话精神和时任浙江省委书记车俊在全省主题教育工作会议上的讲话精神，对科技厅系统主题教育进行动员部署。厅党组副书记、副厅长、厅机关党委书记宋志恒主持会议并做动员讲话。省委第九巡回指导组组长蒋永志出席会议并讲话。省委第九巡回指导组副组长洪建浦和全体成员出席会议，厅领导班子成员、厅机关全体干部、厅属单位领导班子成员、厅属单位党务干部等参加会议。

6 月 13 日　全国大众创业万众创新活动周期间，由科技部火炬中心、浙江省科技厅、杭州市人民政府主办的 2019 科技创新创业高峰论坛在未来科技城举行。科技部副部长徐南平，浙江省人民政府副省长高兴夫，杭州市委常委、余杭区委书记张振丰出席论坛并致辞。科技部火炬中心主任贾敬敦、著名经济学家周其仁、国务院发展研究中心创新发展研究部副部长田杰棠、上海证券交易所专业委员会专职委员王勇等专家学者分别就科技创新创业领域的前沿问题进行主题演讲。来自全国各地 800 余名科技创新创业代表共聚一堂,探讨创新创业的新理念、新趋势、新经验。

在 2019 年全国双创活动周举办之际,科技部在杭州海创园召开以“加强专业化众创空间示范推动创新创业高质量发展”为主题的国家专业化众创空间座谈会,旨在交流创新创业进展成效及特色做法。北京、上海、天津、江苏、浙江、山东、河南、广东、湖北等地科技主管部门以及全国 50 家专业众创空间负责人参加了座谈会。

6 月 20 日　浙江省全面创新改革联系点专题工作会议在省科技厅召开。此次会议的目的是了解掌握一年多来全面创新改革联系点建设进展情况,总结经验,分析问题,共同推进联系点建设。省科技厅副厅长孟小军出席并讲话。省委改革办三处负责人胡晓斌、新昌县委常委裘武宏、全面创新改革联系点科技局负责人及所在设区市科技局分管负责人等参加会议。

7 月

7 月 8 日　长三角国际智能制造精准对接活动暨第 40 届 MATADOR 智能制造与设计国际会议在杭州举行。本次会议由浙江省科技厅联合长三角区域创新体系建设联席会议办公室、英国曼彻斯特大学主办,浙江工业大学、北京工业大学承办。

7 月 18 日　浙江省高新技术企业认定评审培训在杭州举行,时任省科技厅副厅长章一文、科技部火炬中心副主任盛延林出席开班式并讲话。科技部火炬中心高企处处长郭俊峰应邀做专题讲座,就高新技术企业认定评审中的政策要点、认定要求等进行讲解。科技企业培育发展工作座谈会也于当日上午在省科技厅召开,会议围绕“科技大脑”信息服务系统和“企业研究开发项目信息管理系统”建设,以及各地市对培育发展科技型中小企业和高新技术企业出台的政策举措进行了座谈交流,听取意见和建议。全省高新技术企业认定评审工作有关专家,各市、县(市、区)高新技术企业认定管理机构负责人 1100 余人参加了此次培训活动。

7 月 25—26 日　浙江省科技厅主办的全省产业创新服务综合体建设培训班在杭州举行,全省 65 家省级综合体所在市、县(市、区)科技局和综合体建设运行单位负责人参加培训。

7 月 26 日　浙江省科技厅党组召开理论学习中心组(扩大)主题教育第五次专题研讨会。省科技厅党组书记何杏仁主持会议并讲话,省委“不忘初心、牢记使命”主题教育第九巡回指导组副组长洪建浦出席会议。何杏仁强调,要通过深入开展主题教育,更好地展现“三个地”的政治担当,推进科技创新各项工作走在前列。研讨会上,何杏仁全文传达习近平总书记在中央政治局第十五次集体学习时的重要讲话,厅党组副书记、副厅长宋志恒传达时任浙江省委书记车俊在第一批单位主题教育工作座谈会暨省委主题教育领导小组第三次会议上的讲话摘要。

7 月 30 日　浙江省与天津大学推进省校科技合作座谈会在杭州举行。天津大学党委书记李家俊,浙江省副省长高兴夫出席会议并讲话,省政府副秘书长董贵波主持会议,省科技厅党组书记何杏仁、省科技厅厅长高鹰忠、省科技厅副厅长曹新安等参加会议,省经信厅、省教育厅等有关省级部门,以及宁波市、绍兴市政府相关负责人参加会议。据了解,浙江省与天津大学的省校战略合作将聚焦加强战略咨询合作、加强科技合作与成果转化、合作共建创新研究平台、合作共建重大产业化平台和合作开展多层次人才交流培训，先期将建设研究生院及多个研究中心，助推天津大学与浙江省优势互补，实现共赢。

8 月

8 月 7—8 日　浙江省科技厅党组书记何杏仁赴舟山调研科技企业发展情况，开展“三服务”工作。她强调，科技部门要紧紧围绕中央、省委的决策部署，拉高标杆找差距，争先进位，把守初心、担使命体现到提升浙江省区域科技创新能力水平上。8 月 8 日上午，何杏仁主持召开“不忘初心、牢记使命”主题教育意见征求座谈会，就如何提高全省在科技管理、服务地方、科技政策等方面的能力和水平，听取了宁波市科技局、舟山市科技局、宁波镇海区科技局、舟山定海区科技局、舟山普陀区科技局和浙江海洋大学的意见建议。

8 月 12 日、13 日和 19 日　浙江省科技厅厅长高鹰忠分别在杭州、宁波主持会议听取半年度（片区）工作情况。他强调，全省科技系统要以习近平新时代中国特色社会主义思想为指导，深入开展“不忘初心、牢记使命”主题教育和“三服务”活动，进一步转变职能、加强谋划、主动布局、积极引导，以钉钉子精神狠抓落实，确保高质量完成全年目标任务，奋力推进创新强省建设。高鹰忠充分肯定了各市上半年科技工作取得的成绩。他指出，在党中央、国务院和省委、省政府的坚强领导下，在全省科技系统的共同努力下，全省科创框架基本形成，创新成果初步显现，创新制度不断完善，创新生态逐渐优化，为全省经济高质量发展提供了有力科技支撑。

8 月 15 日　浙江省科技厅会同省税务局、省统计局召开全省推广应用“企业研发项目信息管理系统”培训电视电话会议，省科技厅党组书记何杏仁，省税务局副局长徐敏俊，省统计局党组副书记、副局长竺园出席会议并讲话，省科技厅党组副书记、副厅长宋志恒主持会议，各市、县（市、区）科技、税务、统计系统有关人员及 2000 多家重点企业负责人参加会议。

8 月 26 日　浙江省对外科技交流中心与美国凯特琳大学在杭州签署战略合作协议。省科技厅副厅长曹新安、凯特琳大学校长罗伯特 · 麦克马翰、凯特琳大学常务副校长詹姆斯 · 张，省科技厅科技合作处、省对外科技交流中心等部门负责人出席签约仪式。双方还就企业转型升级和绿色经济可持续发展等进行了交流探讨。省对外科技交流中心与美国凯特琳大学在与会人员见证下签署了战略合作协议，根据协议双方将进一步加强在专业人才和技术项目培训、人才引进、联合开展科研创新项目、共建联合实验室等方面的合作，结合浙江省优质的汽车制造和移动物联产业基础以及丰富的应用场景，构建涵盖全省汽车产业资源的国际交流对接网络，使凯特琳大学的技术能够在浙江得到很好的转化应用。

8 月 28 日　“2019 年浙江省-吉林省跨区域科技创新精准合作推进会”在杭州市萧山区举行。此活动由浙江省科技厅、吉林省科技厅、杭州市萧山区人民政府共同举办。来自浙江和吉林科技管理部门、高等院校、科研机构、科技企业、投资机构和科技中介机构等 200 余人济济一堂，推动两省科技经济合作与共享，促成两省实现更加精准、紧密、务实的科技创新合作。

9 月

9 月 4—5 日　为学习借鉴江苏省推进科技创新工作，特别是在创新体系、新型研发机构建设等方面的先进经验，省科技厅党组书记何杏仁一行赴江苏省学习考察。厅党组副书记、副厅长宋志恒,省外国专家局局长厉勇,厅办公室、政策法规与体制改革处、发展规划与资源配置管理处、基础研究与条件建设处等处室负责人参加。江苏省科技厅党组书记、厅长王秦,厅党组成员、副厅长夏冰,厅相关处室负责人陪同调研或参加座谈会。

9月16日 由科技部牵头组织的青年干部调研团赴浙江开展“数字经济与人工智能科技创新”主题调研活动,来自科技部、中央和国家机关工委、工信部、中央网信办等单位的24名青年干部在杭州开启了科技调研之旅,浙江省科技厅、共青团浙江省委、省青科协的青年干部和团员代表一同参与调研。

9月17日 2019年海峡两岸(浙台)科技创新合作对接活动在杭州举行。浙江省科技厅副厅长曹新安等出席活动。台湾相关经贸文化、工商、产业界社团负责人、高校院所专家学者,台企精英,在大陆台湾科研人员代表,以及浙江省科技管理部门、高校院所、园区、科技企业代表等100余人参加活动。

9月18日 浙江省科技厅召开“不忘初心、牢记使命”主题教育总结会议。厅党组书记何杏仁出席会议并讲话,厅党组副书记、副厅长宋志恒主持会议,厅领导曹新安、孟小军、厉勇,厅机关全体干部、退休干部代表,厅属单位班子成员、党务干部参加会议。会议认真贯彻落实中央和省委主题教育第一批总结暨第二批部署会议精神,全面总结主题教育工作,并对下一步巩固和深化主题教育相关工作进行部署。

9月24日 浙江省科技厅党组书记何杏仁一行到嘉兴桐乡市调研科技创新工作,走访考察了当地科技企业、高新区、产业创新服务综合体等的建设发展情况。何杏仁指出,各级科技部门要认真学习贯彻习近平总书记关于科技创新的一系列重要论述,在科技型企业培育、高层次人才引进、产学研合作以及高新区、研发机构和产业创新服务综合体建设上精准发力,为区域经济转型升级提供强有力的科技支撑。

9月24—25日 中瑞(典)科技合作联委会第五次会议在北京举行。科技部副部长李萌、瑞典教育研究部国务秘书玛琳·乌斯特伯格出席会议。浙江、江苏、北京等作为中瑞(典)科技合作地方优秀典型应邀参会。会上,浙江省科技厅副厅长曹新安介绍了浙江省与瑞典联合开展的技术研发、产业间创新合作、共建创新载体等工作。科技部各业务司局、下属事业单位,瑞典教研部、国家创新署、科技园与孵化器联盟、驻华使馆负责人等40余人参加会议。

10月

10月8—9日 由科技部与塞尔维亚政府共同主办的“第四届中国-中东欧国家创新合作大会”在塞尔维亚首都贝尔格莱德举行。本次会议由浙江省科技厅牵头承办,浙江省对外交流中心负责执行。塞尔维亚总理布尔纳比奇到会致辞,科技部部长王志刚、塞尔维亚创新与技术发展部部长奈纳德·波波维奇出席大会并讲话,中国驻塞尔维亚大使陈波以及波黑、罗马尼亚、捷克、希腊等中东欧国家有关领导和代表约800人参加会议。本次大会为浙江与塞尔维亚在未来深入推进科技创新合作打下了坚实基础。省科技厅和省对外科技交流中心对大会的组织筹备和服务保障工作得到了科技部和塞尔维亚政府的充分肯定。

10月10—11日 浙江省科技厅党组书记何杏仁一行赴湖北省学习考察科技创新工作,特别是湖北在推进科技成果转化、新型研发机构建设、高新区发展等方面的先进经验。何杏仁表示,要进一步加强与湖北等兄弟省市的合作,补齐科技短板,有力支撑创新强省建设。湖北省科技厅党组书记、厅长张盛仁,厅党组成员、副厅长周德文等陪同调研或参加座谈会。

10 月 14 日　浙江省人民政府与天津大学正式签署战略合作协议，合作共建天津大学浙江研究院。宁波市和绍兴市分别与天津大学签署落地协议。时任浙江省委副书记、省长袁家军，天津大学党委书记李家俊，浙江省副省长高兴夫，省科技厅党组书记何杏仁，省科技厅厅长高鹰忠，省教育厅及宁波市、绍兴市政府等分管领导出席签约仪式，活动由省政府副秘书长董贵波主持。

10 月 18 日　第八届中国创新创业大赛生物医药行业总决赛在广州高新区举行。代表浙江赛区参赛的德琪（浙江）医药科技有限公司和杭州泰泊医药科技有限公司分获成长企业组一等奖和初创企业组三等奖。代表宁波赛区参赛的宁波健世生物科技有限公司获得成长企业组二等奖。此外，另有 4 家浙江企业获得“优秀企业”称号。作为国赛首场行业总决赛，浙江企业打响了“开门红”。本届大赛全国参赛企业共有 30287 家，其中入围生物医药行业总决赛的企业有 230 余家，浙江赛区共有 6 家企业入围，宁波赛区共有 2 家企业入围。

10 月 21 日　科技特派员制度推行 20 周年总结会议在北京召开。会上对 92 名科技特派员和 43 家组织实施单位进行了通报表扬，其中浙江共有 7 名科技特派员和 3 家组织实施单位受表彰。会上，浙江省作交流发言，介绍了科技特派员工作开展情况。

10 月 22 日　巴西巴拉那州基金会座谈会在浙江省科技厅举行，省科技厅厅长高鹰忠会见了巴西巴拉那州南洋杉基金会主席哈米洛 · 瓦拉夫切科一行，双方就省州科技合作相关事项交流意见。据悉，巴拉那州南洋杉基金会成立于 2000 年，旨在支持科研和人才发展，促进当地科学技术和社会经济发展。目前基金会正致力于巩固与美国、加拿大、德国、中国等的重要国际合作关系，探索农业综合企业、可持续发展、数字化转型等领域的领先优势。

11 月

11 月 5 日　浙江省科技厅召开厅党组扩大会议，传达学习贯彻党的十九届四中全会精神和习近平总书记重要讲话精神，贯彻落实时任省委书记车俊在省委常委会和省委常委扩大会议上的讲话要求。厅领导结合工作实际谈学习体会，重点就推进科技创新治理体系和治理能力现代化、谋划明年科技工作思路进行了交流。厅党组书记何杏仁主持会议并讲话，厅长高鹰忠，厅领导和厅机关各处室、局、厅属各单位主要负责人参加会议。

11 月 8 日　由浙江省科技厅和中国科技发展战略研究院、浙江省地方金融监管局、杭州海关、浙江省银保监局等单位联合指导的第十届“科技新浙商”颁奖典礼在杭州举行，新当选的 10 位科技新浙商和 3 位获得“科技新浙商致敬十年特别奖”的往届科技新浙商登台领奖。浙江省人民政府副省长高兴夫，省政协副主席蔡秀军，省政府副秘书长董贵波，省委宣传部副部长、省电影局局长葛学斌，省科技厅党组书记何杏仁，省科技厅厅长高鹰忠，浙江日报报业集团总编辑张燕，以及来自省地方金融监管局、杭州海关、浙江银保监局、浙江广电集团等单位的领导出席晚会。

11 月 9 日　2019 中国（浙江）全球科技精准合作交流会暨“一带一路”国际科学组织联盟青年科学家研讨会在杭州召开。时任浙江省省长袁家军、中科院院长白春礼、“一带一路”国际科学组织联盟秘书处代表扎布塔 · 辛瓦利教授在开幕式上致辞，副省长高兴夫主持。本次活动由中国科学院与浙江省人民政府共同主办，浙江省科学技术厅、浙江省人民政府外事办公室、“一带一路”国际科学组织联盟（ANSO）、中国科学院曼谷创新合作中心、杭州钱塘新区管理委员会共同承办。

11 月 12 日　浙江省科技厅与湖州市政府举行科技工作会商会议。省科技厅厅长高鹰忠和湖州市委副书记、市长钱三雄出席会议，共同签订厅市《科技工作会商议定书》。根据厅市《科技工作会商议定书》，省科技厅和湖州市将共推科技体制改革，支持湖州高标准推进科技创新改革试点；共抓科技专项行动，支持湖州高能级建设各类创新平台；共商科技要素供给，支持湖州高水平推进产业技术创新；共建智慧科技城，支持湖州高质量建设南太湖新区。

11 月 14 日　由浙江省科技厅、浙江省工商联、之江实验室共同主办的“引领未来·科技创新项目发布会”在杭州举行。会上重磅发布的《浙商科技创新项目汇编》包含了 100 个浙商科技创新项目，是对近年来浙商群体创新创业成绩的集中呈现。

11 月 21 日　第八届中国创新创业大赛互联网行业总决赛在杭州展开最终对决。经过一整天的激烈角逐，本次大赛诞生初创企业组一、二、三等奖各 1 名，成长企业组一等奖 1 名、二等奖 2 名、三等奖 3 名。本次大赛承办地杭州城西科创大走廊，致力于打造全球领先的信息经济科创中心，建设成为国际水准的创新共同体、国家级科技创新策源地和浙江创新发展的主引擎。

11 月 28 日　在浙江省副省长高兴夫的见证下，2019 中国浙江网上技术市场活动周在杭州正式拉开帷幕。省政府副秘书长董贵波主持开幕式，省科技厅党组书记何杏仁、省科技厅厅长高鹰忠以及科技部火炬中心等单位的相关负责人参加开幕式。本届活动周以“科技潮涌长三角，创新浙江赢未来，不忘初心 70 载，砥砺前行再出发”为主题。

11 月 28—29 日　由浙江省人民政府、国家自然科学基金委员会主办的“国家自然科学基金杰出科学家浙江行”活动在杭州和嘉兴举行。国家自然科学基金委员会主任李静海、副主任高瑞平，浙江省副省长高兴夫、省政协副主席蔡秀军、省政府副秘书长董贵波、省科技厅党组书记何杏仁、省科技厅厅长高鹰忠等出席杭州开幕式。“国家自然科学基金杰出科学家浙江行”活动是 2019 中国浙江网上技术市场活动周的重要组成部分，活动旨在发挥浙江在政府服务高效、民营资本活跃等多方面的优势，为我国基础研究成果与浙江省产业发展之间架设桥梁，同时进一步探索科学基金成果应用贯通新机制。

12 月

12 月 6 日　浙江省科技厅新组建和更名的四家厅属事业单位：省科技项目管理服务中心、省科技宣传教育中心、省科技评估和成果转化中心、省科技交流和人才服务中心正式挂牌。厅领导、厅人事处、相关处室负责人、挂牌单位相关人员出席活动。

12 月 16—18 日　科技监督与诚信案件调查处理实务培训班在浙江杭州举行。各省、自治区、直辖市及计划单列市、副省级城市科技厅（委、局）、国家科技计划项目管理专业机构等有关单位的领导干部参与此次培训。培训主要围绕作风学风建设、科技监督、科研诚信等重点内容，邀请了相关部门、地方的专家，就项目随机抽查、科研诚信案件调查处理等实务操作、案例剖析进行专题授课。

12 月 17 日　由浙江省和清华大学共同发起，省委组织部、省科技厅和浙江清华长三角研究院共同主办的第十一届“海外学子浙江行”活动暨“不忘初心，再启航”仪式在嘉兴举行。“海外学子浙江行”活动至今已连续举办十一届，已成为长三角区域举办时间最早、持续时间最久、交流最活跃、影响最广泛的招才引智活动之一。活动累计邀请超过 1300 个海外高层次项目团队来浙江考察对接，并促成 800 余名海外学子落户浙江，其中入选国家、省市各地人才计划 400 余人，落户项目总投资额超过 50 亿元，带动社会有效投资超 200 亿元。

12 月 19 日　时任浙江省省长袁家军走访省经信厅、省科技厅，调研明年工作思路。他强调，要深入贯彻落实党的十九届四中全会精神和中央经济工作会议精神，全面落实省委十四届六次全会部署要求，强化创新强省工作导向，以“绣花功夫”优化经济治理方式，切实提出“跳一跳够得着”的年度目标，深入谋划符合高质量发展要求、具有乘数效应的重大改革、重大项目、重大平台、重大政策，充分激活各类市场主体活力，全力保持经济运行在合理区间。

二、2019 年浙江省技术市场成交合同统计

1. 各类技术合同统计表

合同类别	合同数/项	成交金额/万元	其中技术交易额/万元
总计	19220	9744300.41	7777106.42
技术开发	12036	5926208.34	4981775.06
技术转让	939	1067233.28	1022039.48
技术咨询	1312	248956.21	189966.37
技术服务	4933	2501902.58	1583325.51

2. 各级计划项目进入技术市场统计表

	总计		国家科技计划		部门计划		省、自治区、直辖市及计划单列市计划		地市县计划		计划外	
	项数	金额/万元	项数	金额/万元	项数	金额/万元	项数	金额/万元	项数	金额/万元	项数	金额/万元
合计	19220	9744300.42	45	2313.96	91	25379.64	383	135961.34	1325	507796.46	17335	9069803.97
机关法人	7	11562	1						2	262	4	11300
事业法人	7533	925342.91	9	756.4	7	206	57	4050.22	126	11872.9	7324	908233.59
社团法人	24	7799.42					2	3520	2	125	19	4142.42
企业法人	11498	8604236.88	33	1557.53	64	24866.24	317	125306.85	1187	495319.4	9867	7954377.62
自然人	80	114353.97	2	0.03	20	307.4	7	3084.27	8	217.16	43	110745.1
其他组织	78	81005.24									78	81005.24

3. 技术买方统计表

	总计		机关法人		事业法人		社团法人		企业法人		自然人		其他组织	
	项数	金额/万元	项数	金额/万元	项数	金额/万元	项数	金额/万元	项数	金额/万元	项数	金额/万元	项数	金额/万元
买方总计	19220	9744300. 41	7	11562	7533	925342. 9	24	7799. 42	11498	8604236. 87	80	114353. 96	78	81005. 24
机关法人	2221	1535382. 14	4	5762	531	556473. 29	10	362	1665	972615. 48	10	97. 19	1	72. 17
事业法人	1995	255459. 77			617	30568. 85	1	12	1366	224878. 92	11			
社团法人	85	107681. 28	1	5800	12	8666. 5			60	70842. 43	12	22372. 35		
企业法人	14595	7765495. 41	2		6210	317506. 03	12	7365. 42	8252	7273625. 47	44	91128. 42	75	75870. 07
自然人	167	24510. 44			73	9690. 01			91	14064. 43	3	756		
其他组织	157	55771. 37			90	2438. 22	1	60	64	48210. 14			2	5063

4. 受让技术所服务的社会经济目标统计表

社会经济目标类别	合同数	成交金额/万元
总计	19220	9744300. 42
环境保护、生态建设及污染防治	1066	484357. 2
能源生产、分配和合理利用	677	643615. 97
卫生事业发展	1238	546786. 94
教育事业发展	285	149989. 79
基础设施以及城市和农村规划	1023	1053844. 26
社会发展和社会服务	6476	2900225. 48
地球和大气层的探索与利用	70	13775. 98
民用空间探测及开发	41	4484. 15
农林牧渔业发展	705	90503. 07
工商业发展	4044	2119872. 16

续表

社会经济目标类别	合同数	成交金额/万元
非定向研究	334	181715.07
其他民用目标	3199	1519833.94
国防	62	35296.4

5. 技术流向地域统计表 A

合同类别	合计		技术开发		技术转让		技术咨询		技术服务	
买方地区	合同数	成交金额/万元	合同数	成交金额/万元	合同数	成交金额/万元	合同数	成交金额/万元	合同数	成交金额/万元
总计	19220	9744300.42	12036	5926208.34	939	1067233.28	1312	248956.21	4933	2501902.58
国内各省市小计	19098	9598902.57	11992	5855578.14	906	1023027.47	1308	225029.11	4892	2495267.85
北京市	551	294439.97	355	239356.23	15	1320.25	39	4066.55	142	49696.93
天津市	90	24271.85	55	12415.7	5	9381.24	6	157.44	24	2317.47
河北省	104	90193.15	66	21465.5	4	39583.81	1	3	33	29140.84
山西省	62	83108.14	50	73967.41	1	550			11	8590.73
内蒙古自治区	41	14917.55	27	12768.6	1	1.55	3	106.4	10	2041.01
辽宁省	120	44160.64	81	32485.17	5	5060	2	6.46	32	6609.01
吉林省	103	38842.65	80	34293.4	1	9	6	104.8	16	4435.45
黑龙江省	42	10911.32	24	4903.25					18	6008.07
上海市	741	384184.41	470	284000.56	28	19432.6	42	4324.17	201	76427.09
江苏省	773	468805.64	534	179658	48	255909.57	47	4662.21	144	28575.85
浙江省	14073	6136607.67	8554	3370509.65	657	581735.48	1043	190067.31	3819	1994295.24
安徽省	189	71778.54	124	39408.72	27	5323.2	12	3311.81	26	23734.8

续表

合同类别	合计		技术开发		技术转让		技术咨询		技术服务	
买方地区	合同数	成交金额/万元	合同数	成交金额/万元	合同数	成交金额/万元	合同数	成交金额/万元	合同数	成交金额/万元
福建省	161	45856.23	107	28041.49	13	1436.95	10	1919.1	31	14458.69
江西省	127	63850.45	100	38256.6	5	21127.2	7	423	15	4043.65
山东省	318	145092.31	223	61640.47	17	24035	12	405.68	66	59011.16
河南省	89	64447.3	47	26750	3	19100	12	352.75	27	18244.54
湖北省	173	53694.91	120	42315.7	6	345	9	942.8	38	10091.41
湖南省	77	38934.71	57	29007.21	6	5284	3	21	11	4622.5
广东省	549	884138.27	392	763472.31	35	18043.22	26	9738.61	96	92884.13
广西壮族自治区	64	92327.14	46	85450.43	9	6005.9	4	608.81	5	262
海南省	60	20620.31	49	17125.54	3	1035	4	331	4	2128.77
重庆市	47	33984.69	35	23963.94			2	804.91	10	9215.84
四川省	160	118546.39	120	100484.22	6	3156	4	207.4	30	14698.77
贵州省	65	156085.36	52	151454.67	4	34	2	977.1	7	3619.59
云南省	52	14168.1	34	7706.82	3	54.5	6	708.16	9	5698.62
西藏自治区	12	3315.44	11	1200.48					1	2114.96
陕西省	113	84404.81	84	72317.63	2	63	4	721.53	23	11302.65
甘肃省	34	98129.64	26	90967.3			1	32.1	7	7130.24
青海省	14	2305.18	13	2298.18					1	7
宁夏回族自治区	18	7239.55	14	2158.55	2	5001	1	25	1	55
新疆维吾尔自治区	76	9540.25	42	5734.4					34	3805.85
港澳台地区小计	18	20104.17	17	19424.17					1	680

续表

合同类别	合计		技术开发		技术转让		技术咨询		技术服务	
买方地区	合同数	成交金额/万元	合同数	成交金额/万元	合同数	成交金额/万元	合同数	成交金额/万元	合同数	成交金额/万元
台湾省	4	2847.72	4	2847.72						
香港特别行政区	13	17088.45	12	16408.45					1	680
澳门特别行政区	1	168	1	168						
国外小计	104	125293.67	27	51206.03	33	44205.81	4	23927.1	40	5954.74
亚洲	49	53445.19	6	38898.67	13	10917	1	25	29	3604.52
欧洲	32	40569.79	8	6884.55	16	26736.66	2	5402.1	6	1546.49
拉丁美洲	1	100	1	100						
北美洲	20	12653.69	11	5297.82	4	6552.15			5	803.73
大洋洲	1	25	1	25						
联合国和其他国际组织	1	18500					1	18500		

6. 技术流向地域统计表 B

合同类别	合计		技术开发		技术转让		技术咨询		技术服务	
计划单列市	合同数	成交金额/万元	合同数	成交金额/万元	合同数	成交金额/万元	合同数	成交金额/万元	合同数	成交金额/万元
总计	3027	1795395.21	2220	1407620.35	120	182942.72	86	15542.77	601	189289.37
大连市	45	4984.93	41	4711	2	7			2	266.93
宁波市	2611	1145912.48	1885	818246.39	104	181323.13	74	13491.59	548	132851.37
厦门市	51	6709.76	40	5234.27	3	123.4	1	215	7	1137.09
青岛市	78	62964.13	58	13083.8			4	100.57	16	49779.76
深圳市	242	574823.91	196	566344.89	11	1489.2	7	1735.61	28	5254.21

7. 技术领域分类统计表

技术领域	合计	
	合同数	成交金额(万元)
总计	19220	9744300. 42
电子信息	7562	2541421. 25
航空航天	82	27463. 39
先进制造	3316	2439998. 3
生物、医药和医疗器械	1856	454039. 04
新材料及其应用	1348	565973. 39
新能源与高效节能	769	1062689
环境保护与资源综合利用	971	258157. 23
核应用	3	70. 65
农业	657	84310. 21
现代交通	310	699275. 27
城市建设与社会发展	2346	1610902. 69

8. 知识产权分类统计表

知识产权类别	合计	
	合同数	成交金额/万元
总计	19220	9744300. 42
技术秘密	5745	2556284. 03
专利	932	581169. 11
计算机软件著作权	3627	1295202. 38

续表

知识产权类别	合计	
	合同数	成交金额/万元
植物新品种	37	3673.75
集成电路布图设计专有权	19	21587.49
生物、医药新品种	182	72717.1
设计著作权	202	173420.22
未涉及知识产权	8476	5040246.33

9. 技术所属国民经济行业分类统计表

国民经济行业类别	合计	
	合同数	成交金额/万元
总计	19220	9744300.42
农、林、牧、渔业	757	82203.08
采矿业	63	49987.93
制造业	4369	2635899.82
电力、热力、燃气及水的生产和供应业	879	867942.74
建筑业	570	693154.28
批发和零售业	162	104269.78
交通运输、仓储和邮政业	405	339309.29

续表

国民经济行业类别	合计	
	合同数	成交金额/万元
住宿和餐饮业	25	761. 77
信息传输、软件和信息技术服务业	4164	2145510. 35
金融业	327	45457. 88
房地产业	276	132233. 67
租赁和商务服务业	76	37672. 56
科学研究和技术服务业	3111	1209727. 82
水利、环境和公共设施管理业	924	234943. 45
居民服务、修理和其他服务业	188	73591. 76
教育	286	164469. 77
卫生和社会工作	1039	440935. 14
文化、体育和娱乐业	141	14919. 15
公共管理、社会保障和社会组织	1456	471200. 16
国际组织	2	110

三、2019 年浙江省省级新产品试制计划项目及其地区分布统计

（单位：项）

地区	电子与通信	机械	建筑与建材	轻工纺织	生物与医药	石油化工	冶金	合计
杭州市	353	738	211	203	215	98	36	1854
温州市	194	816	32	366	13	18	43	1482
嘉兴市	625	1597	503	2640	134	190	71	5760
湖州市	129	384	164	423	47	37	33	1217
绍兴市	198	1333	120	880	63	163	45	2802
金华市	65	256	22	103	12	10	13	481
衢州市	67	163	15	59	28	51	9	392
舟山市	35	197	32	28	29	3	7	331
台州市	62	1241	25	149	56	22	12	1567
丽水市	43	154	4	73	1	4	19	298
义乌市	0	0	0	32	0	0	0	32
宁波市	0	0	0	0	0	0	0	0
合计	1771	6879	1128	4956	598	596	288	16216

四、浙江省获2018年度国家科技奖励及省科学技术奖项目表

1. 2018年度国家科学技术奖获奖项目(以浙江省为主完成)

奖种	项目名称	主要完成单位	主要完成人员
技术发明二等奖	天然活性同系物的分子辨识分离新技术及应用	浙江大学,浙江花园生物高科股份有限公司	任其龙 邢华斌 钱国平 鲍宗必 杨启炜 张治国
技术发明二等奖	重大工程结构安全服役的高韧性纤维混凝土制备与应用关键技术	浙江大学,中国葛洲坝集团股份有限公司,同济大学	徐世烺 李庆华 谭恺炎 余江滔 陈志远 王振宇
技术发明二等奖	取代芳胺系列产品绿色催化合成关键技术与工业应用	浙江工业大学,圣奥化学科技有限公司,河北建新化工股份有限公司,浙江友联化学工业有限公司	李小年 陈新民 卢春山 张群峰 朱秀全 俞卫祥
科技进步一等奖	复合地基理论、关键技术及工程应用	浙江大学,天津大学,长安大学,湖南大学,清华大学,中国矿业大学,中国铁路设计集团有限公司,中国铁建港航局集团有限公司,江苏劲桩基础工程有限公司,浙江开天工程技术有限公司	龚晓南 郑刚 谢永利 俞建霖 陈昌富 宋二祥 刘吉福 崔维孝 卢萌盟 邓亚光 刁钰 张玲 张宏光 徐日庆 吴慧明
科技进步二等奖	泮托拉唑钠及制剂关键技术研究与产业化	浙江大学,杭州中美华东制药有限公司,浙江省食品药品检验研究院,杭州华东医药集团新药研究院有限公司	胡富强 姚忠立 袁弘 洪利娅 张昀 郑国钢 黄雪惠 徐仲军 方国林 鄢丰
科技进步二等奖	废旧聚酯高效再生及纤维制备产业化集成技术	宁波大发化纤有限公司,东华大学,海盐海利环保纤维有限公司,优彩环保资源科技股份有限公司,中国纺织科学研究院有限公司,中原工学院	王华平 钱军 陈浩 金剑 戴泽新 王少博 陈烨 仝文奇 邢喜全 方叶青
科技进步二等奖	我国原创细胞生长因子类蛋白药物关键技术突破、理论创新及产业化	温州医科大学,珠海亿胜生物制药有限公司,安徽安科生物工程(集团)股份有限公司,暨南大学医药生物技术研究开发中心	李校堃 王晓杰 黄志锋 林丽 肖健 黄亚东 惠琦 方海洲 宋礼华

2. 2018年度国家科学技术奖获奖项目(浙江省参与完成)

奖种	项目名称	主要完成单位	主要完成人员
技术发明二等奖	均相离子膜制备关键技术及应用	中国科学技术大学,山东天维膜技术有限公司,杭州水处理技术研究开发中心有限公司	徐铜文 刘兆明 金可勇 吴亮 汪耀明 高从堦
技术发明二等奖	高精度高强度中厚板结构件复合精冲成形技术与装备	武汉理工大学,湖北三环锻压设备有限公司,武汉泛洲机械制造有限公司,宁波天生密封件有限公司	华林 刘艳雄 毛华杰 张勇 杨静刚 励行根

续表

奖种	项目名称	主要完成单位	主要完成人员
技术发明二等奖	轨道交通永磁牵引系统关键技术研究与应用	中车株洲电力机车研究所有限公司,浙江大学,中车株洲电机有限公司,株洲中车时代电气股份有限公司	冯江华　方攸同　许峻峰 晏才松　黄晓艳　李益丰
技术发明二等奖	地下工程穿越高速铁路的精细化控制技术及应用	同济大学,中铁第一勘察设计院集团有限公司,中铁二十四局集团有限公司,宏润建设集团股份有限公司	周顺华　梁文灏　肖军华 许伟书　王炳龙　胡震敏
科技进步二等奖	梨优质早、中熟新品种选育与高效育种技术创新	南京农业大学,浙江省农业科学院,中国农业科学院郑州果树研究所,河北省农林科学院石家庄果树研究所	张绍铃　施泽彬　王迎涛 李秀根　吴　俊　李　勇 胡征龄　杨　健　陶书田 戴美松
科技进步二等奖	猪抗病营养技术体系创建与应用	四川农业大学,浙江大学,四川铁骑力士实业有限公司,新希望六和股份有限公司,通威股份有限公司,重庆优宝生物技术股份有限公司,福建傲农生物科技集团股份有限公司	陈代文　车炼强　詹　勇 吴　德　余　冰　虞　洁 张克英　何　军　韩继涛 张　璐
科技进步二等奖	稀乙烯增值转化高效催化剂及成套技术	中国石油化工股份有限公司上海石油化工研究院,中石化洛阳工程有限公司,中国石油化工股份有限公司石油化工科学研究院,中国石化青岛炼油化工有限责任公司,中海石油宁波大榭石化有限公司	杨为民　李网章　张凤美 李振民　贺胜如　刘文杰 张仲利　王　瑾　韩言青 林亚祥
科技进步二等奖	超大型水电站用金属结构关键材料成套技术开发应用	首钢集团有限公司,秦皇岛首秦金属材料有限公司,北京科技大学,中国水利水电第七工程局有限公司,中国电建集团华东勘测设计研究院有限公司,中国葛洲坝集团机械船舶有限公司,天津大桥焊材集团有限公司	周德光　张　熹　邹　扬 刘国权　余雪松　万天明 李　谦　张建中　翟　泳 白学军
科技进步二等奖	异形全断面隧道掘进机设计制造关键技术及应用	中铁工程装备集团有限公司,华中科技大学,浙江大学,郑州轻工业学院,中铁隧道局集团有限公司,盾构及掘进技术国家重点实验室,中铁隧道股份有限公司	李建斌　朱国力　赵　华 龚国芳　王杜娟　贾连辉 肖艳秋　范　磊　周建军 杨红军
科技进步二等奖	复杂修形齿轮精密数控加工关键技术与装备	重庆大学,重庆机床(集团)有限责任公司,重庆齿轮箱有限责任公司,浙江双环传动机械股份有限公司,浙江万里扬股份有限公司,重庆蓝黛动力传动机械股份有限公司,綦江齿轮传动有限公司	王时龙　李先广　李国龙 蒋　林　曹华军　陈　鹏 康　玲　陈　剑　李　樟 张自凯
科技进步二等奖	汽轮机系列化减振阻尼叶片设计关键技术及应用	西安交通大学,东方电气集团东方汽轮机有限公司,上海电气电站设备有限公司上海汽轮机厂,杭州汽轮机股份有限公司,上海发电设备成套设计研究院有限责任公司,上海船舶设备研究所(中国船舶重工集团公司第七〇四研究所)	谢永慧　方　宇　阳　虹 张　荻　毛汉忠　杨　宇 范小平　陆　倚　李国平 蓝吉兵

续表

奖种	项目名称	主要完成单位	主要完成人员
科技进步二等奖	海气界面环境弱目标特性高灵敏度微波探测关键技术及装备	上海大学，中国人民解放军国防科技大学，北京无线电测量研究所，西安空间无线电技术研究所，浙江大学，宜昌测试技术研究所	陈　希　魏艳强　陈　雪　毛科峰　李　浩　张　丰　张云海　杨　毅　任迎新　刘媛媛
科技进步二等奖	大型屋盖及围护体系抗风防灾理论、关键技术和工程应用	北京交通大学，中冶建筑研究总院有限公司，重庆大学，中国京冶工程技术有限公司，浙江大学，西南交通大学，深圳市前海公共安全科学研究院有限公司	杨庆山　蔡昭昀　陈　波　林　莉　黄国庆　狄　谨　田玉基　吴明超　楼文娟　杨　娜
科技进步二等奖	血栓性疾病的早期诊断和靶向治疗	华中科技大学同济医学院附属协和医院，上海交通大学，浙江大学，复旦大学	胡　豫　刘俊岭　梅　恒　胡德胜　胡　虎　唐　亮　庞志清　石　威　胡　波　郑传胜
科技进步二等奖	内镜超声微创诊疗体系的建立与临床应用	中国医科大学附属盛京医院，上海长海医院，浙江大学医学院附属第一医院，中国人民解放军总医院，南京微创医学科技股份有限公司，北京大学第一医院，中国医学科学院肿瘤医院	孙思予　金震东　李兆申　许国强　令狐恩强　韦建宇　年卫东　王贵齐　郭瑾陶　葛　楠
科技进步二等奖	主要蔬菜卵菌病害关键防控技术研究与应用	山东农业大学，中国农业大学，河北省农林科学院植物保护研究所，浙江大学，中国农业科学院蔬菜花卉研究所，辽宁省农业科学院，青岛中达农业科技有限公司	张修国　刘西莉　王文桥　张敬泽　杨宇红　刘长远　高克祥　米庆华　李　屹　刘　杰
科技进步二等奖	杀菌剂氰烯菌酯新靶标的发现及其产业化应用	南京农业大学，浙江大学，江苏省农药研究所股份有限公司，安徽省农业科学院，江苏省植物保护植物检疫站，安徽省植物保护总站，黑龙江省农垦总局植保植检站	周明国　马忠华　侯毅平　王洪雷　陈　雨　杨荣明　段亚冰　刁亚梅　郑兆阳　关成宏
科技进步二等奖	严重脊柱创伤修复关键技术的创新与推广	西安交通大学，四川大学华西医院，中山大学孙逸仙纪念医院，宁波明州医院有限公司，宁波市第六医院	郝定均　宋跃明　贺宝荣　沈慧勇　徐荣明　胡　勇　闫　亮　许正伟　周劲松　谢　恩

3. 2018年度浙江省科学技术奖获奖项目

（1）省自然科学奖项目

一等奖			
项目编号	项目名称	完成单位	完成人员
Z-1-001	高分子组织再生材料的表界面设计及功能构筑	浙江大学	高长有　毛峥伟　仝维鋆　马　列
Z-1-002	亚波长结构对光电磁的调控与应用研究	浙江大学	何赛灵　马云贵　金　毅　钱　骏　叶余千
Z-1-003	稻飞虱翅型分化的分子机理	浙江大学	张传溪　徐海君　薛　建　鲍艳原　程家安

续表

一等奖			
项目编号	项目名称	完成单位	完成人员
Z－1－004	面向低品位热源的热声热机机理及系统优化研究	浙江大学	金　滔　汤　珂　陈国邦
Z－1－005	生物炭多级结构调控及其土壤固碳修复原理	浙江大学	陈宝梁　吴伟祥　朱利中 陈再明　肖　欣
Z－1－006	视网膜色素变性的分子机理及干细胞研究	温州医科大学	金子兵　瞿　佳　吕　帆 吴金雨　黄秀峰
Z－1－007	调控慢性炎症防治代谢性疾病的机制和干预策略研究	温州医科大学	梁　广　林灼锋　王　怡 李校堃　刘志国
二等奖			
项目编号	项目名称	完成单位	完成人员
Z－2－001	少自由度并联机器人机构位移流形综合方法及应用	浙江理工大学	李秦川　陈巧红　柴馨雪 武传宇　胡旭东
Z－2－002	绿色碳基储能材料的可控制备及表/界面调控机制研究	浙江工业大学	张文魁　陶新永　黄　辉 夏　阳　甘永平
Z－2－003	区域土壤环境质量与农产品安全性关系的基础研究	浙江大学	徐建明　刘杏梅　卢升高 唐先进　赵科理
Z－2－004	细胞自噬的机制和功能研究	浙江大学	刘　伟　黄　锐　刘　波 李　宁　常春美
Z－2－005	PET 优质成像与数据分析关键技术	浙江大学	刘华锋　胡红杰　余维川
Z－2－006	病毒性肝炎发病机制及转归预警预测的基础研究	浙江大学医学院附属第一医院	陈　智　郑　敏　朱海红 施　毓　陈　峰
Z－2－007	恶性肿瘤耐药机制研究	浙江大学医学院附属邵逸夫医院	潘宏铭　韩卫东　方　勇 李　达　隋新兵
Z－2－008	高效率有机太阳能电池关键材料与技术研发	中国科学院宁波材料技术与工程研究所	葛子义　彭瑞祥　艾　玲 刘志洋　王　洋
Z－2－009	基于量子图态纠缠的量子信道和量子网络安全通信研究	浙江工商大学	陈小余　蒋丽珍　叶天语
三等奖			
项目编号	项目名称	完成单位	完成人员
Z－3－001	基于冠醚衍生物的机械互锁结构与分子机器构筑	杭州师范大学、浙江大学	李世军　黄飞鹤　吴　静
Z－3－002	短链微核糖核酸在肺癌发生发展和化疗耐药中的功能	宁波大学、宁波大学医学院附属医院	龚朝辉　周成伟　钟智伟 董　琢　杨丽华
Z－3－003	SiC 低维材料生长精细调控及其光电器件基础研究	宁波工程学院，太原理工大学，清华大学	杨为佑　陈善亮　高凤梅 唐　宾　谢志鹏
Z－3－004	洛伦兹－高斯光束和艾里光束两类相异光束的多维调控及其信号处理	浙江农林大学，浙江理工大学	周国泉　储修祥　陈瑞品 汪小刚

续表

三等奖			
项目编号	项目名称	完成单位	完成人员
Z-3-005	纳米无机材料表/界面微结构设计及其在高分子材料功能化应用探索	浙江工业大学	钟明强 杨晋涛 陈 枫 范 萍 费正东
Z-3-006	CeO2 基固溶体在氧化反应中的作用及其氧缺位形成机制	浙江师范大学	罗孟飞 鲁继青 贾爱平 王月娟 谢云龙
Z-3-007	椎体和终板在腰椎间盘退变和腰痛中的病理作用及机制研究	浙江大学医学院附属第一医院	王 跃 封志云 陈 中
Z-3-008	基于活性酶诱导技术提高中药有效成分含量的作用机制研究	浙江大学,浙江大学医学院附属第一医院	田景奎 朱 玮 杨丙贤 张 琳 胡兴江
Z-3-009	海底天然气水合物分解事件及其气候与环境效应研究	国家海洋局第二海洋研究所	韩喜球 于晓果 杨克红 叶黎明 初凤友

(2)省技术发明奖项目

二等奖			
项目编号	项目名称	完成单位	完成人员
F-2-001	高可靠性 PID free 光伏封装材料	杭州福斯特应用材料股份有限公司	林建华 周光大 侯宏兵 熊 曦 林维红 彭瑞群
F-2-002	高比能超级电容器关键技术及应用	宁波中车新能源科技有限公司,中国科学院宁波材料技术与工程研究所	阮殿波 傅冠生 刘兆平 郑 超 乔志军 黄庆福
F-2-003	活性分子臭氧氧化燃烧烟气多种污染物一体化脱除技术	浙江大学	王智化 何 勇 张彦威 岑可法 刘建忠 周俊虎
F-2-004	深海水体序列保真采样技术	浙江大学,中国科学院深海科学与工程研究所	杨灿军 吴世军 丁 抗 黄豪彩 陈燕虎 李德骏
F-2-005	基于影视基因大数据的网络视频识别技术与应用	阜博通(杭州)信息科技有限公司	王扬斌
F-2-006	物联网密钥管理与数据安全关键技术及应用	浙江工业大学,浙江威星智能仪表股份有限公司,国网浙江省电力有限公司	陈铁明 姚信威 江 頡 李宏兵 章立宗 龚小刚
三等奖			
项目编号	项目名称	完成单位	完成人员
F-3-001	模具表面激光增材仿生再制造技术及应用	浙江大学宁波理工学院,宁波东浩铸业有限公司	刘立君 杨文浩 王义强 李继强
F-3-002	金刚石线锯植砂方法及系统	浙江瑞翌新材料科技股份有限公司	刘 伟 万容兵 杨长剑 赵涛
F-3-003	一次性细胞专用移液管关键技术及产业化应用	浙江硕华生命科学研究股份有限公司	谢小良 蒋峥嵘 孙晓晓 蒋险峰

续表

三等奖			
项目编号	项目名称	完成单位	完成人员
F－3－004	低成本空调储液器及其一次成型焊接工艺的关键技术	嵊州市新高轮制冷设备有限公司	王志祥
F－3－005	大尺寸蓝宝石图形衬底产业化与应用	浙江东晶博蓝特光电有限公司，中国科学院半导体研究所	李京波　刘建哲　徐　良　承　刚　夏建白
F－3－006	智能物流货物捆绑系统	浙江双友物流器械股份有限公司	阮卜琴　肖招银　牛胜良　朱正中　唐智斌
F－3－007	面向博物馆和视障群体的虚拟触觉和嗅觉技术	浙江理工大学，上海尚特文化传播有限公司，浙江省盲人学校	杨文珍　吴新丽　笪志超　黄　欣　余　岭　许　艳
F－3－008	光纤芯远程自动交换技术	国网浙江省电力公司宁波供电公司，宁波永耀信息科技有限公司	俞红生　范雪峰　吴　笑　周开河　李　鹏　方云辉
F－3－009	水稻盘育毯状秧苗质量控制技术研发与应用	中国水稻研究所，浙江省农业科学院，河南农业大学	欧阳由男　陈弋波　占小登　王艳丽　秦叶波　赵全志

(3)省科学技术进步奖项目

一等奖			
项目编号	项目名称	完成单位	完成人员
J－1－001	EB级大数据计算平台－MaxCompute 2.0	阿里云计算有限公司	王　坚　关　涛　林　伟　侯震宇　冯　骁　徐　冬　张良模　孙莉莉　李睿博　吴永明　李雪峰　张轩丞　王映泉
J－1－002	面向复杂场景的跨时空多模态感知技术及应用	杭州海康威视数字技术股份有限公司	浦世亮　朱　江　俞　海　谢　迪　武晓阳　范　蒙　沈林杰　李林森　王　滨　张世峰　毛芳党　于　亮　陆展鸿
J－1－003	互联网金融智能风控系统研发与应用	浙江蚂蚁小微金融服务集团股份有限公司，阿里巴巴(中国)有限公司	赵闻飙　李俊奎　朱　通　王维强　沈　涛　冯春培　杨文波　周　俊
J－1－004	面向城市大脑的大规模视觉并行异构计算平台及关键技术	阿里云计算有限公司	张建锋　华先胜　黄建强　邓　兵　周　昌　金仲明　沈　旭　吴　岳　郭莉琳　赖百胜　陈静远　张建松　王　峰
J－1－005	面向海量高维异构电子支付数据的交易风险防控关键技术及应用	连连银通电子支付有限公司，浙江大学	林颜双　王　灿　杜金龙　陈鑫亚　冯　雁　曾晓敏　张　坤　应　骏
J－1－006	多源异构时空定位数据的关联分析平台及应用	浙江工业大学，银江股份有限公司，杭州交通卫星定位应用有限公司	梁荣华　李建元　陈　朋　王　辉　孙国道　吴　越　贡　伟　温晓岳　蒋　莉　王海霞　柳　展

续表

一等奖			
项目编号	项目名称	完成单位	完成人员
J-1-007	Comware 网络操作系统关键技术开发及应用	新华三技术有限公司	张 弢 樊 迟 朱国平 胡小龙 俞国平 林长望 叶金荣 鄢 能 李 昊 武建中 余 卉 杨银柱 严德汗
J-1-008	白内障精准防治关键技术及策略的创新和推广	浙江大学医学院附属第二医院	姚 克 申屠形超 徐 雯 汤霞靖 朱亚楠 俞一波 王 玮 傅秋黎 李谨予 鱼音慧 陈心怡 罗月球 王 瑶
J-1-009	非布司他原料及制剂研发的关键技术与产业化	杭州朱养心药业有限公司，杭州华东医药集团新药研究院有限公司，杭州中美华东制药有限公司	唐建飞 吕裕斌 李阅东 潘福生 胡祖耀 杨建科 金燕芬 刘秋敏 卢 建 雍 春 周玉宝 谢 厅 金美英
J-1-010	高效自动化全喂入联合收获机关键技术研究与应用	浙江大学，星光农机股份有限公司	童水光 钱菊平 从飞云 顾 伟 童哲铭 冯 涛 唐 宁 张奋飞 余 跃 朱云飞 张依东 凌吉生 朱鹏飞
J-1-011	微纳结构调控催化与新型制冷剂合成技术开发及产业化应用	浙江衢化氟化学有限公司，浙江巨化技术中心有限公司，浙江师范大学，浙江衢州巨新氟化工有限公司	周黎旸 洪江永 杨 波 王爱国 张 彦 雷 俊 杨仲苗 朱伟东 余国军 李宏峰 施浩进 周华东 赵 阳
J-1-012	高性能高可靠与高舒适电梯自主设计制造关键技术及产业化	浙江大学，森赫电梯股份有限公司，康力电梯股份有限公司，上海新时达电气股份有限公司，浙江西子富沃德电机有限公司	刘振宇 王琪冰 裘乐淼 张利春 王 鹏 侯金刚 牛有权 程 锦 裘 迪 刘晓健 俞 诚 李 仁 孙恩涛
J-1-013	岩土环境安全监测的电磁测量传感技术及应用	中国计量大学	李 青 童仁园 申屠南瑛 韩建强 孙叶青 王燕杰 施 阁 李弘洋 池金谷
J-1-014	沿海重大岩土工程超重力试验与安全防控关键技术及应用	浙江大学	朱 斌 陈云敏 周燕国 孔令刚 蒋建群 林伟岸 王路君 黄锦舒 孔德琼 黄根清
J-1-015	多重耐药菌耐药机制及防治策略研究	浙江大学	俞云松 蒋 琰 阮 陟 冯 晔 杨 青 华孝挺 陈 衍 瞿婷婷 周 华 傅 鹰 周志慧 杜小幸 陈亚岗

续表

一等奖			
项目编号	项目名称	完成单位	完成人员
J-1-016	吉利博瑞中高级轿车的研发及产业化	浙江吉利控股集团有限公司，浙江吉利汽车研究院有限公司	李传海 冯擎峰 刘卫国 付朝辉 辛鹏程 易新宇 金容成 顾鹏云 陈嘉伟 高朝乾 邱德平 孙立志 胡贤甫
J-1-017	超/特高压变电设备多源放电性故障监测与预警关键技术与应用	国网浙江省电力有限公司电力科学研究院，杭州柯林电气股份有限公司，西安交通大学，河南平高电气股份有限公司，国网浙江省电力有限公司金华供电公司	邵先军 詹江杨 何文林 张冠军 孙翔 刘浩军 何毅帆 徐嘉龙 朱明晓 徐华 谢东 赵寿生 穆海宝
J-1-018	空间钢结构试验与监测关键技术及工程应用	浙江大学	罗尧治 许贤 沈雁彬 苏亮 赵阳 邓华 姜涛 袁行飞 张治成 董石麟 肖南 高博青 俞锋
J-1-019	种养废弃生物质厌氧发酵与循环利用关键技术研发及应用	浙江科技学院，浙江大学，浙江农林大学，嘉兴职业技术学院，浙江省沼气太阳能科学研究所，衢州市土肥与农村能源技术推广站，杭州清城能源环保工程有限公司	单胜道 郑平 黄武 胡宝兰 向天勇 毛正荣 王志荣 虞方伯 宋成芳 张良佺 郭建博 骆林平 陈斌
J-1-020	竹笋贮藏与加工关键技术研究及应用	浙江大学，明良有限公司，浙江耕盛堂生态农业有限公司，城步锦龙农林科技开发有限责任公司，安吉老奶奶食品有限公司，安吉县皈山罐头食品厂(普通合伙)	罗自生 陆柏益 张英 徐艳群 李莉 黄伟素 宋丽丽 黄良富 伊奎鑫 张健 沈振玥 陈双林 蔡路
J-1-021	高频宽温低功耗功率铁氧体生产关键技术与产业化	浙江大学，横店集团东磁股份有限公司，天通控股股份有限公司	严密 白国华 包大新 金佳莹 孙蒋平 马占华 杜阳忠 吴琛
二等奖			
项目编号	项目名称	完成单位	完成人员
J-2-001	低功耗芯片设计技术在智能量测系统中的应用	杭州万高科技股份有限公司，清华大学，浙江大学	王志华 谭年熊 门长有 钟书鹏 赵岩 姜汉钧 史峥 虞小鹏 黄苏芳
J-2-002	面向大型互联电网的工控安全主动防御关键技术与核心装备	国网浙江省电力有限公司电力科学研究院，中国电力科学研究院有限公司，全球能源互联网研究院有限公司，北京智芯微电子科技有限公司，浙江大学，国网浙江省电力有限公司信息通信分公司	孙歆 周自强 韩嘉佳 张涛 卢新岱 张波 管小娟 夏莹杰 姚一杨

续表

二等奖			
项目编号	项目名称	完成单位	完成人员
J-2-003	集约型超大规模高性能轿车子午线轮胎生产系统及工程关键技术	中策橡胶集团有限公司，中国化学工业桂林工程有限公司，同济大学，上海同吉建筑工程设计有限公司，浙江环宇建设集团有限公司，浙江省地矿建设有限公司	朱大为　江建平　熊学玉 陈　威　蒋志强　赵汉金 王东明　汪继恕　吴建军
J-2-004	通体质感数码喷墨渗透瓷质砖及其制造技术	杭州诺贝尔陶瓷有限公司	余爱民　甄燕萍　夏昌奎 曾成勇　余昌江　李华云 朱爱余　樊叶利　曹承鑫
J-2-005	高盐、高磷废水资源化利用及其高效治理技术产业化	浙江新安化工集团股份有限公司	周曙光　秦　龙　任不凡 姜胜宝　陈　静　詹　波 朱建民　揭少卫　杨　旭
J-2-006	大型合成气多联产深冷分离关键技术及装备	杭州中泰深冷技术股份有限公司	章有虎　陈环琴　荀文广 王　晋　张国兴　黄成华 李　猛　骆剑峰　吴小飞
J-2-007	环保型轻量化蜂窝复合材料的关键技术与产业化	宁波市阳光汽车配件有限公司，浙江大学宁波理工学院	戴初发　张艳辉　尚龙安 毛小柯　何耿波　祝诗高 权文琪　张永钦
J-2-008	海天绿色节能技术创新工程	海天塑机集团有限公司	—
J-2-009	高铁动车组用高可靠性系列传感器关键技术研发及产业化	宁波中车时代传感技术有限公司，株洲中车时代电气股份有限公司	倪大成　张燕亮　王　飞 郑华雄　王　爽　马　勇 刘　丹　叶明盛　朱胜平
J-2-010	腌制蔬菜加工和装备关键技术创新及其应用示范	宁波大学，宁波市农业科学研究院，浙江大学，浙江万里学院，宁波铜钱桥食品菜业有限公司，余姚市国泰实业有限公司	吴祖芳　孙志栋　何国庆 杨性民　翁佩芳　张　庆 陈权辉　吴再新　沈锡权
J-2-011	显微图像质量提升技术研究应用	宁波永新光学股份有限公司，浙江大学，宁波大学	毛　磊　冯华君　赵巨峰 张克奇　崔志英　杨　鸣 王红飞　邱　慧　杨　勇
J-2-012	轨道交通车载真空集便及在线污水处理系统关键技术研发及产业化	宁波中车时代电气设备有限公司	王红强　祝起平　马锡敏 周树美　俞　杰　张　磊 刘国亮　高作昆　李益东
J-2-013	基于智能制造的高端汽车轴承关键技术及应用	慈兴集团有限公司，浙江工业大学，无锡双益精密机械有限公司，宁波江宸智能装备股份有限公司，宁波慈兴轴承有限公司，宁波江宸信息科技有限公司	赵　坤　赵　萍　沈　旭 蒋武强　朱立洲　王金虎 王　旭　韩春伟　宋　丽
J-2-014	以基因生物学为导向的肝硬化肝癌演变机制创新与防治新方法研究	温州医科大学附属第一医院，杭州普望生物技术有限公司	陈永平　许烂漫　林标扬 郑明华　石　亮　陈瑞聪 董培红　王玉群　李　骥

续表

二等奖			
项目编号	项目名称	完成单位	完成人员
J-2-015	低压控制电器整机与关键零部件核心技术及产业化	温州大学，浙江天正电气股份有限公司，浙江正泰电器股份有限公司，福达合金材料股份有限公司，德力西电气有限公司，温州聚创电气科技有限公司	舒　亮　吴自然　吴桂初　谢文彬　游颖敏　胡国伟　夏宗斌　肖体锋　李新叶
J-2-016	机器人用新型精密减速器多结构创新及系列产品制造技术	恒丰泰精密机械股份有限公司	孔向东　叶胜康　周仕臣　金良华
J-2-017	背部局部接触多晶电池	浙江晶科能源有限公司	Stephen Fox　张昕宇　孙海杰　许佳平　蔡永梅　郝彦磊
J-2-018	废弃PET瓶高纯度回收利用成套装备关键技术研究及开发	浙江宝绿特环保技术工程有限公司，浙江树人大学	欧哲文　胡峰俊　楼建峰　孙　怡　李永植　赵瑞军　陈克营
J-2-019	高效节能短流程聚酯长丝高品质加工关键技术及产业化	桐乡市中辰化纤有限公司，嘉兴学院，桐乡市中维化纤有限公司，新凤鸣集团股份有限公司	庄耀中　沈健彧　赵春财　易洪雷　许纪忠　陈晓斌　崔　利　刘春福　颜志勇
J-2-020	核电厂核级奥氏体不锈钢管道焊缝热裂纹研究及处理	中核核电运行管理有限公司	张兴田　丁有元　方　江　韩光辉　高　飞　梁青松　张　挺　葛炼伟　李邱达
J-2-021	久立集团高端特殊合金管材技术创新工程	久立集团股份有限公司	
J-2-022	环保型多功能重组装饰材生产关键技术及产业化	德华兔宝宝装饰新材股份有限公司，浙江农林大学，南京林业大学，浙江升华云峰新材股份有限公司	詹先旭　李延军　崔举庆　卓　艳　沈金祥　杨　勇　程明娟　谢序勤　张晓伟
J-2-023	高能量石墨烯复合改性铅基动力电池关键技术及产业化	天能电池集团有限公司	陈　飞　张天任　赵海敏　侯国友　张　慧　宋文龙　王巍然　孔春凤　施　璐
J-2-024	电力储能用铅炭电池2V1000	超威电源有限公司	沈浩宇　王鹏伟　丁元军　徐志彬　吴春江　伊晓波　杨　勇
J-2-025	光催化超真生态皮面料关键技术及其产业化	浙江梅盛实业股份有限公司，江南大学	钱国春　邓炳耀　刘夫生　包旭旭　任洁芳　牛家嵘　张云丰　钱建国
J-2-026	可在体内多角度调节的伸缩式人工椎体的研发	浙江科惠医疗器械股份有限公司，浙江大学医学院附属邵逸夫医院	方　明　彭　韦　范顺武　朱伟强　黄　汐　许吉峰　郑应桃
J-2-027	太阳能组件用高耐候阻燃多层氟合金膜背板开发及产业化应用	浙江歌瑞新材料有限公司，浙江巨化技术中心有限公司，浙江巨化股份有限公司，浙江工业大学	徐　诚　朱兴炜　李　建　吴志刚　王树华　陈向荣　邵春明　许锡均　施燕琴

续表

二等奖			
项目编号	项目名称	完成单位	完成人员
J-2-028	应急拖带系统设计制造关键技术及产业化	舟山市质量技术监督检测研究院,江苏科技大学,中南锚链有限公司,江苏三科精工机械有限公司,浙江海洋大学,泰兴市依科攀船舶设备股份有限公司	唐文献　李存军　苏世杰 赵　华　李钦奉　张成顺 夏小裕　王海荣　陈贤雷
J-2-029	多工况多用途多系列工业缝制装备关键技术及其产业化	杰克缝纫机股份有限公司,浙江大学	冯毅雄　邱卫明　高一聪 潘建国　徐仙国　郑　浩 洪志敏　王林军　林晓晓
J-2-030	变电站/换流站低频噪声控制关键技术、装置研制及工程化应用	国网浙江省电力有限公司,全球能源互联网研究院有限公司,北京市劳动保护科学研究所,国网上海市电力公司,中国科学院声学研究所,北京绿创声学工程股份有限公司	金文德　陈　新　孔晓峰 聂京凯　李　靖　肖伟民 王　斌　樊　超　邵宇鹰
J-2-031	面向重点行业共享共用的电力无线专网技术及示范应用	国网浙江省电力有限公司,普天信息技术有限公司,北京邮电大学,北京国电通网络技术有限公司	徐光年　陶雄强　张　勇 邵炜平　陈　嵘　徐志强 王文华　夏　翔　熊佩华
J-2-032	复杂电网多时空协同风险控制与优化调度关键技术及应用	国网浙江省电力有限公司,浙江大学,国电南瑞科技股份有限公司,国网浙江省电力有限公司宁波供电公司,国网浙江省电力公司绍兴供电公司	郭创新　丁　一　李继红 郭瑞鹏　朱炳铨　汪　震 章姝俊　吴华华　徐立中
J-2-033	大宗药材丹参规范化生产与质量控制关键技术及应用	浙江理工大学,天士力控股集团有限公司,陕西天士力植物药业有限责任公司,西北农林科技大学,陕西理工大学	梁宗锁　闫希军　杨东风 朱永宏　董娟娥　刘　岩 张辰露　刘峰华　舒志明
J-2-034	中小微企业创业创新的理论、模式与政策研究	浙江工业大学	程宣梅　谢洪明　王　菁 刘淑春　陈侃翔
J-2-035	离心泵内流理论与节能关键技术及产品应用	中国计量大学,浙江大学,利欧集团浙江泵业有限公司,浙江飞旋泵业有限公司	包福兵　林建忠　梁晓瑜 涂程旭　万永亮　王灿星 张　凯　狄辉彬　赵伟国
J-2-036	海底压力管道在线损伤检测与泄漏监测技术及应用	中国计量大学,中国特种设备检测研究院,嘉兴市特种设备检验检测院,浙江省特种设备检验研究院	王　强　胡　斌　潘金平 杨其华　唐　萍　吴琳琳 朱　凯　范昕炜　李海航
J-2-037	复杂情形下的综合评价方法及应用研究	浙江工商大学,宁波大学,浙江财经大学,中共杭州市委党校	苏为华　曾守桢　张崇辉 陈　骥　陈钰芬　李　伟 陈玉娟　柳圣爱　章琳云
J-2-038	基于现代应用的温凉中药药性的共同规律阐释	浙江中医药大学,浙江工业大学,温州医科大学	吕圭源　陈素红　苏　洁 颜美秋　牟秀华　方　慧 范　景　王　辉　黄敏聪
J-2-039	超大型自然通风冷却塔关键技术研发与应用	浙江大学,中国能源建设集团湖南省电力设计院有限公司,湖南大学	罗　坤　张　力　樊建人 唐　磊　牛华伟　金　台 谢　嵘　易　超　张　良

续表

二等奖			
项目编号	项目名称	完成单位	完成人员
J-2-040	微纳增强银基导电合金关键技术研发及应用	浙江大学,温州宏丰电工合金股份有限公司,浙江工业大学	杨　辉　陈　晓　张玲洁 祁更新　沈　涛　吴新合 张　继　穆成法　郑晓华
J-2-041	鲜茧生丝的特征性状、检验技术及其规模化生产	浙江大学,浙江理工大学,湖州市纤维检验所,广西桂华丝绸有限公司,湖州浙丝二厂有限公司,广西嘉联丝绸股份有限公司	朱良均　江文斌　邢秋明 杨明英　傅雅琴　卢受坤 陈美丽　韦年光　潘大东
J-2-042	特高压输电线路高强度钢化玻璃绝缘子关键技术及产业化	浙江大学,浙江金利华电气股份有限公司,浙江工业大学,金华格灵功能涂层材料研究所有限公司	张启龙　赵　坚　申乾宏 吴小飞　杨芳儿　吴兰燕 阙永生　沈红娟　李　跃
J-2-043	辅助生殖子代安全性评估及遗传缺陷阻断体系建立	浙江大学医学院附属妇产科医院,浙江大学,浙江大学医学院附属第二医院	金　帆　祁　鸣　叶英辉 王丽雅　楼航英　李乐军 王　宁　乐　芳　刘晓贞
J-2-044	大跨复杂屋盖体系风荷载理论与试验技术及工程应用	浙江大学,汉嘉设计集团股份有限公司,浙江东南网架股份有限公司	楼文娟　黄铭枫　陈　勇 徐海巍　叶　军　严永忠 余世策　沈国辉　楼东浩
J-2-045	云端虚拟化基础服务平台关键技术开发与应用	浙江大学,新华三技术有限公司,恒生电子股份有限公司,浙江工业大学	尹建伟　尤学军　邓水光 范径武　王　玮　范　菁 李　莹　吴　健　吴明晖
J-2-046	儿童急性白血病规范化综合治疗的基础研究及临床结果	浙江大学医学院附属儿童医院	汤永民　徐晓军　徐卫群 宋　华　杨世隆　沈红强 张晶樱　石淑文　魏　建
J-2-047	基于有机-无机养分互作的化肥减量增效关键技术	浙江大学,浙江省耕地质量与肥料管理局,中国水稻研究所,浙江省农业科学院,浙江省种植业管理局,金正大生态工程集团股份有限公司	吴良欢　倪治华　曹小闯 王　强　陆若辉　马庆旭 韩科峰　伍少福　胡兆平
J-2-048	茶制品质量控制关键技术研究与应用示范	中华全国供销合作总社杭州茶叶研究院,浙江省茶叶集团股份有限公司,绍兴御茶村茶业有限公司,美町宝植物科技(中国)有限公司,湖州荣凯植物提取有限公司,聚光科技(杭州)股份有限公司	杨秀芳　孔俊豪　谭　蓉 张士康　毛立民　邵胜荣 周卫龙　翁　昆　王宪达
J-2-049	浙江省地理空间数据交换平台	浙江省测绘科学技术研究院,浙江省测绘资料档案馆,浙江省地理信息中心,浙江省第一测绘院	李爱勤　毛卫华　陈张建 曾文华　徐红波　傅轩诚 应荷香　彭　瑞　龚丽芳
J-2-050	浙江省野生植物资源挖掘、保护与利用	浙江省森林资源监测中心,浙江农林大学暨阳学院,浙江农林大学,杭州市园林绿化股份有限公司	陈征海　李根有　夏国华 叶喜阳　马丹丹　陈　锋 沈柏春　谢文远　陈高坤

续表

二等奖			
项目编号	项目名称	完成单位	完成人员
J-2-051	国家细菌耐药监测体系建设与应用	浙江大学医学院附属第一医院	肖永红　郑焙文　周　凯 沈　萍　陈云波　李兰娟 嵇金如　徐　浩　张　静
J-2-052	血小板抗原系统关键检测技术的创新研究与临床应用	浙江省血液中心	朱发明　胡伟　陶苏丹 许先国　洪小珍　何　吉 应燕玲　和艳敏　陈　舒
J-2-053	急性肺损伤发病机制新发现及其诊治技术创新与应用	温州医科大学附属第一医院，复旦大学附属中山医院，温州医科大学	陈成水　王向东　李玉苹 张　丹　张亚利　郑永华 白春学　石　林　林丽娜
J-2-054	蜱传新型布尼亚病毒(SFTSV)感染防控关键技术研究	浙江省疾病预防控制中心	蒋健敏　林君芬　龚震宇 张严峻　孙继民　柴程良 陈直平　陈恩富　张　磊
J-2-055	急慢性创面修复及重症烧伤救治理论与实践	浙江大学医学院附属第二医院，振德医疗用品股份有限公司	韩春茂　王新刚　有传刚 智立柱　任海涛　郭松雪 胡信雷　陈国贤　胡修元
J-2-056	脊髓损伤修复的基础和临床研究	浙江省人民医院，温州医科大学，浙江大学	王　莹　黄智慧　滕红林 周　婧　徐跻峰　王元姣 温学花　王俊娟　宋法寰
J-2-057	环境污染物对生殖内分泌干扰的研究	温州医科大学附属第二医院，温州医科大学	葛仁山　连庆泉　林　函 陈浩林　李兴旺　林振坤 胡国新　朱琦琦　李晓珩
J-2-058	当前国际形势下中美棉花及产品的风险控制	浙江出入境检验检疫局丝类检测中心，浙江理工大学，浙江省检验检疫科学技术研究院	董锁拽　周文龙　潘璐璐 谢　文　黄超群　马明波 侯建波　赵　栋
J-2-059	超临界机组深度节能控制关键技术及应用	国网浙江省电力有限公司电力科学研究院，浙江大学，杭州意能电力技术有限公司，华能国际电力股份有限公司玉环电厂，浙江国华浙能发电有限公司，浙江浙能中煤舟山煤电有限责任公司	尹　峰　胡建根　罗志浩 马巧春　陈　波　赵　琦 李　泉　汪自翔　吕洪坤
J-2-060	面向能源互联的分布式光伏规模化并网消纳技术与应用	国网浙江省电力有限公司电力科学研究院，中国电力科学研究院有限公司，合肥工业大学，浙江正泰新能源开发有限公司，国电南瑞科技股份有限公司，思源清能电气电子有限公司	赵　波　张雪松　丁　明 葛晓慧　周　海　赵景涛 朱　想　林　达　陈晓刚
J-2-061	燃煤脱硝失活 SCR 催化剂再生技术开发及应用	浙江浙能催化剂技术有限公司，清华大学，浙江浙能技术研究院有限公司	刘长东　李俊华　赵会民 尹顺利　彭　悦　薛东武 陈文华　李清毅　霍文强

续表

二等奖			
项目编号	项目名称	完成单位	完成人员
J-2-062	杨梅病虫害监测与绿色防控技术创新及应用	浙江省农业科学院，浙江省农药检定管理总站，台州市黄岩区果树技术推广总站，浙江农林大学，临海市特产技术推广总站，浙江海正化工股份有限公司	王华弟　戚行江　梁森苗 黄茜斌　沈　颖　戴德江 颜丽菊　杨桂玲　任海英
J-2-063	水稻优质高配合力不育系钱江1号A的创制及应用	浙江省农业科学院，浙江大学	李春寿　黄禔灯　陆艳婷 程方民　阮关海　谭咸彬 向永新　潘　刚　郝中娜
J-2-064	浙江省鸭遗传资源挖掘与利用	浙江省农业科学院，浙江五莲农牧有限公司，宁波市奉化区奥纪农业科技有限公司，余姚科邦番鸭育种有限公司	卢立志　陶争荣　曾　涛 李国勤　沈军达　顾振宇 陈　黎　俞永裕　田　勇
J-2-065	瓠瓜优质抗逆新品种选育与分子育种技术研究	浙江省农业科学院，浙江省农业技术推广中心，杭州市种子总站，宁波市农业科学研究院	李国景　徐　沂　吴晓花 杨新琴　鲁忠富　颜韶兵 黄芸萍　吴新义　汪宝根
J-2-066	海陆过渡带地形地貌探测关键技术与应用	国家海洋局第二海洋研究所，珠海云洲智能科技有限公司，山东科技大学	吴自银　张云飞　阳凡林 蒲进菁　石　波　赵荻能 李守军　张　凯　尚继宏
J-2-067	中药分析新技术在浙产特色药材质量控制中的应用	浙江省中医药研究院，浙江大学，杭州清正生物科技股份有限公司	寿　旦　董　宇　朱　岩 王娜妮　黄飞华　陈平华 黄孝闻　李洪玉　俞忠明
J-2-068	膝骨性关节炎早期诊断和益肾调髓通络干预的研究及应用	浙江中医药大学附属第一医院，浙江卫未生物医药科技有限公司	童培建　金红婷　单乐天 吴承亮　王萍儿　刘　迅 何帮剑　胡雪琴　陈锦阳
J-2-069	中西医结合综合康复治疗缺血性脑卒中的多中心临床研究和方案推广	浙江中医药大学附属第三医院，嘉兴市中医医院，杭州市中医院，嘉兴市第二医院，杭州市第一人民医院，浙江大学医学院附属邵逸夫医院	方剑乔　陈利芳　马睿杰 沈来华　包烨华　陈丽娜 李建华　罗开涛　余宁宇
J-2-070	基于全业务多时域建模的供电服务智能化关键技术及工程应用	国网浙江省电力有限公司、浙江华云信息科技有限公司、国网浙江省电力有限公司宁波供电公司、国网浙江省电力有限公司杭州供电公司、国电南瑞科技股份有限公司、中国电力科学研究院有限公司	阙　波　陈　蕾　徐重西 黄武浩　盛　晔　曾　晓 陈　彤　宓天洲　黄红兵 韩　翊　刘　鹏　郑伟彦 时金媛
J-2-071	多灾种实时耦合的安全生产综合监测预警平台	浙江图讯科技股份有限公司	王　斌　来亦子　江丽琴 陈明新　张秀文　郑俊褒 张峰生　虞晓波　雷希燕
J-2-072	面向互联网应用的高性能分布式中间件关键技术及平台	阿里巴巴(中国)有限公司	蒋江伟　赵　林　司徒放 王小瑞　何登成　楼江航 叶辰超　冯　嘉　王荣刚
J-2-073	金融区块链平台关键技术研究及应用	浙江蚂蚁小微金融服务集团股份有限公司	蒋国飞　ZHANG,HUI 闫　莺　邓福喜　俞本权 杜华兵　闫雪冰　邱鸿霖

续表

项目编号	项目名称	完成单位	完成人员
二等奖			
J-2-074	工业数字化可编程安全保护系统TCS-900研制与应用	浙江中控技术股份有限公司	黄文君 裘 坤 陆卫军 江竹轩 刘志勇 朱 杰 平志明 庞欣然 杨振国
J-2-075	海洋电子技术基础体系建设和核心海洋电子装备研发	浙江大学、浙江海洋大学、之江实验室、中国科学院电工研究所、浙江中裕通信技术有限公司、浙江嘉蓝海洋电子有限公司	朱世强 潘洪军 徐志伟 宋春毅 宋 伟 王海峰 亓常松 林 挺 陈 正
J-2-076	面向全球电子商务的多语言处理技术与平台	阿里巴巴(中国)有限公司、苏州大学	司 罗 张 民 骆卫华 段湘煜 付必鹏 李军辉 李兮芝 胡 熠 李林琳
J-2-077	基于人工智能技术的数字化医院建设及应用推广	浙江大学医学院附属第一医院、医惠科技有限公司、浙江大学、浙江德尚韵兴医疗科技有限公司	裘云庆 顾国煜 周 敏 陈屹一 李劲松 吴 法 蒋天安 赵 欣 杨嗣斌
J-2-078	高速数据接口核心技术和国产芯片系列	杭州电子科技大学、杭州华澜微电子股份有限公司、中国电子科技集团公司第三十六研究所、西京学院、浙江浣江传媒集团有限公司	骆建军 方景龙 楼向雄 周 斌 邓江峡 张永光 张 婷 俞伟柯 李梦冰
J-2-079	大华基于云计算的海量非结构视频图像处理技术的研发	浙江大华技术股份有限公司	许 焰 周明伟 周文凯 陈立力 向建华 江文龙 朱林浩 章 侃 王 欢
J-2-080	强电场条件下传感器与电气设备集成技术	嘉兴学院、国网信息通信产业集团有限公司、北京国电通网络技术有限公司、天津科技大学、南瑞集团有限公司、上海欣影电力科技股份有限公司	李祥珍 欧清海 刘 柱 张翼英 钱苏翔 王 奔 王海军 李温静 曾令康
三等奖			
J-3-001	T4系列框架散热蜂窝型模组化LED路灯	杭州华普永明光电股份有限公司	陈 凯 黄建明 胡李敏 蔡建奇 傅少钦 韩燕华 江志成
J-3-002	反流性食管炎中医证型研究及和胃降逆中药作用机理探讨	杭州市中医院	叶 蔚 王小奇 刘彬彬 刘庆生 姚嘉明 周 平 叶 彬
J-3-003	输配电网设备一体化智能检测系统	杭州海兴电力科技股份有限公司	周良璋 张向程 杜 毅 赵小进 周剑波 汪 华 黄志武
J-3-004	基于无轨化自主定位导航技术的智能巡检机器人	浙江国自机器人技术有限公司	陶熠昆 吴 忠 郑洪波 宓旭东 朱玲芬 沈振华 杜鑫峰
J-3-005	超高效智慧风机系统优化技术	杭州哲达科技股份有限公司	麻剑锋 吴 平 王小华 沈新荣 杨春节 郁辉球 章威军

续表

三等奖			
项目编号	项目名称	完成单位	完成人员
J-3-006	固体回收高分子材料高效处理与高值化再利用成套工艺及装备	泰瑞机器股份有限公司，北京化工大学	周宏伟 李立峰 林武 杨卫民 谢鹏程 安瑛 魏建鸿
J-3-007	小安智能政务服务机器人关键技术及应用	杭州中软安人网络通信股份有限公司，北京理工大学	程德生 黄河燕 张鹤 吴昊 赵志武 毛先领 胡成成
J-3-008	热电联产与吸收式热泵耦合的梯级供热技术及应用	华电电力科学研究院有限公司，中国科学院工程热物理研究所，浙江大学	孙士恩 金红光 常浩 王勤 郑立军 俞聪 高新勇
J-3-009	波幅整合联合视频脑电监测在发育期儿童脑损伤中的应用研究	杭州市第一人民医院	蒋春明 刘占利 黄先玫 芦惠 帅向华 陈丽琼 项俊华
J-3-010	基于超启动电机驱动技术的高速剑杆织机	浙江万利纺织机械有限公司，浙江理工大学，中国科学院宁波材料技术与工程研究所	周香琴 万祖干 张驰 王琴龙 周巧稹 蒋辉 蒋哲
J-3-011	芒针透刺对急性脊髓损伤的修复机制研究及其关键技术的临床应用	萧山中医院	全仁夫 褚海林 汤祥华 陈荣良 邵荣学 李长明 胡华晖
J-3-012	用电负荷不平衡智能补偿装置	杭州得诚电力科技股份有限公司	魏平 马庆华 黄海宇 李帮家 楼科 王莉 杨奇
J-3-013	基于智能视频动态分析的公共场所实时网络监测及预警系统	浙江捷尚视觉科技股份有限公司	尚凌辉 张兆生 王弘玥 余天明 鲍迪钧 刘家佳 施展
J-3-014	玻纤织物增强聚丙烯蜂窝夹芯轻质环保型复合板研发项目	杭州华聚复合材料有限公司	沈宗华 范欣愉 杨国刚 周英牡 耿宁
J-3-015	全系列大型内燃叉车技术研究及产业化	杭叉集团股份有限公司	王建超 肖军成 钱毅 侯光耀 余香琴 陈锡泼 石彦军
J-3-016	他克莫司制剂研究及产业化	浙江万晟药业有限公司	孙克 李永和 杜军 单瑞平 仲莲娣 蒋定宇 阎晓雯
J-3-017	微径钢管高效节能创新技术的研究开发	浙江康盛股份有限公司	占利华 滕世政 徐军 蒙永云 何柳 王胜祥 詹乃飞
J-3-018	吉利JLE-4G18TD发动机研发及产业化	浙江吉利罗佑发动机有限公司，宁波吉利罗佑发动机零部件有限公司	王瑞平 赵福成 刘东 闫小倩 刘义强 汪记伟 陈政弘
J-3-019	重大基础装备专用多元高强耐磨铜合金产业化开发	宁波金田铜业（集团）股份有限公司	王永如 洪燮平 巢国辉 张毅 王立新 裘桂群 张翼
J-3-020	全数字直驱力矩伺服系统关键技术研究及应用推广	宁波菲仕运动控制技术有限公司，浙江大学宁波理工学院	王晓军 吴大钧 刘学娟 侯跃岭 胡小开 贺东升 康鹏

续表

三等奖			
项目编号	项目名称	完成单位	完成人员
J－3－021	微电子材料技术创新工程	浙江金瑞泓科技股份有限公司	—
J－3－022	轨道交通专用绝缘阻燃耐腐蚀复合材料电缆槽盒研发与产业化	华缘新材料股份有限公司，宁波市轨道交通集团有限公司建设分公司	张宵华 张付林 魏 军 钟 斌 俞碧波 张文武 刘 颖
J－3－023	铁矿取制样技术智能化应用及关键指标检测标准化	宁波检验检疫科学技术研究院，宁波大学	应海松 陈贺海 付冉冉 杨东彪 黄世杰 李斐真 林 力
J－3－024	重要检疫性植物病原物筛查检测技术平台的建立及其应用	宁波检验检疫科学技术研究院	段维军 郭立新 张慧丽 徐 颖 段丽君 张吉红 王佳莹
J－3－025	儿童纺织制品生态安全关键共性检测技术及标准化应用	宁波检验检疫科学技术研究院，江苏出入境检验检疫局工业产品检测中心	傅科杰 保琦蓓 候建军 丁友超 冯 云 杨力生 曹锡忠
J－3－026	下肢多种岛状皮瓣转位修复骨关节外露的解剖和临床应用	宁波大学医学院附属医院，宁波大学	毛海蛟 史增元 尹维刚 左荣跃 袁辉宗 董文伟 刘振新
J－3－027	口岸重要植物病原线虫形态和分子检测技术创新与应用	宁波检验检疫科学技术研究院，天津出入境检验检疫局动植物与食品检测中心，南京农业大学	顾建锋 陈先锋 王金成 何 洁 王江岭 方亦午 王 暄
J－3－028	大型柴油机机体（架）铸件产品关键技术研发及产业化	日月重工股份有限公司	傅明康 宋贤发 陈倩慧 马 超 李凌羽 刘建东 陈建军
J－3－029	轻量化（超级电容）储能式无轨电车	浙江中车电车有限公司	何安清 张金光 宋国鹏 陈国华 叶占国 胡远敏 高嘉利
J－3－030	圆柱形 Y 系列空调柜机关键技术研究及产品开发	宁波奥克斯空调有限公司，奥克斯空调股份有限公司	古汤汤 张玉忠 白 韡 金高芳 石建华 张小红 张金鹏
J－3－031	VR－7428 高分辨率数码印刷机关键技术研究及产业化	宁波荣大昌办公设备有限公司	舒祥华 杜建国 吴汉文 陈英达 张成锋 陈志龙 王仙芬
J－3－032	眼底病的新突变基因检测技术的建立及临床转化应用	宁波市鄞州人民医院	陆勤康 赵 娜 龚维坤 王惠云 童奇湖 赖晓明 张军涛
J－3－033	县区域急诊医学一体化模式的建立及其示范应用	余姚市人民医院	李子龙 袁海鸿 徐杰丰 陈国锋 金 平 汪正权 李 哲
J－3－034	超薄广角高像素智能手机镜头	浙江舜宇光学有限公司	戴付建 黄 林 闻人建科 李 明 叶金辉 沈科良 黄岳烽
J－3－035	大跨无风撑中承式内倾钢拱桥关键技术	宏润建设集团股份有限公司，宁波大学	俞国际 刘干斌 布占宇 李继宏 许文明 欧祝明 庄国强

续表

三等奖			
项目编号	项目名称	完成单位	完成人员
J－3－036	海水多生态位品种设施化耦合养殖技术开发及应用	浙江永兴水产种业有限公司，浙江省海洋水产养殖研究所，山东省海洋资源与环境研究院	谢起浪 曾国权 刘伟成 柴雪良 冀德伟 陈　琛 肖国强
J－3－037	新时代高校创新创业教育的发展策略研究	温州医科大学，温州大学，东北师范大学	黄兆信 黄扬杰 陈乃车 黄蕾蕾 洪晓畅 冯婵璟 王志强
J－3－038	慢性心力衰竭内皮细胞间质化干预及机制的创新应用	温州医科大学附属第一医院	周　浩 王良兴 黄伟剑 周　希 龚永生 蔡洁洁 陈星星
J－3－039	福达合金创新体系建设	福达合金材料股份有限公司	—
J－3－040	牙缺失种植修复相关材料、技术及机制研究	温州医科大学附属口腔医院，四川大学华西口腔医院，温州医科大学附属第一医院	麻健丰 刘劲松 包崇云 邓振南 黄盛斌 王思钱 徐丽华
J－3－041	基于生物材料与制剂技术的创伤修复新产品研发和应用	温州医科大学，温州医科大学附属第一医院，浙江省诸暨市珠力神医用品有限公司	肖　健 林　才 赵应征 吴　疆 姜丽萍 王晓杰 吴洪信
J－3－042	正泰电器企业技术创新体系	浙江正泰电器股份有限公司	—
J－3－043	特高压高精度高粘度温压保护型流量测控关键技术及其应用	浙江奥新仪表有限公司，浦瑞斯仪表(上海)有限公司	胡建田 汪剑英 陈福钏 马中元 韩　艺 高　峰 范叔卫
J－3－044	CNiM－TM气体涡轮流量计	浙江苍南仪表集团股份有限公司	章圣意 林景殿 肖云巩 林中柱 林新霞 姚海滨 陈祖寿
J－3－045	腹围和脊柱长度预测脊髓麻醉阻滞平面的效果及机制	嘉兴市第二医院，浙江大学医学院附属第二医院，嘉兴市妇幼保健院	周清河 严　敏 魏长娜 肖旺频 周红梅 沈颖彦 宗酉明
J－3－046	微创腰椎固定融合技术的相关研究与临床应用	武警浙江省总队医院	曾忠友 张建乔 宋永兴 严卫锋 裴　斐 韩建福 金　辉
J－3－047	荣泰绝缘材料企业技术创新体系	浙江荣泰科技企业有限公司	—
J－3－048	核级不锈钢无缝钢管产业化	浙江中达特钢股份有限公司	徐见平 吴利阳 吴雪祥 徐俞生 陈小福 徐跃松 陈小龙
J－3－049	大隔距柔性充气材料制备关键技术与产业化应用	浙江宇立新材料有限公司，江南大学	张建平 蒋高明 马丕波 张宇蝶 何红平 缪旭红
J－3－050	新型环保型无锑聚酯及其缩聚催化剂研究	浙江万凯新材料有限公司	邱增明 章延举 郑　兵 曹爱兵 华　云 王元前 赵徐锋
J－3－051	高强度轻量化三销轴叉的开发与产业化	浙江德福精密驱动制造有限公司	方黎明 黄　凯 袁　平 王自磊 许　飞 刘龙明 周军勇

续表

三等奖			
项目编号	项目名称	完成单位	完成人员
J-3-052	巴素兰毛条工艺技术研究及其在毛精纺针织纱的产业化应用	浙江新澳纺织股份有限公司，浙江新中和羊毛有限公司	周建恒 陆卫国 陆伟清 李志峰 吴海明
J-3-053	壁纸专用高性能糯米淀粉胶粘剂	嘉力丰科技股份有限公司	吴通明 朱小明 张智辉 朱林华 沈夏芬
J-3-054	复合材料自润滑关键技术及产业化	浙江长盛滑动轴承股份有限公司	孙志华 陆忠泉 樊学峰 王 超 董卫锋 何炳宏
J-3-055	高强度耐腐蚀高成型级双相不锈钢焊管及管件产业化	浙江久立特材科技股份有限公司	吉 海 杨立建 许全光 陈庆标 孙 伟 廖 军 周会强
J-3-056	大余长小直径防覆冰 ADSS 系列产品	浙江亨通光网物联科技有限公司，江苏亨通光电股份有限公司	吴金华 孙义兴 吴华良 史惠萍 沈小红 孙国芳 陈 龙
J-3-057	湖州地区流行性感冒流行病学监测与病原学特征分析动态研究	湖州市第一人民医院，湖州市疾病预防控制中心，湖州师范学院医学院，湖州市长兴县疾病预防控制中心	温晓红 韩建康 嵇朝晖 潘慧斌 闻 栋 邵 斌 蒋培余
J-3-058	JCPT1212HD 型自行走高空作业平台的研发及产业化	浙江鼎力机械股份有限公司	许树根 于玉堂 陆金楚 徐 鑫 姚建良 汪宇见 张 鹏
J-3-059	MQTZ 节水型涂装前处理清洗设备技术研究及产业化	浙江明泉工业涂装有限公司	黄丽莎 茅立安 沈泽京 吴思明 黄叶东 余大海 李仁德
J-3-060	平面腔体毫米波滤波器的研发及产业化	中电科技德清华莹电子有限公司，中国电子科技集团公司第五十五研究所	肖功亚 戴新峰 李 勇 朱卫俊 施旭霞 朱 珺 何朝峰
J-3-061	基于 3S 技术的美丽乡村智慧旅游平台关键技术研究和应用	浙江中测新图地理信息技术有限公司，中测新图(北京)遥感技术有限责任公司，杭州和途信息科技有限公司	廖 明 叶冬梅 俞凯杰 唐泽彬 张金龙 敖 楠 黄宏瑞
J-3-062	具备多效保湿、增强锁水网络功能珍珠提取物的分离提纯技术	欧诗漫生物股份有限公司	杨安全 王 菁 张丽华 陈志雄 莫家欢 沈玥琦 邓学阳
J-3-063	基于智能控制的四向堆高车	诺力智能装备股份有限公司	周学军 方 勇 张志宇 周敏龙 彭飞宇 刘 杰 周晓静
J-3-064	汽油车尾气净化用高稳定性催化剂浆料	浙江达峰汽车技术有限公司	王 磊 王秋艳 张宇鹏 张汉浪 李光凤
J-3-065	MRC450 高效节能多缸液压圆锥破碎机	浙江浙矿重工股份有限公司	陈利华 陈连方 赵孟军 李国强 陈立波 陈炳敏 王久林
J-3-066	多组分涡流纺全色纺纱	绍兴国周纺织新材料有限公司，绍兴国周针织科技有限公司	金国周 孙国军 高水林 陈 建 任勇梁 秦建红 何关荣

续表

三等奖			
项目编号	项目名称	完成单位	完成人员
J-3-067	巨型发电机组用高稳定性滑动轴承关键技术及其应用	浙江正盛轴瓦有限责任公司	楼昱东 陈学锋 徐焕清 徐巨江
J-3-068	自由雕孔双针刺绣机	浙江越隆缝制设备有限公司	陈天龙 陈天池 郑邓飞 洪东 张汉苗 陈嘉豪 吴承峰
J-3-069	柔性高效自动化钻切一体机关键技术研究及产业化	浙江万丰科技开发股份有限公司	袁亮亮 吴军 吴旭锋 洪月云 何海明 石鑫伟 章旭霞
J-3-070	高密封性双螺杆橡胶转子泵的开发及其工艺技术	浙江威隆机械科技有限公司	尹仁林 吴毓飞 王志宏 尹杨伟 王丽君 章吉峰 钱恒
J-3-071	桑蚕丝/蚕蛹蛋白纤维交织提花面料的开发与研究	达利丝绸(浙江)有限公司	俞丹 林平 雷妮 寇勇琦 丁圆圆 林珊珊 丁力
J-3-072	中高端节能型变速器的研究与开发	浙江万里扬股份有限公司	任华林 曹立为 王维传 王峰 谢小兵 章建辉 程森
J-3-073	双肩胛角包装盖关键技术及其产业化	义乌市易开盖实业公司	骆江波 李恒山 赵永兵 骆铁 黄昌虎 杨春香 陈厚忠
J-3-074	有机硅产业链绿色合成关键技术及产品开发	浙江中天氟硅材料有限公司,杭州师范大学	邵向东 杨庆红 倪勇 席先锋 吉兰平 朱雪锋 邹磊磊
J-3-075	可持续修复密封性能圆盘阀	浙江固特气动科技股份有限公司	张寿根 萧亚兵 郑汝生 肖翰 顾怡红 蒋学典
J-3-076	低定量移印纸基功能材料	浙江佳维康特种纸有限公司,浙江科技学院	赵会芳 黄建荣 张学金 林宏 沙大争 方丽珍 俞大民
J-3-077	高含氮重油焦化氮转移低能耗制取优质蜡油关键技术攻关	中海石油舟山石化有限公司	何仲文 黄维章 赵培江 孙恒慧 李忠才 李晓静 黄敬远
J-3-078	新型海洋牧场生境构建与生态修复技术研究与示范	浙江省海洋水产研究所,上海海洋大学,舟山市普陀东极水产养殖专业合作社	王伟定 梁君 章守宇 毕远新 汪振华 张亚洲 丰美萍
J-3-079	浙江舟山群岛新区海洋科技发展战略研究	浙江省海洋开发研究院,浙江海洋大学	崔旺来 杨会成 叶芳 顾波军 耿楠魁 徐士元 江晓琼
J-3-080	高性能PPR供水管道关键技术及产业化	浙江伟星新型建材股份有限公司	冯金茂 王庆丰 张伟娇 高莉 黄威伟 周庆国 赵相盈
J-3-081	新型孕激素屈螺酮关键技术研究及产业化	浙江仙琚制药股份有限公司	应明华 朱秀燕 李卫鹏 方伟明 葛强 吴飞 李文君

续表

三等奖			
项目编号	项目名称	完成单位	完成人员
J－3－082	可操控式高性能的麻醉视频软性喉镜	浙江优亿医疗器械有限公司	薛富善 张家智 李卫平 夏棋强 赵崇圆 杨本全 田泽霞
J－3－083	优质厚实香菇新品种L808选育及推广应用	丽水市林业科学研究院，浙江省农业科学院，浙江省种植业管理局，浙江寿仙谷医药股份有限公司，丽水市大山菇业研究开发有限公司	应国华 蔡为明 李明焱 陈 青 吕明亮 沈颖越 李伶俐
J－3－084	面向快速响应的企业智慧物流关键技术及应用	浙江中烟工业有限责任公司，浙江大学，浙江成功软件开发有限公司	章志华 高扬华 陈 奇 陆海良 周伟华 胡 斌 梁启荣
J－3－085	分布式光伏并网谐波计量与防治关键技术及应用	国网浙江省电力有限公司电力科学研究院，宁波伟吉电力科技有限公司，中国电力科学研究院有限公司，浙江省计量科学研究院，南方电网科学研究院有限责任公司	姚 力 于海波 吴伟宗 肖 涛 韩霄汉 徐英辉 周韶园
J－3－086	运用多维度创新燃烧技术的节能环保灶具研发与产业化	杭州老板电器股份有限公司	吴伟良 颜运宇 陈六明 任富佳 周海昕 王 强 班 永
J－3－087	电动汽车充换电技术、装备及应用	国网浙江省电力有限公司杭州供电公司，国网浙江电动汽车服务有限公司，杭州大有科技发展有限公司，时空电动汽车股份有限公司，浙江大学	杨 勇 陈 枫 张 帆 郑正仙 徐 昱 何春林 张鹏飞
J－3－088	浙江特色经济林土壤质量精准调控技术及应用	浙江农林大学，杭州市林业科学研究院（杭州市林业科技推广总站），浙江博世华环保科技有限公司，杭州市临安区农林技术推广中心	柳 丹 赵伟明 陈昆柏 秦 华 陈俊辉 段德超 叶正钱
J－3－089	智能视频分析技术及其在变电站全域巡检中的应用	浙江万里学院，国网浙江宁海县供电有限公司，宁波天派智能科技有限公司	朱仲杰 李丰伟 杨跃平 范良忠 王玉儿 王永慧 刘洋
J－3－090	滨海城市既有建筑地下空间增层关键技术及工程应用	浙江理工大学，浙江工业大学工程设计集团有限公司，岩土科技股份有限公司，香港大学，同济大学	俞 峰 杨 峻 刘俊伟 张乾青 梁发云 单玉川 陈海兵
J－3－091	基于病毒载体的肿瘤治疗及其哺乳动物细胞培养相关技术与应用	浙江理工大学，浙江省人民医院，华东理工大学，上海倍谙基生物科技有限公司	王毅刚 谭文松 牟晓洲 刘旭平 黄 芳 刘新垣
J－3－092	绿色建筑智能遮阳系统关键技术研发及产业化	杭州电子科技大学，宁波杜亚机电技术有限公司	张 珣 孙 勇 程知群 侯志成 王越洋 周亚飞 鲍永林

续表

三等奖			
项目编号	项目名称	完成单位	完成人员
J-3-093	智慧型光伏跟踪系统及产业化	杭州电子科技大学，黄山睿基新能源股份有限公司	刘光宇　孙海涛　彭冬亮　王建中　陈　云　王家军　王合鹏
J-3-094	眩晕病推拿干预机制创新研究与应用	浙江中医药大学，浙江中医药大学附属第三医院，浙江省中西医结合医院，浙江医院，浙江省人民医院	范炳华　林　敏　许　丽　汪芳俊　钱　琦　李　伟　徐泉珍
J-3-095	RFID电子标签绿色智能制造关键技术及产业化	杭州电子科技大学，杭州美思特智能科技股份有限公司	刘彩凤　胡日红　黄爱宾　高思远　杨利东　庄晓东　刘应峰
J-3-096	原位噪声测量关键技术与系统	浙江工业大学，宁波双林汽车部件股份有限公司	卢奂采　刘祖斌　金江明　李敏宗　王贤明　宋玉来　丁　浩
J-3-097	中小企业发展与区域产业演化升级：治理机制及政策工具	浙江工业大学	汤临佳　池仁勇　郭元源　金陈飞　程　聪
J-3-098	新型节能真空干燥设备关键技术及产业化	浙江工业大学，浙江诚信医化设备有限公司，台州职业技术学院	金伟娅　潘万贵　李曰兵　陈仁贤　刘　毅　陈冰冰　郑钦元
J-3-099	流通升级背景下浙江创建流通强省的战略与对策	浙江工商大学	肖　亮　郑勇军　余福茂　马淑琴　程　毛　王㓗安　郭飞鹏
J-3-100	农业投入品全程溯源与协同监管一体化的关键技术及应用	浙江工商大学，浙江省农业信息中心，浙江省农业行政执法总队，杭州兆臻网络科技有限公司	刘东升　陶忠良　朱安定　管孝锋　施显群　王黎明　王焕森
J-3-101	农村污水生物强化脱氮与智能化运维关键技术研发及工程应用	浙江工商大学，浙江问源环保科技股份有限公司	沈东升　殷　峻　陈　婷　陶　卓　梁　威　冯华军　汪美贞
J-3-102	公共自行车智能物联控制系统关键技术及应用	浙江工业大学，杭州金通公共自行车科技股份有限公司，浙江广播电视大学，浙江科技学院，杭州新名科技有限公司	董红召　张利强　陈　宁　佘翊妮　刘冬旭　方　勇　金　凌
J-3-103	植物生长信息图谱快速检测与视情管理关键技术装备及应用	浙江大学，浙江科技学院，浙江托普云农科技股份有限公司，富士特有限公司，永康威力科技股份有限公司	何　勇　刘　飞　楚秉泉　岑海燕　陈渝阳　李晓丽　陈建康
J-3-104	氯化聚合物绿色工艺制备及系列涂料产品开发	浙江大学，宁波昊鑫裕隆新材料有限公司（原名：奉化市裕隆化工新材料有限公司）（见附件34），浙江鱼童新材料股份有限公司，浙江飞鲸新材料科技股份有限公司	王　立　汪立波　俞豪杰　周　凯　严　杰　梁新方　江雪琴

续表

三等奖			
项目编号	项目名称	完成单位	完成人员
J-3-105	智慧畜牧业关键技术装备及云服务平台开发与应用	浙江大学,浙江省畜牧技术推广总站,浙江省动物疫病预防控制中心,浙江省公众信息产业有限公司,湖州师范学院	汪开英 徐爱俊 聂鹏程 车 磊 张大海 占秀安 张传亮
J-3-106	低噪声高速微型泵的研究开发与工业应用	浙江大学,宁波洛卡特汽车零部件有限公司,北京控制工程研究所	吴大转 佘艳涛 武 鹏 刘锦涛 郭春林 曹琳琳 孙国庆
J-3-107	优质鸡新品种(配套系)选育及产业化技术研究与示范推广	浙江大学,宁波市振宁牧业有限公司,宁海县动物卫生监督所	尹兆正 王宗沛 李 虎 王争光 卢 磊 汪审岳 姜俊保
J-3-108	子宫内膜异位症防治关键技术创新与应用	浙江大学医学院附属妇产科医院	吴瑞瑾 江秀秀 曲 凡 林开清 赵梦丹 詹 宏 阮 菲
J-3-109	眼部整形美容手术的技术改良研究	浙江大学医学院附属第一医院,杭州整形医院	谈伟强 张敏霞 陈春野 姚建民 范希玲 丁仕力 王晓凤
J-3-110	制药环境微生物鉴定与溯源、预警系统的开发	浙江天科高新技术发展有限公司,中国合格评定国家认可中心,正大青春宝药业有限公司,杭州胡庆余堂药业有限公司	陈 欢 刘程智 李 宏 王庭璋 陈 炜 赵红霞 张万峰
J-3-111	面向泵阀铸件的先进成型技术及自动化生产线	浙江省机电设计研究院有限公司	潘东杰 夏小江 沈永华 高 强 应 浩 刘同帮 朱 丹
J-3-112	地下工程平衡稳定理论与关键技术及工程应用	浙江省大成建设集团有限公司,重庆大学,中南大学,宁波市交通规划设计研究院有限公司	朱汉华 黄 达 刘新荣 施成华 吴志军 王迎超 陈孟冲
J-3-113	软弱土明挖地下空间绿色支护系列技术及标准体系	浙江省建筑设计研究院,东通岩土科技(杭州)有限公司,浙江大学	刘兴旺 施祖元 胡安峰 童根树 袁 静 谢康和 张 磊
J-3-114	沥青混合料振动压实试验方法、设计与施工关键技术及工程应用	金华市公路管理局,长安大学,金华市鑫隆路桥建设有限公司	陈浙江 蒋应军 徐晓和 陈 豫 朱宏斌 胡永林 李寿伟
J-3-115	钱江隧道工程关键技术	杭州市公路管理局,上海隧道工程有限公司,中铁第四勘察设计院集团有限公司,同济大学	万 波 潘学政 张子新 张 迪 汤 渊 肖明清 丁光莹
J-3-116	基于监测数据的跨海大桥运营维护技术及工程应用	浙江省交通运输科学研究院,浙江舟山跨海大桥有限公司,同济大学,宁波良和路桥科技有限公司,北京源清慧虹信息科技有限公司	田 浩 范厚彬 王丽健 陈艾荣 曹素功 胡 皓 陈星宇

续表

三等奖			
项目编号	项目名称	完成单位	完成人员
J-3-117	公路桥梁装配式矮 T 梁开发及应用	浙江省公路学会，浙江省交通规划设计研究院，浙江公路水运工程咨询公司，杭州市交通规划设计研究院，浙江省交通运输科学研究院	陆耀忠 雷 波 方志杨 王建江 宋沄宝 芦兆祥 朱 刚
J-3-118	西湖生态引水系统构建的成套技术与工程示范	浙江省水利河口研究院，杭州市西湖水域管理处	尤爱菊 吴芝瑛 滑 磊 陈 琳 金信楠 徐海波 饶利华
J-3-119	海堤半灌砼砌石护面结构关键技术与应用	浙江水利水电学院，温州市瓯飞经济开发投资有限公司，河海大学，浙江省正邦水电建设有限公司	高 健 陈国平 陈振华 叶 舟 金海胜 邹 冰 张鲁刚
J-3-120	基于 PHBV/PLA 的可降解竹基复合材料关键技术与应用	浙江省林业科学研究院，浙江大学，中国科学院宁波材料技术与工程研究所，绍兴永昇新材料有限公司，杭州品库工艺品有限公司	李 琴 盛奎川 陈 鹏 袁少飞 王淇艳 张 建 徐 康
J-3-121	亚热带泥质海岸防护林体系构建与功能提升技术	中国林业科学研究院亚热带林业研究所，浙江省林业技术推广总站，上海市林业总站，东台市林业中心，嘉兴市林特技术推广总站	虞木奎 吴统贵 王宗星 成向荣 王小玥 张建锋 潘士华
J-3-122	河流湿地堤岸生态防护技术	浙江省林业科学研究院，浙江省水利河口研究院，东南大学	岳春雷 叶碚高 吴义锋 李贺鹏 赵聚国 吕锡武 张锦娟
J-3-123	经输血传播性病原体防控新技术研究和应用	浙江省血液中心	戴 兵 吕杭军 吴亚玲 徐 罡 祝 宏 董 杰 朱立苇
J-3-124	基于高仿真下颌骨模型的种植牙有限元研究及相关应用	温州医科大学附属第一医院，中南大学，浙江大学医学院附属口腔医院	丁 熙 廖胜辉 王慧明 朱形好 邹北骥 谢 静 吴 琬
J-3-125	基于形态学分型的腔内修复术在主动脉及重要分支动脉夹层中的应用	浙江大学医学院附属第一医院	张鸿坤 李栋林 田 路 吴子衡 王晓辉 贺赟鋆 祝茜茜
J-3-126	肺癌个体化治疗分子诊断技术临床应用	浙江省肿瘤医院	张沂平 宋正波 王文娴 古翠萍 余新民 娄广媛
J-3-127	基于循证构建护理质量敏感性指标	浙江大学医学院附属第一医院	黄丽华 杨 苏 邵乐文 吴 琦 章梅云 赵雪红 邵荣雅
J-3-128	靶向治疗对食管癌放射敏感性影响的基础与临床研究	浙江省肿瘤医院	封 巍 郑 晓 张 鹏 赖霄晶 林 晓 谷 庆 陈 明
J-3-129	白血病相关分子标志物功能探讨及治疗转化策略研究	温州医科大学附属第一医院	俞 康 章圣辉 高申孟 邢冲云 韩义香 罗 盛 江松福

续表

三等奖			
项目编号	项目名称	完成单位	完成人员
J－3－130	慢性阻塞性肺疾病Ⅱ型肺泡上皮细胞衰老机制及其综合防治临床研究	浙江省人民医院	李亚清　严建平　张孝钦　周宏斌　林　帆　叶　飒　黄晓军
J－3－131	空缺	空缺	空缺
J－3－132	象山港海洋生态环境管理技术研究与应用	国家海洋局宁波海洋环境监测中心站，国家海洋局第二海洋研究所，浙江大学，国家海洋局东海预报中心	费岳军　刘　莲　何东海　任　敏　曾江宁　何琴燕　徐国锋
J－3－133	浙江省大气污染源排放清单建设及应用研究	浙江省环境保护科学设计研究院，浙江省环境监测中心	吴　建　田旭东　晁　娜　蒋琦清　王泽华　王琼真　陆建海
J－3－134	多能互补分布式能源系统关键技术及应用	华电电力科学研究院有限公司，中国科学院工程热物理研究所	彭桂云　隋　军　庄　荣　范　炜　韩　巍　周宇昊　钟天宇
J－3－135	基于信息架构趋优的站域－广域一体化保护系统关键技术及应用	国网浙江省电力有限公司，许继电气股份有限公司，国网浙江省电力有限公司嘉兴供电公司，国网浙江省电力有限公司电力科学研究院，北京四方继保自动化股份有限公司	陈安伟　周　华　裘愉涛　韩志军　樊占峰　方愉冬　潘武略
J－3－136	配网设备状态检修关键技术和带电检测真型平台研制及应用	国网浙江省电力公司金华供电公司，中国电力科学研究院有限公司，浙江大学，国网浙江省电力有限公司，国网浙江省电力有限公司电力科学研究院	应高亮　张　波　王慧芳　毕建刚　潘巍巍　钟　晖　崔建业
J－3－137	“互联网＋”电力营销服务关键技术及应用	国网浙江省电力有限公司，杭州电子科技大学，国网浙江省电力有限公司信息通信分公司，国网浙江省电力有限公司电力科学研究院，朗新科技股份有限公司	肖世杰　张　燕　裘华东　周后盘　王　炜　涂　莹　俞东进
J－3－138	桃新品种选育与新型栽培模式创建	浙江省农业科学院，宁波市奉化区水蜜桃研究所，嘉兴市南湖区林业与蚕桑站，丽水市农业科学研究院，象山县林业特产技术推广中心	谢　鸣　吴大军　张慧琴　熊彩珍　陈子敏　孙奇男　肖金平
J－3－139	晚粳稻新品种选育及其配套机械化直播生产技术研发与应用	浙江省农业科学院，湖州市农业科学研究院，湖州农瑞机械科技有限公司，湖州市农作物技术推广站	朱国富　谭　宏　沈阿庆　马善林　张小明　王云华　沈林安
J－3－140	农作物及其产品中转基因成分快速检测技术创新与应用	浙江省农业科学院，上海交通大学	徐俊锋　杨立桃　汪小福　陈笑芸　石建新　彭　城　徐晓丽

续表

三等奖			
项目编号	项目名称	完成单位	完成人员
J-3-141	我国低碳现代农业发展战略及对策研究	浙江省农业科学院,浙江大学	米松华 黄祖辉 朱奇彪 李宝值 刘益曦 黄河啸 黄莉莉
J-3-142	浙南道地药材温郁金、温山药品种选育及标准化生产技术研究与应用	浙江省亚热带作物研究所,浙江省中药研究所有限公司	陶正明 吴志刚 王云安 姜 武 郑福勃 顾雪萍 黄品湖
J-3-143	扶正通络法治疗创伤失血性休克急性肺损伤的临床及基础研究	浙江省人民医院	郑悦亮 许利明 蔡文伟 周晟昂 韩 芳 林白桦 费 敏
J-3-144	浙江中医药古籍保护与利用能力建设	浙江省中医药研究院,浙江中医药大学,杭州师范大学,温州医科大学附属第二医院,绍兴市中医院	陈勇毅 盛增秀 竹剑平 王 英 江凌圳 高晶晶 陈永灿
J-3-145	肺血栓栓塞症大鼠ERK、PI3K/Akt信号通路及姜黄素干预	浙江中医药大学附属第一医院	王灵聪 石 莹 祝 晨 张志荣 蔡丹莉 黄立权 江荣林
J-3-146	姜黄素通过阻断上皮间质转化及血管生成抑制肺癌增殖和转移的研究	中国人民解放军第一一七医院	陈清勇 焦德敏 卢 伟 陈 君 吴玉泉 宋 嘉 严 杰
J-3-147	芪冬活血饮及其有效成分治疗急性肺损伤的分子机制	浙江中医药大学附属第二医院	蔡宛如 马春芳 洪辉华 徐俪颖 陈 晔 李敏静 董 雷
J-3-148	清固法调控TLR4/MyD88通路防治狼疮合并妊娠丢失的机理	浙江中医药大学	高祥福 孙 静 黄继勇 谢志军 冉 婷 白文汉
J-3-149	三叶青种质和生态种植模式及产品研发全产业链技术创新与产业化	浙江医药高等专科学校,丽水市农业科学研究院,浙江康恩贝制药股份有限公司,杭州中泽生物科技有限公司,宁波圣旺生物科技有限公司	彭 昕 吉庆勇 王如伟 何军邀 陈良福 高志伟 丁志山
J-3-150	浙江特色中药制剂质量控制关键技术创新及应用	浙江省食品药品检验研究院,杭州中美华东制药有限公司,浙江天瑞药业有限公司,浙江佐力药业股份有限公司	祝 明 陈碧莲 张 昀 周建良 赵维良 崔 友 马临科
J-3-151	头孢菌素类药物关键质控技术研究和国家标准体系建立	浙江省食品药品检验研究院,浙江尖峰药业有限公司,浙江震元制药有限公司	王 建 洪利娅 黄金龙 樊伟明 王知坚 徐 雨 朱培曦
J-3-152	小树脂床离子交换技术研发及应用	浙江海牛环境科技股份有限公司	GEORGE LU 胡勤海 熊云龙
J-3-153	变压器智能运检的大数据分析技术及应用	国家电网浙江省电力有限公司电力科学研究院,浙江大学,西安交通大学,国网浙江省电力有限公司,国网浙江省电力有限公司绍兴供电公司	华中生 王文浩 郑一鸣 徐晓燕 俞鸿涛 游雨瑄 梅冰笑

续表

三等奖			
项目编号	项目名称	完成单位	完成人员
J-3-154	面向智慧健康的脑机协同智能关键技术及应用	杭州电子科技大学,浙江省中医院,杭州正大医疗器械有限公司	孔万增　张建海　周文晖　张　桦　裘　涛　严红成　高志刚
J-3-155	轻量化铝合金车轮智慧工厂	浙江万丰摩轮有限公司	陆仕平　黄元林　刘建平　丁配东　杨洪辉　吕允刚　梁银欢
J-3-156	数据治理平台的关键技术研究及应用	杭州中奥科技有限公司	沈贝伦　沈俊青　李　冰　陆　韵　盛丽兰　孙　云　倪　骏
J-3-157	大规模集成电路高速高效宽温区测试分选系统	杭州长川科技股份有限公司,浙江科技学院	李其朋　叶键波　王　维　陈岁繁　陈江华　陈思乡　张　新
J-3-158	新型高效线性LED驱动芯片系统方案及产业化	矽力杰半导体技术(杭州)有限公司	陈　伟　黄秋凯　徐孝如　王建新　王永斌　刘国家　陈惠强